LaTeX 范例学习与试卷论文排版

万述波　编著

電子工業出版社
Publishing House of Electronics Industry
北京 · BEIJING

内 容 简 介

LaTeX 是一种高质量的文字处理系统，其处理的文稿版面美观，特别擅长排版数学式和符号，被广泛应用于数学、科技类的文档写作中。

为了帮助零基础的读者轻松学习 LaTeX，本书根据用户应用文字处理工具的常用操作，安排学习路径，内容覆盖文字、段落、图、表、数学式及自定义等 LaTeX 应用基础知识。同时，在其中穿插具体的实用范例，帮助读者深入理解书中内容，快速上手 LaTeX。

本书讲解细致，强调实用性，易掌握，书中涉及大量的试卷、论文排版知识，可作为中小学教师的继续教育培训用书和师范类专业学生的技能培养用书，也可供科技工作者及有意使用 LaTeX 写作排版的人员阅读参考。

图书在版编目（CIP）数据

LaTeX 范例学习与试卷论文排版 / 万述波编著. — 北京：电子工业出版社，2020.9

ISBN 978-7-121-39601-4

I. ①L… II. ①万… III. ①排版－应用软件 IV. ①TS803.23

中国版本图书馆 CIP 数据核字（2020）第 180911 号

责任编辑：宁浩洛
印　　刷：涿州市般润文化传播有限公司
装　　订：涿州市般润文化传播有限公司
出版发行：电子工业出版社
　　　　　北京市海淀区万寿路 173 信箱　　邮编：100036
开　　本：787 × 1092　1/16　印张：14.25　　字数：365 千字
版　　次：2020 年 9 月第 1 版
印　　次：2024 年 11 月第 6 次印刷
定　　价：59.00 元

凡所购买电子工业出版社图书有缺损问题，请向购买书店调换。若书店售缺，请与本社发行部联系，联系及邮购电话：（010）88254888，88258888。

质量投诉请发邮件至 zlts@phei.com.cn，盗版侵权举报请发邮件至 dbqq@phei.com.cn。

本书咨询联系方式：（010）88254465，ninghl@phei.com.cn。

自　序

我是一名中学数学教师，教学之余，喜欢写点东西，如教学心得、解题方法与技巧以及其他教学研究等，当时这些东西都是交给学校打印室的打字员用 Word 或 WPS 等文字处理软件去处理的，自己偶尔也在计算机上输入文稿。因为从事数学教学工作，文稿中常常有大量的数学公式、符号等非纯文字对象，在 Word、WPS 中输入数学公式或符号是一件很烦琐的事情，输入的数学公式或符号是以图片的格式插入文档中的，而且有些数学公式或符号在 Word、WPS 中无法输入，这些软件对数学公式或符号的支持难以尽如人意，这促使我去寻找更专业的文字处理软件。2006 年，我在浏览上海华东师范大学数学系主办的《数学教学》杂志网站时，发现这份杂志是用 TeX 编辑排版的，里面还介绍了 TeX 强大的功能。看到杂志精美的排版，我觉得 TeX 就是我所需要的！但是 TeX 使用起来还不太方便，幸好在 TeX 的基础上衍生了 LaTeX。

2006 年，我买了几本介绍 LaTeX 排版的书籍开始“啃”起来，几个月过去了只看了寥寥几页。弄不懂当然没有乐趣，身边又无人了解 LaTeX，完全是孤军奋战，简直想把这几本书扔掉，那时我准备放弃学习。

LaTeX 为什么这么难学？我个人认为我们被 Word、WPS“所见即所得”的编辑环境包围着，“所见即所得”在我们的脑海中已经根深蒂固，然而 LaTeX 是一个“所想即所得”的系统，它用计算机编程语言来排版，必须先输入源文件代码，通过命令对文档做一系列的设计或安排。源文件并不是我们最终需要的结果，源文件还要经过编译（通俗地说是翻译）才能生成我们需要的文档。

2010 年，我又重拾那几本书，对照书中的讲解，一步一步地摸索，慢慢地坚冰开始融化了。通过电子邮件向这些书籍的作者如陈志杰老先生、李树钧老师和胡伟老师请教了很多疑难问题，他们都耐心细致地给予解答。半年过去，我对 LaTeX 的学习有了很大的进步，能用 LaTeX 排版复杂的数学公式和写小论文了，而且发现 LaTeX 确实很优秀。

LaTeX 为什么很优秀？因为输出的结果非常美观，特别是对数学公式和符号的支持非常友好，输入的数学公式或符号不是以图片的格式插入文档中的。恰当地使用 LaTeX，可以让文档达到专业级出版物的效果。另外，LaTeX 的扩展性很强，它允许用户在 LaTeX 之上构筑新的文档类型、版式风格。LaTeX 不仅擅长排版数学公式和各种符号，如果调用相关的宏包，LaTeX 还可以排版五线谱、棋谱和家族谱表，可以排版化学分子式等一切合乎用户要求的版面。对于常用的书籍、论文和报告等文档的排版，使用起来更得心应手。

所以我十分推崇 LaTeX。数学教师每天都和数学公式、符号打交道，写文章和编印试卷时常常需要在正文中插入数学公式和符号，这时只要在一对美元符号“$…$”或“$$…$$”之间输入相应的代码即可，输出的数学公式和符号惊人的美观！

为了让用户专注于内容而不是在文档的格式上花费时间，LaTeX 细致周到地设计了书籍、报告和论文等文类，本书就是使用书籍文类编辑而成的。本书所述删繁就简，只是简明地介绍了 LaTeX，没有面面俱到，未涉及交叉引用、自动编号等高级功能，书中主要以范例教学的方式讲解 LaTeX 的基础知识和一些实用技巧，由浅入深，一步一步地把读者带进 LaTeX 的学习中。读完本书，读者完全可以用 LaTeX 编辑版面精美的文档，可以标准化、自动化地排出漂亮的试卷、论文和学习资料。现实中存在大量因为使用 Word 或 WPS 排版而版面糟糕的试卷，为了改变这个现状，本书重点介绍了数学试卷的排版，但是其中介绍的知识、方法和技巧对于非数学学科如语文、英语、物理和化学等的试卷排版和学习资料、论文的写作排版也完全适用。

LaTeX 博大精深、奥妙无穷。为了让 LaTeX 物尽其用，我使用绘图环境自定义了一个点盒子，可以把任意的对象放置到版面中的任何地方；为了方便制作复杂的表格，我提出了"母表格"的概念；为了让 LaTeX 使用起来更贴合应用场景，我收集了各种中文风格符号的代码并将其封装成宏包 zwfh。这些可以说是本书的特色。

我个人觉得，作为一名中小学教师要具备两个能力，一个是能够"动"起来的能力，另一个是能够"静"下来的能力。所谓能够"动"起来的能力，是指能够使用动态的教学软件如几何画板、GeoGebra 等，在课堂上动态演示知识的形成过程；能够"静"下来的能力是指能够使用文字处理软件如 Word、WPS 和 LaTeX，编辑排版教学心得、论文和试卷等静态的文档。本书通过实用范例手把手地教你学习 LaTeX，让你提高"静"的能力。学会了 LaTeX，写作排版不求人！

在中国，使用 LaTeX 的人并不多，使用者主要是高校和科研机构的部分人员，还有其他少数的 LaTeX 爱好者，而在广大的中小学教师群里，LaTeX 却鲜为人知。

本书针对性很强，读者对象主要是中小学教师、师范院校学生、高等院校理工科学生和其他 LaTeX 爱好者，本书也可作为信息技术的培训教材。作为一本入门级的 LaTeX 学习资料，倘若本书能助力广大的中小学教师知晓和使用 LaTeX，进而促进 LaTeX 在中国的普及，笔者就倍感欣慰了。

在本书的编写过程中，得到了陈志杰先生、李树钧老师、胡伟老师、陶维林先生、耿楠教授、王昭礼老师、周宇恺老师、陈晓老师，还有青年才俊夏铭老师，网友李庆勃、王旭老师和向禹老师的无私、倾情帮助，谨在此表示真诚的谢意！

另外，为了提升读者的阅读体验，帮助读者快速上手 LaTeX，若大家在学习过程中遇到疑难问题，可以直接发邮件到编者邮箱 nyzxwshb@163.com，或加入读者服务交流群 QQ127588931，我会尽快回复答疑。由于本人水平所限，本书难免有不足之处，敬请广大读者指正！

万述波

目　　录

第 1 章　LaTeX 简介 …… **1**

1.1 TeX 和 LaTeX …… 1

1.2 下载与安装 …… 1

1.2.1 下载和安装 TeX Live …… 1

1.2.2 下载和安装 TeXstudio …… 3

1.2.3 下载和安装 PDF 阅读器 …… 5

1.2.4 其他方式下载安装 …… 6

1.3 测试系统 …… 6

1.4 本书使用的配置 …… 7

1.5 LaTeX 排版的基础知识 …… 7

1.5.1 LaTeX 中的长度 …… 7

1.5.2 LaTeX 排版的三个步骤 …… 8

第 2 章　文字与段落 …… **10**

2.1 一篇短文的排版 …… 10

2.2 题名页排版 …… 12

2.3 段落对齐 …… 14

2.3.1 居中命令 …… 14

2.3.2 右对齐环境和命令 …… 16

2.3.3 左对齐环境和命令 …… 17

2.4 字号和默认字体 …… 17

2.5 中文标点符号 …… 18

2.5.1 中文标点符号的输入 …… 18

2.5.2 中文标点符号的细节处理 …… 19

第 3 章　命令、环境和宏包 …… **21**

3.1 命令 …… 21

3.1.1 命令的分类 …… 21

3.1.2 命令的输入 …… 21

3.1.3 专用符号的用途和输出方法 …… 22

3.1.4 空白命令 …… 23

3.2 环境 …… 29

3.3 宏包 …… 30

3.3.1 宏包简介 …… 30

3.3.2 查看宏包 …… 31

第 4 章　罗列 …… **32**

4.1 常规罗列 …… 32

4.2 排序罗列 …… 34

4.3 解说罗列 …… 37

4.4 罗列嵌套 …… 39

第 5 章　盒子 …… **41**

5.1 盒子的基点、基线和四个尺寸 …… 41

5.2 盒子的分类 …… 42

5.2.1 左右盒子 …… 42

5.2.2 升降盒子 …… 46

5.2.3 段落盒子和小页环境 …… 50

5.2.4 标尺盒子 …… 53

5.2.5 行标尺盒子和无形行 …… 56

5.2.6 变换盒子 …… 59

5.2.7 灰色背景盒子和灰色处理命令 …… 63

5.2.8 边框盒子 …… 63

5.2.9 盒子嵌套 …… 64

5.3 盒子尺寸的测量与显示 …… 66

第 6 章　页面设置和文档布局 …… **68**

6.1 页面设置 …… 68

6.1.1 页面元素的位置及尺寸示意图 …… 68

6.1.2 页面元素的尺寸设置和页面尺寸设置宏包 geometry …… 70

6.1.3 页面样式的设置和页面样式设置宏包 fancyhdr …… 73

6.1.4 边注和脚注 …… 75

6.2 文档布局 …… 77

6.2.1 字距 …… 77

6.2.2 行距 …… 78

6.2.3 换页 …… 78

6.2.4 空白页 …… 78

6.2.5 分栏排版 …… 78

第 7 章　绘图与插图 …… **85**

7.1 绘图环境 picture …… 85

7.1.1 用 picture 环境构造盒子 …… 85

7.1.2 picture 环境中常用的绘图命令 …… 87

7.2 绘图语言举例：TikZ 绘图 …… 95

7.3 图片的插入 …… 96

7.3.1 LaTeX 中的插图格式 …… 97

7.3.2 插图命令 97
7.4 图文绕排 104
7.5 页面底纹和水印 105

第 8 章 表格 108
8.1 宏包 array 中的表格环境 108
8.1.1 表格环境 tabular 108
8.1.2 表格环境 array 109
8.2 制作表格的基本操作 110
8.2.1 最简单的表格——通讯录 110
8.2.2 单元格中的对齐 112
8.2.3 单元格的合并与拆分 114
8.2.4 绘制单元格斜线 117
8.2.5 改变表格行高与列宽 118
8.2.6 设置表格背景色 121
8.2.7 表格嵌套 122
8.2.8 表格跨页 123
8.3 登分册（花名册） 126
8.4 选择题答题表 128
8.5 学籍管理表 129
8.6 个人简历 136
8.7 表格的特殊处理 137
8.7.1 表格的整体缩放和旋转 137
8.7.2 投机取巧制表格 137

第 9 章 数学式 138
9.1 数学模式 138
9.1.1 基本规则 138
9.1.2 排版数学式的几个刚性要求 140
9.1.3 数学模式中的四种字号控制命令 140
9.2 数学符号 141
9.2.1 常见的函数 141
9.2.2 数学运算符 141
9.2.3 数学关系符 143
9.2.4 数学运算符和数学关系符两侧的间距 144
9.2.5 圆弧帽 145
9.2.6 希腊字母 145
9.2.7 更多符号的获取 145
9.3 数学模式中的标点符号 146
9.4 角标 146
9.5 分式和比例式 147
9.6 根式 149
9.7 对数式 150
9.8 标记和文字说明 150
9.9 定界符 150
9.9.1 固定尺寸的定界符 151
9.9.2 尺寸自动变化的定界符 152
9.9.3 花括号环境 154
9.10 多行公式环境 155
9.10.1 array 环境 155
9.10.2 gather 和 gather* 环境 157
9.10.3 align 和 align* 环境 158
9.10.4 alignat 和 alignat* 环境 163
9.10.5 gathered、aligned 和 alignated 环境 164
9.10.6 多行公式环境中插入文字 164
9.11 数学式的细微调整 165
9.11.1 根号高度的调整 166
9.11.2 忽略对象高度和深度的命令\smash 166
9.11.3 多行公式的行距调整 168
9.11.4 分段函数的花括号和其右边内容的间距调整 168
9.11.5 分段函数公式行位置的调整 169
9.11.6 稀松数学式的调整 169
9.11.7 行间隙的调整 169

第 10 章 自定义 171
10.1 新定义命令 171
10.2 重定义命令 173
10.3 自定义盒子 174
10.3.1 自定义盒子及其调用 174
10.3.2 符号的制作和调用 177
10.4 自定义环境和宏包 178
10.4.1 自定义点盒子环境 178
10.4.2 自定义宏包 180
10.5 自定义序号计数器 184

第 11 章 试卷与论文排版 186
11.1 试卷排版 186
11.1.1 选择文类和调用宏包 187
11.1.2 页脚的排版 188

11.1.3 卷头和大题题目的排版……188
11.1.4 小题的排版……189
11.1.5 选择题的排版……189
11.1.6 填空题的排版……194
11.1.7 解答题的排版……194
11.1.8 文件的拆分和重组拼卷……197
11.1.9 使用 8 开或 A3 纸张制卷……197
11.1.10 密封线（装订线）的制作……198
11.2 答题卡的制作……199
11.3 论文排版……199
11.3.1 学术论文排版……199
11.3.2 学位论文和科技报告排版……201
第 12 章 字体调用……207
12.1 数学字体的调用……207
12.1.1 常用的数学字体命令……207
12.1.2 调用数学字体宏包……207
12.2 中文字体的调用……208
12.3 英文字体的调用……210
12.4 输入法中特殊字符的调用……211
参考文献……212
索　引……213

范例目录

范例 1 论文题名页的排版 ······ 13
范例 2 两个居中命令的应用 ······ 15
范例 3 右对齐环境的应用 ······ 16
范例 4 左对齐环境的应用 ······ 17
范例 5 水平空白命令的应用 ······ 24
范例 6 弹性水平空白命令 `\hfill` 的应用 ······ 26
范例 7 弹性水平空白命令衍生命令的应用 ······ 26
范例 8 垂直空白命令的应用 ······ 28
范例 9 常规罗列环境 `compactitem` 的应用 ······ 32
范例 10 排序罗列环境 `compactenum` 的应用 ······ 34
范例 11 起始序号不为 1 的排序罗列 ······ 35
范例 12 排序罗列的序号右对齐 ······ 36
范例 13 解说罗列环境 `compactdesc` 的应用 ······ 37
范例 14 解说罗列环境 `compactdesc` 的条目左缩进设置 ······ 38
范例 15 罗列嵌套的应用 ······ 39
范例 16 命令 `\mbox{对象}` 的应用 ······ 43
范例 17 `\makebox[宽度][位置]{对象}`、`\framebox[宽度][位置]{对象}` 的应用一：文本溢出 ······ 44
范例 18 `\makebox[宽度][位置]{对象}`、`\framebox[宽度][位置]{对象}` 的应用二：文本重叠 ······ 44
范例 19 字符横向等距 ······ 45
范例 20 设置盒子宽度和对象位置以去掉多余的空白 ······ 45
范例 21 制作定长的上下花括号 ······ 46
范例 22 图说升降盒子命令`\raisebox{升降值}[盒高][盒深]{对象}` ······ 47
范例 23 升降盒子的文本框功能 ······ 49
范例 24 段落盒子和小页环境的应用 ······ 51
范例 25 标尺盒子的外观 ······ 53
范例 26 标尺盒子的应用 ······ 54
范例 27 无形行命令 `\hrule height 0pt` 的应用 ······ 56
范例 28 无形行在嵌套的段落盒子（或小页环境）中的应用 ······ 57
范例 29 旋转盒子的应用 ······ 59
范例 30 旋转花括号 ······ 60
范例 31 缩放盒子的应用 ······ 61
范例 32 虚线边框盒子的美观输出 ······ 64
范例 33 盒子嵌套的应用 ······ 64
范例 34 字符串的尺寸显示 ······ 66
范例 35 小页环境的尺寸显示 ······ 66
范例 36 测量任意对象尺寸并进行缩放 ······ 67
范例 37 宏包 `geometry` 中选项的应用 ······ 71
范例 38 用宏包 `fancyhdr` 设置页眉页脚样式 ··· 74
范例 39 多栏环境 `multicols` 的应用 ······ 80
范例 40 多栏环境的嵌套 ······ 81
范例 41 两栏的栏间分隔线 ······ 83
范例 42 多栏的栏间分隔线 ······ 84
范例 43 构造一个宽 4 cm 高 3.5 cm 的盒子并显示网格 ······ 86
范例 44 画圆、画点、输入数学式和文本及它们的定位 ······ 89
范例 45 画水平、竖直线段并标注点的坐标 ······ 90
范例 46 用贝塞尔曲线命令画曲线 ······ 90
范例 47 画箭头、用箭头指示尺寸范围和精确定位文本 ······ 91
范例 48 定位可换行文本 ······ 92
范例 49 排列圆 ······ 93
范例 50 用 `picture` 环境构造点盒子 ······ 94
范例 51 `picture` 环境嵌套 ······ 95
范例 52 插入原图 ······ 98
范例 53 等比例缩放插图的两种方式 ······ 99
范例 54 设置宽高值缩放插图 ······ 99
范例 55 插图居中 ······ 100
范例 56 文字和插图左右并排 ······ 100
范例 57 改变可选参数的顺序对插图的影响 ······ 101
范例 58 裁剪图片一：裁剪参数 `viewport` 的应用 ······ 101
范例 59 裁剪图片二：裁剪参数 `trim` 的应用 ··· 102
范例 60 草稿模式实例 ······ 103
范例 61 绕排环境 `window` 的应用 ······ 104
范例 62 制作页面背景 ······ 105
范例 63 制作文字水印 ······ 106
范例 64 无表格线的表格 ······ 110
范例 65 三线表 ······ 110
范例 66 有完整表格线的表格 ······ 111
范例 67 单元格文本居中 ······ 112

范例 68 小数点对齐的表格 ……113
范例 69 横向合并单元格制作表格标题 ……114
范例 70 纵向合并单元格 ……115
范例 71 横向拆分单元格 ……117
范例 72 改变表格行高 ……118
范例 73 改变表格单元格左右边距 ……119
范例 74 改变表格局部行高 ……120
范例 75 改变表格局部列宽 ……120
范例 76 单科登分册 ……126
范例 77 全科登分册 ……127
范例 78 横向的选择题答题表 ……128
范例 79 纵向的选择题答题表 ……129
范例 80 较短的行内公式 ……138
范例 81 较长公式的换行 ……138
范例 82 公式的行间模式 ……139
范例 83 数学模式中的文本 ……140
范例 84 求补集符号 ……141
范例 85 求和式的输入 ……143
范例 86 积分式的输入 ……143
范例 87 正体的积分号 ……143
范例 88 多行角标 ……147
范例 89 数学式中的括号嵌套 ……151
范例 90 绝对值符号 ……151
范例 91 阶梯式逐渐下沉的推理证明过程排版 ……154
范例 92 使用 array 环境排版线性方程组 ……156
范例 93 使用 array 环境排版矩阵 ……156
范例 94 居中对齐和公式编号 ……157
范例 95 杨辉三角的排版 ……158
范例 96 等号对齐 ……158
范例 97 公式中的关系符对齐 ……159
范例 98 两组多行公式的并列 ……160
范例 99 三组多行公式的并列 ……160
范例 100 公式截断 ……161
范例 101 改变列对之间的距离 ……163
范例 102 推导证明过程的排版 ……164
范例 103 有评分细则的解题过程 ……165
范例 104 统一根号大小 ……166
范例 105 从属关系的排版 ……166
范例 106 新定义命令应用举例 ……171
范例 107 带圈数字的制作 ……172
范例 108 带紧凑括号的等宽罗马数字 ……173
范例 109 校徽图片的存储与调用 ……174
范例 110 长方形的存储与调用 ……174
范例 111 制作作文方格纸 ……175
范例 112 用表格制作杨辉三角并存储 ……176
范例 113 菱形的制作 ……177
范例 114 圆符号的制作 ……177
范例 115 点盒子命令的应用 ……179
范例 116 用点盒子任意放置花括号 ……179
范例 117 宏包 zwfh 中命令的使用 ……183
范例 118 一个简单的序号计数器 ……184
范例 119 序号计数器和文本结合 ……184
范例 120 选项无图的选择题排版 ……190
范例 121 选项有图的选择题排版 ……191
范例 122 题干有图的选择题排版 ……193
范例 123 解答题小问的排版 ……194
范例 124 解答题小问序号是等宽罗马数字的排版 ……195
范例 125 解答题小问后的小小问排版 ……196
范例 126 学术论文排版 ……200
范例 127 用题名信息命令制作封面 ……201
范例 128 用题名页环境制作封面 ……202
范例 129 科技报告的排版 ……204
范例 130 五款中文字体的调用 ……208
范例 131 添加字体路径参数调用中文字体 ……209
范例 132 四款英文字体的调用 ……210
范例 133 特殊字符的调用 ……211

第 1 章　LaTeX 简介

1.1　TeX 和 LaTeX

TeX 排版系统是由美国著名的数学家与计算机科学家、斯坦福大学的教授高德纳（Donald E.Knuth）研制发明的。这位“现代计算机科学的鼻祖”是计算机界的传奇人物。大家知道，图灵奖（Turing Award）是计算机界的最高奖，高德纳在 36 岁时就获得了图灵奖，成为该奖历史上最年轻的获奖者。他的获奖作品《计算机程序设计艺术》原计划出七卷，在出版过程中，高德纳教授对收到的校样很不满意，当时计算机排版才刚刚起步，计算机排出的字形和版面都很不美观，每次校对也很费时。高德纳教授认为既然自己是计算机专家，别人做不好计算机排版，何不发挥自己的专长，也来研究计算机排版呢？他暂时放下手头的工作，着手设计一套高质量的计算机排版系统，为此耗费了大量的精力和时间，终于在 1978 年成功研制出了闻名于世的 TeX 系统，其精美的排版效果立即轰动了学术界和出版界，美国数学学会率先采用 TeX 系统出版学术论著和学术报告。不久，高德纳教授又编写了 TeX 用户手册 *The TeX Book*，既讲使用方法，又阐述设计原理。更可贵的是高德纳教授没有利用 TeX 系统发财致富，而是无私地把 TeX 系统的源代码公之于世。

TeX 取名于希腊词根 $\tau\epsilon\chi$，意为科学的、艺术的，中文发音为“特可”或“泰赫”。为了区别于另一款软件 TEX，TeX 中间的字母略有下沉，使得这三个字母错落有致，更体现了排版特征。

TeX 系统功能虽然强大，但是其使用起来还不是很方便，因此很多组织和个人利用 TeX 系统的宏定义功能进行二次开发，出现了一些使用更为方便的 TeX 衍生版本，其中最著名的是美国计算机科学家 Leslie Lamport 于 1985 年编写的 LaTeX，它的中文发音为“拉特可”或“拉泰赫”。LaTeX 的特色是自动化程度很高，它不是独立于 TeX 的一个系统，而是完全以 TeX 为基础构筑起来的一座大厦。

LaTeX 还在发展，未来 LaTeX 使用起来会更友好、更方便！

1.2　下载与安装

为了更好地使用 LaTeX，需要下载和安装 TeX 发行版 TeX Live、LaTeX 编辑器 TeXstudio 和 PDF 阅读器，下面只介绍在 Windows 操作系统里如何下载和安装它们。

1.2.1　下载和安装 TeX Live

① 在浏览器地址栏输入 https://www.tug.org/texlive/，出现图 1.1 所示的界面，单击图中箭头所指方框部分。

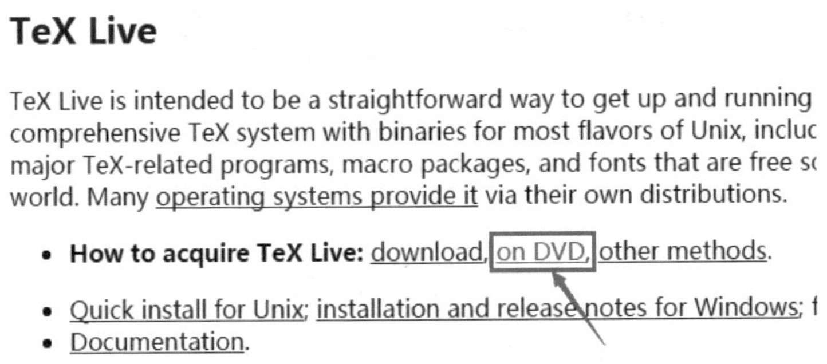

TeX Live

TeX Live is intended to be a straightforward way to get up and running comprehensive TeX system with binaries for most flavors of Unix, incluc major TeX-related programs, macro packages, and fonts that are free sc world. Many operating systems provide it via their own distributions.

- **How to acquire TeX Live:** download, on DVD, other methods.
- Quick install for Unix; installation and release notes for Windows; f
- Documentation.

图 1.1

② 执行步骤①的操作后跳转至图 1.2 所示的界面，单击图中箭头所指方框部分。

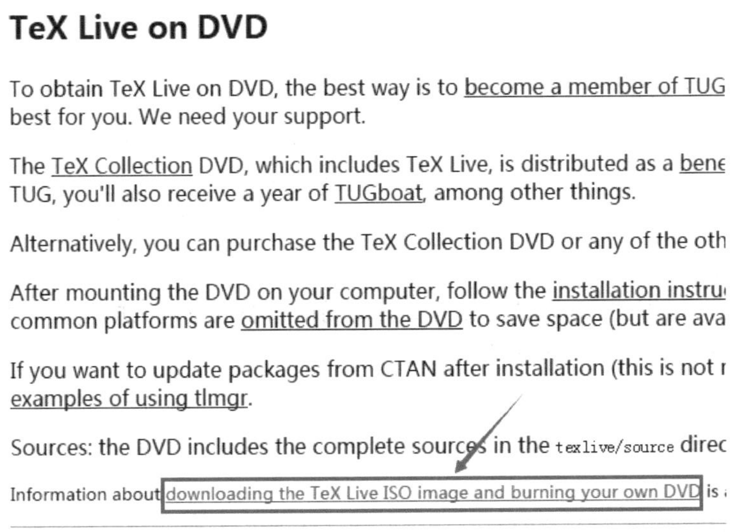

TeX Live on DVD

To obtain TeX Live on DVD, the best way is to become a member of TUG best for you. We need your support.

The TeX Collection DVD, which includes TeX Live, is distributed as a bene TUG, you'll also receive a year of TUGboat, among other things.

Alternatively, you can purchase the TeX Collection DVD or any of the oth

After mounting the DVD on your computer, follow the installation instru common platforms are omitted from the DVD to save space (but are ava

If you want to update packages from CTAN after installation (this is not r examples of using tlmgr.

Sources: the DVD includes the complete sources in the texlive/source direc

Information about downloading the TeX Live ISO image and burning your own DVD is

图 1.2

③ 执行步骤②的操作后跳转至图 1.3 所示的界面，单击图中箭头所指方框部分，方框内的英文意思是从最近的镜像站点下载。

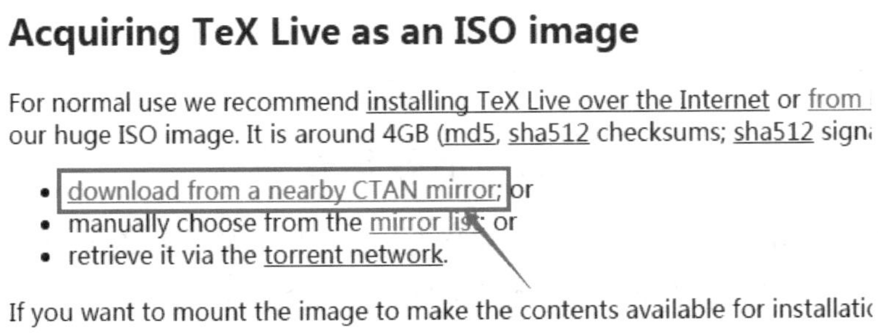

Acquiring TeX Live as an ISO image

For normal use we recommend installing TeX Live over the Internet or from our huge ISO image. It is around 4GB (md5, sha512 checksums; sha512 sign

- download from a nearby CTAN mirror; or
- manually choose from the mirror list; or
- retrieve it via the torrent network.

If you want to mount the image to make the contents available for installatic

图 1.3

④ 执行步骤③的操作后跳转至图 1.4 所示的界面，由于选择的是从最近的镜像站点下载，所以可能和读者的计算机上出现的界面不一样。图中箭头所指方框中 texlive2019-20190410.iso 是镜像文件名，文件名中 2019-20190410 表示文件是 2019 年 4 月 10 日更新的版本，该时

间会随版本的更新而改变。单击图中箭头所指的方框部分开始下载这个镜像文件，下载可能需要一些时间，时间长短由当前网速快慢而定，请耐心等待！可以设置下载位置，本书将文件放在 D 盘。

图 1.4

⑤ 下载完成后，在 D 盘中出现了一个光盘镜像文件 texlive2019.iso，如果你的计算机操作系统是 Windows 7，可使用虚拟光驱工具（如 UltraISO）加载这个镜像文件，然后在计算机中的几个盘符后会出现一个名为 TeX Live 2019 的虚拟光驱；如果你的计算机操作系统是 Windows 10，那么下载完成后在计算机中的几个盘符后会直接出现一个名为 TeX Live 2019 的虚拟光驱。请用户退出所有的杀毒程序，然后双击打开这个虚拟光驱，选择其中的 install-tl-advanced 批处理文件，右键单击以管理员身份运行，一会儿后出现图 1.5 所示的安装对话框，安装路径可修改，但路径中不能使用中文和空格，还要注意取消勾选对话框中的“安装 TeXworks 前端”复选框，表示不使用内嵌的编辑器。接着单击对话框右下角的“安装”按钮，开始安装 TeX Live。若镜像文件显示为压缩包图标，则解压该文件，从解压出的系列文件中找到 install-tl-windows.bat 并双击也可安装。安装需要较长时间，出现了图 1.6 所示的对话框才表示安装完成，单击“关闭”按钮结束操作。

图 1.5

图 1.6

1.2.2　下载和安装 TeXstudio

TeXstudio 是一个开源免费的 LaTeX 编辑器和编译工具，界面友好，使用方便，编辑的源代码使用工具栏中的“编译”按钮可直接编译。在浏览器中输入网址 https://texstudio.org/ 或者 http://texstudio.sourceforge.net/ 进行下载安装，与通用软件安装过程相似，安装在哪个盘由用户自己决定。安装完毕后可以在桌面上发送一个快捷方式 ，双击打开出现的是英文界面，为了使用方便，需要在 4 个方面进行设置：

① 单击菜单栏中的"Options"按钮，单击出现的"Configure TeXstudio"选项，出现图 1.7 所示的对话框，然后单击图 1.7 中箭头所指的"zh_CN"选项，最后单击"OK"按钮，这时由英文界面变成了中文界面。

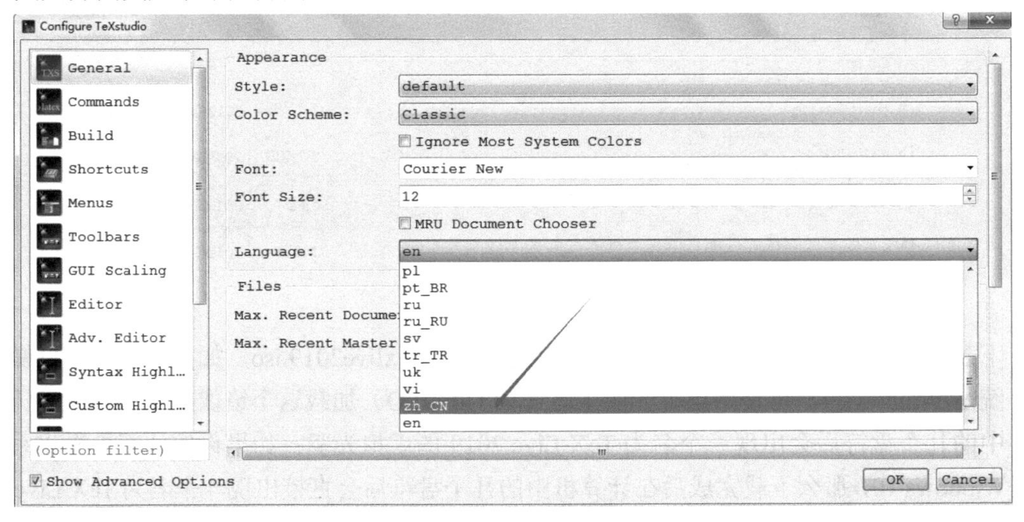

图 1.7

② 再次打开上一步中的对话框，单击左侧列表框中的"构建"选项，出现图 1.8 所示的界面，单击图中箭头所指的选项，然后单击"确认"按钮，将源文件编译器定制为 xelatex。

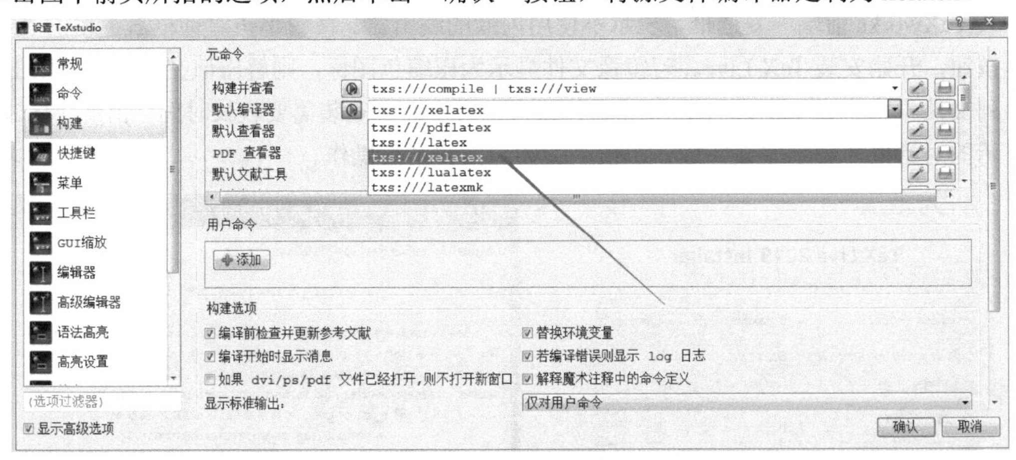

图 1.8

③ 一般要求源文件以 UTF-8 编码方式保存，TeXstudio 中默认的字符编码方式就是 UTF-8，所以用户不需要特意设置，不过若不放心，可以在步骤②"设置 TeXstudio"对话框中的"编辑器"选项中查看并设置，如图 1.9 所示。

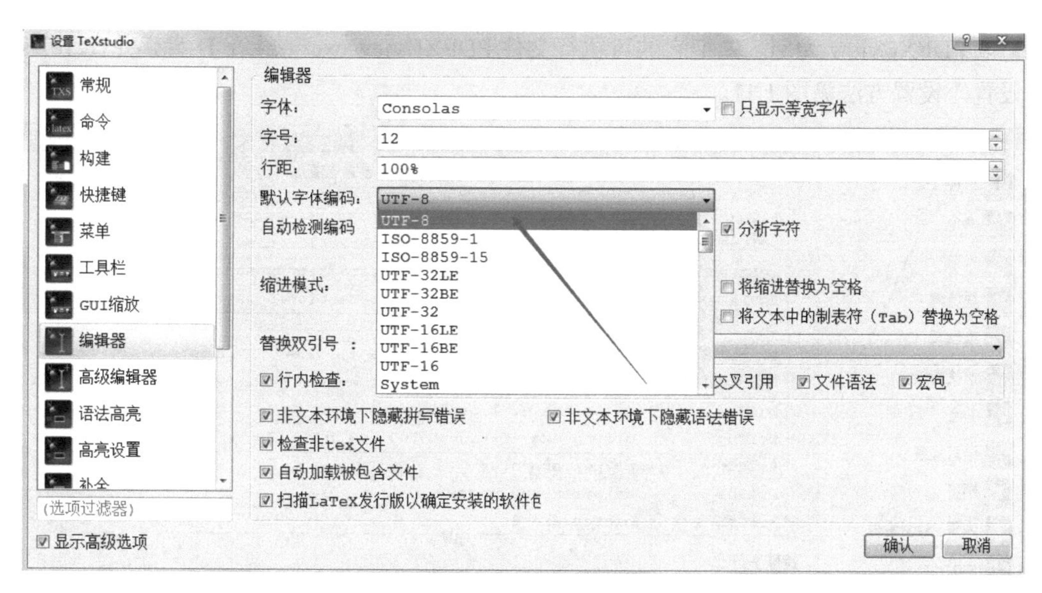

图 1.9

④ 单击图 1.10 所示的“高级编辑器”选项，将最右侧的滚动条拉到底部，设置渲染模式为“Qt”，然后单击“确认”按钮。这样设置对在源代码中输入的中文括号支持较好。

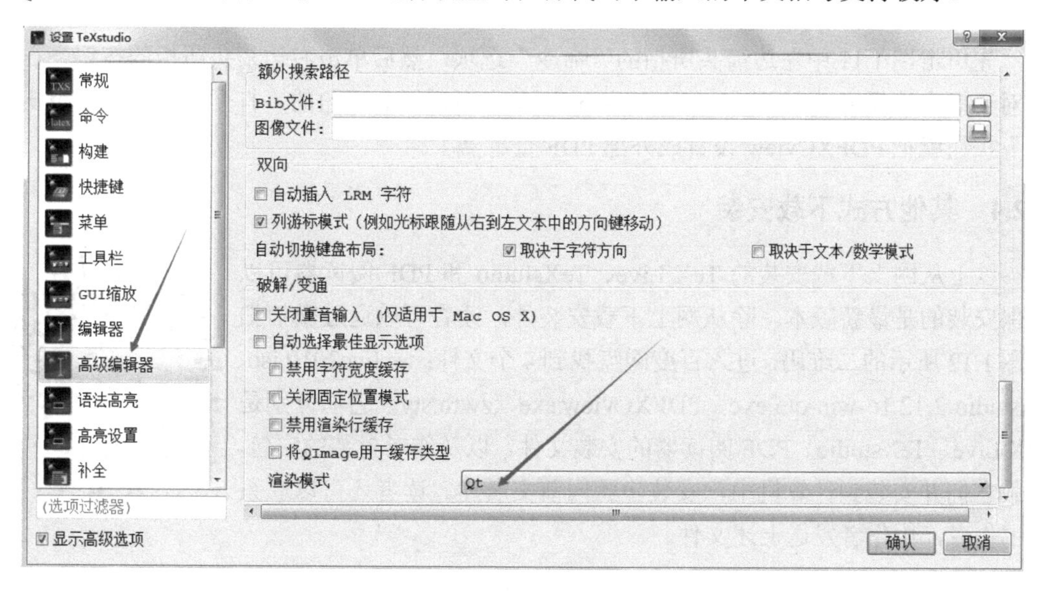

图 1.10

1.2.3　下载和安装 PDF 阅读器

用 LaTeX 写作编译输出的是 PDF 文档。TeXstudio 本身附带了一个 PDF 阅读器，当源文件编译完成后，源文件编辑窗口的右侧会出现编译的结果，即文档会在这个附带的 PDF 阅读器中显示。由于附带的 PDF 阅读器功能很弱，因此一般都会选择使用外部 PDF 阅读器，这里推荐一款小巧实用的 PDF 阅读器 SumatraPDF，可以作为外部查看器查看与阅读文档。SumatraPDF 也是开源免费的，从网上可以轻松下载安装，当然，外部查看器也可以选择其他的 PDF 阅读器。以 PDFXCview 为例，先把它的可执行文件 PDFXCview.exe 下载在 D 盘，并在 TeXstudio 中设置，设置方法见图 1.11。

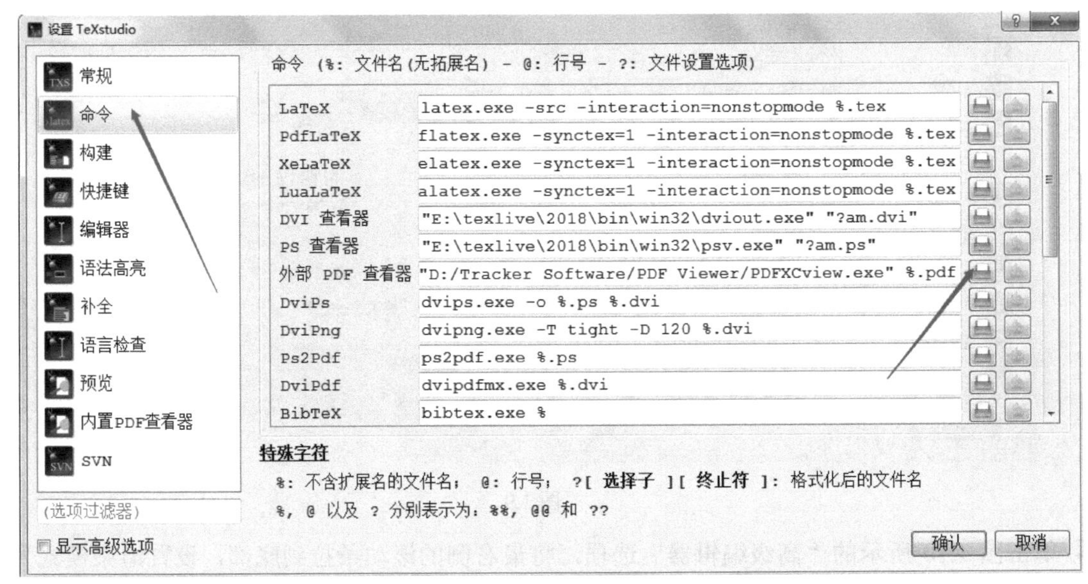

图 1.11

先单击图 1.11 中左边箭头所指的“命令”选项，然后单击右边箭头所指的按钮，在弹出的对话框中选择 D 盘找到 PDFXCview.exe，单击对话框右下角的“打开”按钮，再单击“确认”按钮就把 PDFXCview 设置成外部 PDF 查看器了。

1.2.4 其他方式下载安装

以上从网上下载安装的 TeX Live、TeXstudio 和 PDF 阅读器可以确保安装的是最新版本。除从网上下载安装外，读者可以通过微信扫描图 1.12 所示的二维码，进入百度网盘找到 4 个文件：texlive2019.iso、texstudio-2.12.16-win-qt5.exe、PDFXCview.exe、zwfh.sty，它们分别是 TeX Live、TeXstudio、PDF 阅读器的安装文件，以及作者封装的宏包。下载它们并安装到计算机中，安装步骤同前文所述。读者还可以联系本书作者，由作者发送上述文件。

图 1.12

1.3 测试系统

打开 LaTeX 编辑器 TeXstudio，单击工具栏中的按钮新建文档，在编辑窗口中输入以下源代码（每行左边的阿拉伯数字是行号，不要输入）：

```
1 \documentclass{article}
2 \usepackage{ctex}
3 \begin{document}
4 坚持使用\LaTeX ，你会爱不释手！
5 \end{document}
```

单击 TeXstudio 工具栏中的 ▶ 按钮，编辑窗口下方出现滚动信息的小窗口，这表示系统正在编译源代码，编译结束后，编辑窗口右侧（见图 1.13）出现一个窗口显示 PDF 格式的输出结果：

坚持使用 LaTeX，你会爱不释手！

这说明 1.2 节中的文件已成功安装。

源代码的编辑和编译结果见图 1.13，其中左侧上半部分是源代码编辑窗口，左侧下半部分是编译信息窗口，右侧是编译完成后的输出结果，它是用 TeXstudio 附带的 PDF 阅读器打开的，这个窗口左上角有一个红色书本样的图标，它是外部查看器按钮（这里的外部查看器是 PDFXCview），单击它则用外部查看器查看输出结果。

注意：如果修改了源代码，再次编译时一定要把外部查看器的显示文件关闭，否则会导致编译出错。

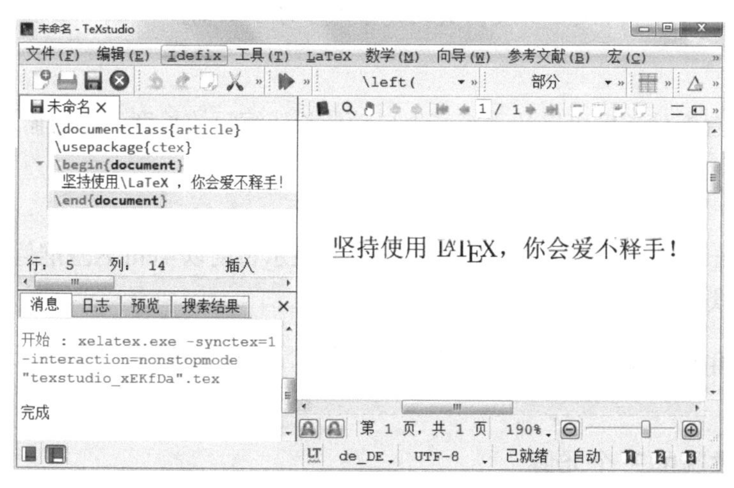

图 1.13

1.4 本书使用的配置

本书编写时所使用的配置是：操作系统 Windows7、TeX 发行版 TeX Live 2019、LaTeX 编辑器 TeXstudio 2.12.16、源文件编码方式 UTF-8、编译器 xelatex。本书所有的 .tex 文档（LaTeX 源代码文件）都是在这些配置下编辑的，读者若使用本书中的 .tex 文档请先查看自己的配置，LaTeX 编辑器可以不同，但是源文件编码方式必须是 UTF-8，编译器必须是 xelatex。如果读者计算机中的配置与此不同，就可能出现与书中所述不尽相同的结果。

1.5 LaTeX 排版的基础知识

1.5.1 LaTeX 中的长度

排版过程中常常需要设置长度值。在 LaTeX 中，长度有三类：一是刚性长度，二是相对长度，三是弹性长度。

1. 刚性长度

刚性长度也叫固定长度。系统中常用的刚性长度单位如下：

mm　毫米
cm　厘米
in　英寸，1 in = 2.54 cm
pt　点或磅，1 in = 72.27 pt

2. 相对长度

相对长度有一定的可变性，大小和当前的字号大小有关。LaTeX 中常用的相对长度单位如下：

em　与当前的字号大小有关，大约是大写字母 M 的宽度
ex　与当前的字号大小有关，大约是小写字母 x 的高度

3. 弹性长度

在排版中设置弹性长度可以让系统产生自动伸长或缩短的长度，它的输入格式是：

基准长度 plus 伸长长度 minus 缩短长度

如输入：`4cm plus 0.8cm minus 1.2cm`，则表示长度以 4 cm 为基准值，最大是 4.8 cm，最小是 2.8 cm，类似于尺寸标注：$4^{+0.8}_{-1.2}$ cm。

注意：在 LaTeX 中输入长度时，一定要带上单位，即便长度为 0 也是如此，否则会编译出错。

1.5.2 LaTeX 排版的三个步骤

Word 或 WPS 是所见即所得式的文字处理软件，即输入什么，就看到什么，而 LaTeX 是所想即所得式的，即输入一些希望得到什么的命令，经过编译才能得到想要的结果。

LaTeX 排版需经三个步骤：确定文类；编写源代码；编译源代码输出排版结果。

1. 确定文类

有人写作仅仅是为了写一篇论文，有人想写一份报告，而有人想写一本书，对于论文、报告、书籍，还有信件、试卷、简历等，都称之为文类。在 LaTeX 中常用的文类有论文文类 article 、报告文类 report 、试卷文类 exam 、幻灯片文类 beamer 和书籍文类 book ，这些都属于英文文类。如果使用这些英文文类排版含有中文的内容，则必须调用宏包 ctex 。宏包 ctex 提供了三种常用的中文文类，分别是论文文类 ctexart 、报告文类 ctexrep 和书籍文类 ctexbook ，使用这三种文类就自动调用了宏包 ctex 。如想写一篇论文就在 TeXstudio 的源代码编辑窗口中输入下面两行代码：

```
\documentclass[a4paper,11pt]{article}
\usepackage{ctex}
```

这两行代码可以理解为给系统下达了命令，让系统这样去执行：使用论文文类，用 A4 纸张大小，正文字号为 11 pt，并调用中文宏包 ctex 。也可以简单地用如下一条命令达到同样的效果：

```
\documentclass[a4paper,11pt]{ctexart}
```

特别需要注意的是，在英文文类命令中可设置的正文字号只限于 10 pt、11 pt、12 pt 这三个，默认为 10 pt。如果想设置成这三个字号之外的大小（如 9.5 pt 或 13 pt），在文类命令中设置是无效的。中文文档的正文一般使用五号字，五号字的大小为 10.54 pt，因为论文文类 ctexart 已经调用了中文宏包 ctex ，其字号默认为五号，输入：

```
\documentclass[a4paper]{ctexart}
```

即可使正文为五号字。

2. 编写源代码

源代码由两部分构成，第一部分是导言区，导言区中是对版面做的全局设置，如对版心尺寸、页眉页脚样式、字号大小、首行缩进距离等的设置。第二部分是正文区，正文区中不仅输入了一些纯文字或符号，也输入了大量的排版命令。源代码的结构如下：

```
1 \documentclass[选项1, 选项2, …]{文类}
2 \usepackage[选项1, 选项2, …]{宏包1}
3 \usepackage[选项1, 选项2, …]{宏包2}
4 其他一些设置命令 …
5 \begin{document}
6 文章的正文部分
7 \end{document}
```

（第 1～4 行：导言区；第 5～7 行：正文区）

以上代码中第 1 行 documentclass 的意思是文档类型，第 2 行、第 3 行 usepackage 的意思是调用宏包，第 5 行 begin{document} 表示文档开始，第 7 行 end{document} 表示文档结束。在它们前面加上反斜杠“\”，如 \begin{document} 表示让系统执行排版命令“文档开始”。在 LaTeX 中所有的命令都是以反斜杠“\”开头的，这些命令在输出的正文中并不出现。

3. 编译源代码输出排版结果

在 TeXstudio 中完成源代码的编写后，单击保存按钮，在弹出的对话框中输入英文或数字组成的文件名，单击“保存”按钮保存。建议将源文件保存在一个单独的文件夹里，为了便于查找文件，这个文件夹可以用中文命名。打开这个文件夹，找到源文件双击打开，单击 TeXstudio 工具栏中的编译按钮，接着在编辑窗口下方出现一个小的编译窗口显示编译信息。系统对所写的源代码按照从左到右、从上到下的顺序逐条编译，如果源代码没有错误，编译这一过程很快就会结束，编译窗口左下方出现“完成”二字，表示编译完成，同时排版的结果以 PDF 格式出现在编辑器的右侧窗口中，这样左侧是源代码，右侧是输出的 PDF 格式的排版结果，左右分屏显示，对照查看，十分方便。

下一章通过讲解一篇短文的排版，带大家走进 LaTeX 的世界。

第 2 章　文字与段落

2.1　一篇短文的排版

看下面框线内的一篇短文。

> **计　算　机　排　版**
>
> 434400 湖北省石首市第一中学 王某某
> E-mail:nnnnwshb@163.com
>
> 计算机的发展带动了各行各业的发展，使很多行业出现了革命性的变化。例如印刷出版业已告别铅与火的时代，普遍使用计算机排版系统进行排版。在计算机排版系统出现之前，人们想要发表文章或出版书籍需要先将手稿提供给编辑部或出版社，由专职编辑人员在手稿上做文字修改并添加排版说明，交排版工人排出校样。校样会返给作者，由作者校对后再返给编辑。在最终付印前，上述过程一般要重复多次，每次重复还有可能出现新的排版错误。对排好的校样，如果要更改版面设置就需要重排，工作量很大。有了计算机排版系统，情况就大不相同了，录入人员（可能就是作者本人）把原稿输入计算机，编辑人员添加排版指令后可以直接输出用于印刷的胶片了。改变字体、字号和版面设置都是很简单的操作。LaTeX 就是一个优秀的计算机排版系统，原先是面向英文排版的，现在也能处理中文、日文、韩文和阿拉伯文等文字了。
>
> 需要说明的是：在 LaTeX 编辑器中输入源代码时，初学者可能受到 Word 操作习惯的影响，总以为敲击空格键就会输出空格，敲击键盘数字键就会输出对应的符号，那就错了。不过，连续输入英文，如 I love LaTeX！在字母之间输入的空格就可以保留。

在这篇短文中，标题是黑体，字号稍大，居中；作者信息是宋体，字号较小，居中；正文是宋体，有两个段落，每段首行缩进两个汉字的宽度。那么，在 TeXstudio 中如何实现这样的输出呢？

操作步骤：

① 在计算机的某个盘（如 D 盘）中新建一个文件夹，命名为“计算机排版”。打开 TeXstudio，单击工具栏中的新建按钮，在编辑窗口中输入命令：`\documentclass{ctexart}`。

说明： 这条命令表示设定的文类是中文论文。由于 TeXstudio 具备命令补全功能，所以在输入命令的前几个字符时，会在输入的位置出现多个相似的命令供用户选择，双击需要的命令也可完成输入。

② 接着输入命令：`\begin{document}`。

说明： 这条命令表示文档开始。通过 TeXstudio 的命令补全功能，输入命令`\begin{document}`时还会有 `\end{document}` 跟着带入，这个命令表示文档结束。

③ 输入短文标题及作者信息。短文的开始是标题，居中，黑体字，字号稍大，字与字之间留有一定宽度的空白，如果是在 Word 中只需进行简单的操作就可以实现，那么在 LaTeX 中又是如何实现的呢？可以在\begin{document}和\end{document}之间设置居中环境并加上其他一些命令就可以让短文的标题、作者通信地址和联系方式这三行实现正确的排版。设置居中环境有两种方式：一种是单击编辑器 TeXstudio 菜单栏中的 LaTeX→ 环境 → 居中形状的按钮 ≡，另一种是在编辑窗口中输入命令。居中环境的代码结构是：

```
\begin{center}
  ……
\end{center}
```

这篇短文的标题及作者信息的代码如下：

```
1 \begin{center}
2 {\zihao{3}\heiti 计\hspace{8mm}算\hspace{8mm}机\hspace{8mm}排\hspace{8mm}版}
3 \\[3mm]
4 {\zihao{-5}434400\,\,湖北省石首市第一中学\,\,王某某}\\[-2mm]
5 {\zihao{6}E-mail:nnnnwshb@163.com}
6 \end{center}
```

说明：输入的第 1 行代码表示进入居中环境，环境内的内容排版结果必须居中；第 2 行代码首先是个左花括号“{”，表示进入了一个分组，接着是字号设置命令 \zihao{3} 表示该命令后的字号为三号，再接着是字体命令 \heiti 表示该命令后的字体为黑体，接着输入空格将命令与汉字隔开，这行代码中汉字之间的命令 \hspace{8mm} 表示在两个汉字之间设置 8 mm 的横向距离，末尾是个右花括号“}”，与第 2 行开始的左花括号对应，这对花括号中的内容被编成一组，字号设置命令和字体命令在这个分组内，因此这两个命令只在分组内有效，不能作用于分组外；第 3 行代码是 \\[3mm]，两个反斜杠“\\”是强制换行命令，表示在此命令后的内容开始换到下一行，[3mm] 紧跟在强制换行命令后表示下一行与这一行增加 3 mm 的行距，如果是 [-3mm] 则表示减少 3 mm 的行距，行距没有特殊的要求时可以不输入这个选项；第 4 行的代码也在一个分组内，命令\zihao{-5}设置字号为小五，强制换行符后的 [-2mm] 表示下一行与这一行的行距减少 2 mm，分组内出现了四个相同的代码“\,”，表示在横向增加较少的间距；第 5 行的代码写在一个分组内，字号设定为六号，因为没有下一行了，所以末尾不需要输入强制换行符。

请读者再看看框线内短文的标题、作者通信地址和联系方式是不是按照命令去执行的。

④ 接着输入正文内容：

```
1 计算机的发展带动了各行各业的发展，使很
2          多行业出现了革命性的变化。例如印刷出版业已告别铅与火的时代，
3    普遍使用计算机排版系统进行排版。……\LaTeX 就是一个优秀的计算机
4 排版系统，原先是面向英文排版的，现在
5 也能处理中文、日文、韩文和阿拉伯文等文字了。
```

```
6
7 需要说明的是：在\LaTeX 编辑器中输入源代码时，初学者
8 可能受到Word操作习惯的影响，
9 总以为敲击空格键就会输出  空格，敲击
10 键盘数字键就会得到输出对应的符号，那就错了。
11 不过，连续输入英文，如I love LaTeX！在字母之间输入的空格就可以保留。
```

说明：代码中第 1 行和第 2 行中有很多空白，但并不表示输出结果也是这样的，系统读取源代码时是忽略这些空白的。第 1 行到第 5 行没有空行，系统把它们作为一个段落处理。在系统中有专门的命令 \LaTeX 用于输出“LaTeX”，建议在命令后面输入一个空格以与其后输入的代码隔开，防止其后紧跟的是英文字母或汉字而导致的编译出错。第 6 行是一个空行。第 7 行到第 11 行没有空行，系统把它们也作为一个段落处理。在源代码中空行表示分段，空一行和连续空多行的作用是一样的。还有一种分段的方法，不需要空行，用分段命令 \par 放在要分段的位置，那么分段命令后面的内容就成了另一个段落。在输入中，这两个段落没有首行缩进，英文单词和数字也未与左右两边的汉字留有空格，不用担心，在输出中，系统会自动让段落首行缩进两个汉字的宽度，英文单词和数字也会与相邻的汉字留有间距。在输入中，汉字之间的空格无论多少系统都会全部忽略，而英文单词或字母之间输入的空格会在输出中保留。

⑤ 单击 TeXstudio 工具栏中的编译按钮，屏幕下方的编译窗口出现编译信息，如果输入的代码没有错误，编译很快就会完成，同时排版的结果会以 PDF 格式出现在编辑器的右侧窗口中，这样左侧是源代码，右侧是排版结果。如果把光标移到源代码的某处单击右键，在出现的右键菜单中单击“跳转到 PDF”选项，这时右侧的 PDF 阅读区中会出现短时间的高亮显示，显示的内容就是与源代码中光标所指代码对应的内容；反过来，光标移到 PDF 阅读区某处单击右键，在出现的右键菜单中单击“跳转到源”选项，这时左侧的源代码编辑窗口中出现短时间的高亮显示，显示的内容就是与 PDF 阅读区中光标所指内容对应的代码。这就是 TeXstudio 所具有的正/反向搜索功能，非常便于修改内容。单击保存按钮，将文件命名为“jsjpb”（文件名中不能有中文，可以有数字和英文，文件的扩展名是 .tex），并另存到 D 盘中名为“计算机排版”的文件夹中。之后单击工具栏中的编译按钮，文件会自动更新。

说明：重新编译后，在名为“计算机排版”的文件夹中出现另外 4 个文件，它们的名称都是“jsjpb”，只是扩展名不同，用户一般只需关注其中的 .pdf 文件。

2.2 题名页排版

关于标题、作者姓名和相关信息的排版，除了使用以上介绍的居中环境，还可以使用 LaTeX 系统提供的一组专门用于生成文章标题及作者姓名、发表日期和致谢的题名信息命令。

这组题名信息命令及其使用说明如下。

\title{标题文本} 花括号内输入标题文本。标题自动居中，如果标题过长则自动换行，也

可以使用强制换行符“\\”人工换行，形如 \title{…\\…\\…}，分成的每行都会自动居中。在花括号中可以使用字号设置命令设置想要的字号。

\author{作者信息}　如果是一个作者，作者信息的输入同标题文本；如果是多个作者，则可以使用并列命令“\and”左右并列排版作者信息；如果不想左右并列排版，就把“\and”改为强制换行符“\\”，则上下排版作者信息。

\thanks{脚注内容}　该命令相当于脚注命令\footnote{脚注内容}，可以在以上两个命令中使用。

\date{日期文本}　花括号内可手动输入日期信息，也可以空置表示不生成日期信息。如果不输入这个命令，则系统自动生成当天的日期信息。

\today　这个命令用于生成当天的日期信息。

\maketitle　为了生成以上的题名信息，则必须要在以上的命令后面输入该命令，否则不能生成题名信息。

注意：使用题名信息命令制作题名页时，\title{标题文本}、\author{作者信息}、\maketitle 三个命令一个都不能少，其余三个是可选命令。在一般选用的文类 ctexart 里，以上题名信息命令生成的题名信息默认不是单独为一页的，其后会紧接正文，为了使之单独成一页，需要在文类命令的可选项里填入“titlepage”，即输入代码 \documentclass[titlepage]{ctexart}。

范例 1　论文题名页的排版

制作如框线内所示的论文题名页。

GGB 的数学实验与可视化教学

张 ××*	李　×
江苏省常州某中数学教研组	浙江省金华某中名师工作室
abcd@gmail.com	efgh@gmail.com

2018.3.8

*×× 省特级教师

操作步骤：

① 在计算机 D 盘中新建一个文件夹，命名为“题名页排版”。打开 TeXstudio，单击工具栏中的新建按钮 新建一个文档，在编辑窗口中输入如下源代码：

```
1 \documentclass{ctexart}
2 \usepackage[paperheight=18cm,paperwidth=13cm,margin=4mm]{geometry}
3 \begin{document}
4 \title{\vspace{-8mm}\heiti\zihao{2}GGB的数学实验与可视化教学\vspace{5mm}}
5 \author{张××\thanks{××省特级教师}\\[2mm]
6 江苏省常州某中数学教研组\\
7 abcd@gmail.com
8 \and
9 李\quad ×\\[2mm]
10 浙江省金华某中名师工作室\\
11 efgh@gmail.com }
12 \date{2018.3.8}
13 \maketitle
14 \end{document}
```

说明： 源代码第 2 行调用了宏包设置纸张和版心尺寸（本书第 6 章有详细介绍）。第 4 行开头的命令是 \title{}，花括号中填写论文的题名内容，系统默认其自动居中，命令 \vspace{-8mm}是让题名内容行向上升高 8 mm，命令 \vspace{5mm}是让题名内容行下方内容与其增加 5 mm 的垂直距离。第 5 行到第 11 行中的命令是\author{}，花括号中填写作者信息，里面嵌套命令\thanks{}，其花括号内填写的信息会被排版在页面脚注里；嵌套的另一个命令\and 用于让其前后的作者信息并列排版。作者信息较多，使用强制换行命令\\分行，形成一个微型的居中环境。如果有三位作者就要用到两个\and命令，三位作者的信息不一定并排，这取决于作者信息的长短，系统会自动换行并居中排版。第 12 行是命令\date{}，花括号中填写日期信息，如果改用命令\today，则会输出排版当天的日期，无须人工输入。第 13 行是命令\maketitle，它让系统生成以上代码设置的题名信息。

② 源代码编辑完成后，单击保存按钮 ，将文件命名为“tmy”，保存在 D 盘名为“题名页排版”的文件夹中。单击编译按钮 ，编译完成后，排版结果以 PDF 格式出现在编辑器右侧窗口中。

说明： 编译完成后，在名为“题名页排版”的文件夹中共有 5 个文件，读者只需关注其中两个文件：一个是 .tex 文件，另一个是 .pdf 文件。

2.3 段落对齐

2.3.1 居中命令

之前介绍了设置居中环境可以让文本居中，居中命令也能够做到。居中命令有以下两个：

\centering　声明形式的居中命令。

\centerline{}　参数形式的居中命令，花括号内必须写入参数，这里参数是单行文本。

声明形式的居中命令\centering 相当于向计算机发出命令，使其后输入的所有文本内容都居中排版。为了限制其作用范围，要将此命令置于一对花括号内，也就是放在分组内。参数形式的居中命令 \centerline{} 会居中排版其花括号中的内容，但是该内容不能过长，因为不管其长短，系统都会把它作为一行居中排版，这时内容的左右部分就会超出版心，不见首尾。所以，内容过长时不使用此命令。

范例 2　两个居中命令的应用

输出下面框线内的排版结果。

> 几何画板实用范例教程
>
> 上册
>
> ××× 编著
>
> GeoGebra 基础范例教程
>
> 下册
>
> × 老师 编著

操作步骤：

① 在计算机 D 盘中新建一个文件夹，命名为“居中命令”。打开 TeXstudio，单击工具栏中的新建按钮 新建一个文档，在编辑窗口中输入如下源代码：

```
1 \documentclass{ctexart}
2 \begin{document}
3 {\centering
4 {\zihao{3}几何画板实用范例教程}\\[5mm]
5 上册\\[1.5mm]
6 ×××\,\,编著\\ }\vspace{8mm}
7 \centerline{\zihao{3}GeoGbra基础范例教程}\vspace{5mm}
8 \centerline{下册}\vspace{1.5mm}
9 \centerline{×老师\,\,编著}
10 \end{document}
```

说明： 声明形式的居中命令中可以有多行文本，用换行命令换行。在换行命令后紧跟方括号，方括号中写入长度可调整行距。注意，在声明形式的居中命令输入结束前必须输入换行命令（见源代码的第 3～6 行），否则将会编译出错。参数形式的居中命令的花括号内不能使用换行命令，调整其中内容与下一行的行距不能使用 \\[长度值]，只能使用垂直空白命令 \vspace{长度值} 调整行距，见源代码的第 6～8 行。两种形式的居中命令可以实现同样的排版效果。

② 单击保存按钮，将文件命名为“jz”，保存到名为“居中命令”的文件夹中。单击编译按钮编译源代码。

设置居中环境和居中命令都可以使文本居中，它们的不同之处在于居中环境内的内容整体与上下文本约有一个空行的间距，而居中命令却可以保持当前行距。

2.3.2 右对齐环境和命令

前面学习了让文本居中的居中环境和居中命令，相应地也有右对齐环境和右对齐命令、左对齐环境和左对齐命令，知道了怎么使用居中环境和居中命令就知道了怎么使用右（左）对齐环境和右（左）对齐命令，只需改动环境名称和命令名称即可。居中环境和居中命令有较大的实用价值，很多时候都要用到它们，但若有时想在文章的结尾处落款，如书信的落款，其文本信息应靠右对齐，可以使用系统提供的右对齐环境实现右对齐排版。右对齐环境的代码结构是：

```
\begin{flushright}
第一行\\
第二行\\
……\\
末行
\end{flushright}
```

范例 3　右对齐环境的应用

以在文章结束后排版作者的各种联系方式为例，制作如下框线内的右对齐排版效果。

QQ：123456789
Tel：13012345678
E-mail：××@163.com
2019 年 8 月 28 日

其在正文区的代码是：

```
1 \begin{flushright}
2 QQ: 123456789\\
3 Tel: 13012345678\\
4 E-mail: ××@163.com\\
5 2019年8月28日
6 \end{flushright}
```

说明：也可以单击编辑器 TeXstudio 菜单栏中的 LaTeX→ 环境 → 右对齐形状的按钮直接得到右对齐环境。

右对齐命令有两个，一个是声明形式的命令 \raggedleft ，另一个是参数形式的命令 \rightline{}，它们的用法参见居中命令。

2.3.3 左对齐环境和命令

有时需要把几行文本左对齐，那就要用到左对齐环境和命令。

左对齐环境的代码结构是：

```
\begin{flushleft}
第一行\\
第二行\\
……\\
末行
\end{flushleft}
```

范例 4　左对齐环境的应用

制作如下框线内的左对齐排版效果。

QQ：123456789
Tel：13012345678
E-mail：××@163.com
×× 师范大学数学系

其在正文区的代码是：

```
1 \begin{flushleft}
2 QQ: 123456789\\
3 Tel: 13012345678\\
4 E-mail: ××@163.com\\
5 ××师范大学数学系
6 \end{flushleft}
```

左对齐命令有两个，一个是声明形式的命令 `\raggedright`，另一个是参数形式的命令 `\leftline{}`，它们的用法参见前面两个居中命令。

2.4 字号和默认字体

在排版中常常需要设置字号大小、字体形状，如标题一般用黑体且字号要大，文中引用的古诗词用楷体且字号略小等。前面的范例中就用到了字号设置命令如 `\zihao{3}`，字体命令如 `\heiti`。表 2.1 和表 2.2 列出了常用的字号设置命令和字体命令，这些命令属于声明形式的命令，为了限制其作用范围常常把这些命令放在分组内。字号设置命令 `\zihao{数字}`，其中数字共有 16 个可选值，它们所对应的字号及实际大小如表 2.1 所示。

表 2.1

字　号	命　令	字　样
八号	\zihao{8}	计算机排版
七号	\zihao{7}	计算机排版
小六	\zihao{-6}	计算机排版
六号	\zihao{6}	计算机排版

（续）

字　号	命　令	字　样
小五	\zihao{-5}	计算机排版
五号	\zihao{5}	★　计算机排版
小四	\zihao{-4}	计算机排版
四号	\zihao{4}	计算机排版
小三	\zihao{-3}	计算机排版
三号	\zihao{3}	计算机排版
小二	\zihao{-2}	计算机排版
二号	\zihao{2}	计算机排版
小一	\zihao{-1}	计算机排版
一号	\zihao{1}	计算机排版
小初	\zihao{-0}	计算机排版
初号	\zihao{0}	计算机排版

注意：表 2.1 中和★同行的字样是中文写作时正文常用的五号字，在文档开始命令 \begin{document} 后输入命令 \zihao{5}，可以使文档的字号为五号，如果想大一些或者小一些，建议以五号字作为参照，在它的上下选择合适的字号。

系统为中文写作配置了 4 种字体，默认的是宋体。表 2.2 列出了 4 种中文字样及其命令。

表 2.2

字　体	宋体	黑体	仿宋	楷书
字　样	宋体	黑体	仿宋	楷书
命　令	\songti	\heiti	\fangsong	\kaishu

2.5　中文标点符号

2.5.1　中文标点符号的输入

输入法切换为中文时，逗号、句号、分号、感叹号、问号、冒号、双引号和书名号等都可以通过键盘上对应的符号键输入得到。其中：

破折号的输入：按住 Shift 键敲击减号键，则得到行居中的破折号“——”，如果需要输入一字线，就把光标放在这个破折号的右边敲击一次 Backspace 键。

省略号的输入：单击搜狗输入法工具条中键盘样的按钮，从弹出的面板中选择“特殊符号”按钮单击，出现“符号大全”对话框。从其左侧的系列符号名称中选择“标点符号”选项单击，对话框右侧出现可供选择的标点符号，找到三点或六点的省略号单击，就在光标插入的地方输入了，三点省略号显示为行居中的“…”，六点的显示为行居中的“……”。

省略号的输入还有一种快捷方式：输入法为中文时，按住 shift 键敲击数字 6 键可得行居中的六点省略号“……”，若再敲击一次 Backspace 键，得到三点省略号。

外国人名或少数民族人名中的姓与名之间用间隔符（一个黑点）隔开，例如 TeX 之父 Donald E.Knuth 的音译是唐纳德·克努特。间隔符的输入步骤如下：参照省略号的输入步骤找到“符号大全”对话框中的“标点符号”，从中选择“点”符号单击，得到行居中的黑点“•”。

有时为了对某些字词进行着重强调或提醒注意，需要在这些字词的下方标记下画线和着重强调符号。常见的符号和命令有以下 5 种：

`\underline{对象}` 在对象下画下画线，对象可以是文本或数学式等。

`\CJKunderdot{对象}` 在汉字下方标注黑点，对标点符号无效，须调用宏包 ctex[①]。

`\CJKunderline{对象}` 在对象下方标注一条线段，对标点符号无效，须调用宏包 ctex。

`\CJKunderdblline{对象}` 在对象下方标注两条线段，对标点符号无效，须调用宏包 ctex。

`\CJKunderwave{对象}` 在对象下方标注一条波浪线，对标点符号无效，须调用宏包 ctex。

输入（导言区调用宏包 amsmath 才能显示数学式）：

```
\underline{汉字和English，数学式$\dfrac{1}{2}$也可以。}

\CJKunderdot{只对汉字有效，不包括中文的标点符号。}

\CJKunderline{对汉字和英文有效，不包括中文的标点符号。}

\CJKunderdblline{对汉字和英文有效，不包括中文的标点符号。}

\CJKunderwave{对汉字和英文有效，不包括中文的标点符号。}
```

输出：

汉字和 English，数学式 $\dfrac{1}{2}$ 也可以。

只对汉字有效，不包括中文的标点符号。

对汉字和英文有效，不包括中文的标点符号。

对汉字和英文有效，不包括中文的标点符号。

对汉字和英文有效，不包括中文的标点符号。

2.5.2　中文标点符号的细节处理

一般情况下，系统对中文标点符号默认为全角式，即所有的中文标点符号作为一个汉字对待，输出时占一个汉字的宽度，只是当标点出现在行末或者某些特殊的地方时缩紧一点。如果不想让标点为全角式，那么在使用 UTF-8 编码、XeLaTeX 编译时，可用两种不同的方式处理中文标点符号：

`\punctstyle{banjiao}` 为半角式命令，放在正文前，则所有的标点为半角式，即标点占半个汉字的宽度，当标点出现在行末或者某些特殊的地方时缩紧一点。

`\punctstyle{kaiming}` 为开明式命令，放在正文前。与半角式命令的应用效果基本相

---

① 此说明适用于 TeX Live 2019 版本；若使用 TeX Live 2021 版本须调用宏包 xeCJKfntef，后续的三条命令同此。

同，唯一不同的是，开明式的句末（而不是行末）标点是全角。

使用半角式命令的效果如下：

> 半角式命令，放在正文前，则所有的标点为半角式，即标点占半个汉字的宽度，当标点出现在行末或者某个地方时缩紧一点。

如果使用开明式命令，效果和半角式的区别很小。

第 3 章　命令、环境和宏包

通过第 2 章中的几个范例，初步学习了 LaTeX 的一些基础知识，认识了一些排版命令，了解到要获得想要的排版结果，就需要在相应的位置给出排版要求，这些要求就是 LaTeX 的命令和环境。在 LaTeX 中凡是以反斜杠“\”开头的代码全是命令，此外，还有少数专用的符号不以“\”开头也可看作一种排版命令，如生成空格的符号“~”。LaTeX 的基础命令和在其上定义的命令有很多，从本章开始，逐步认识和学习 LaTeX 中常用的命令、环境和宏包。

3.1 命　令

3.1.1 命令的分类

排版命令分为两种，一种是控制词，另一种是控制符，它们的说明如下：

控制词　控制词由反斜杠和紧跟其后的一个或多个英文字母（区分大小写）组成，大多数控制词从字面上就能知道其含义，如 `\centerline{文本}` 表示将输入的文本放在一行的正中间。

控制符　控制符由反斜杠和一个符号（不是字母）组成，如命令 `\!`、`\:` 等。

根据命令的复杂程度，命令又可分为一般性命令、带参数的命令。有些命令很简单，一个反斜杠后紧跟着一些字符且不带参数的被称为一般性命令，如 `\quad`。为了增强排版功能，有些命令中带有参数选项，被称为带参数的命令。参数选项又分为必需参数和可选参数，必需参数是不可省略的参数，放在花括号中；可选参数是可以省略的参数，放在方括号中。当一个括号中含有多个参数时，参数之间用逗号隔开，如

```
\rotatebox[参数1=选项,参数2=选项,…]{角度}{对象}
```

3.1.2 命令的输入

在输入命令时，命令名必须紧跟着反斜杠，输入完毕后最好敲击一次空格键，让命令后留有空格。这是因为命令中的控制符后面不能紧跟字母或汉字，只能是其他字符（如空格、数字、括号和标点符号等）。例如，系统中有命令 `\text`，在输入时既不能输入“`\tex t`”也不能输入“`\texte`”。若输入“`\tex t`”，字母 x 和字母 t 之间存在空格，系统会认为 `\tex` 是命令；若输入“`\texte`”，系统会认为“`\texte`”是命令，如果系统中没有这两个命令，那么系统在编译源代码时会提示出错，中止编译。又如，在 TeXstudio 中输入“`\heiti计算机排版`”和“`\heiti 计算机排版`”，前者中汉字紧跟着命令，编辑窗口内命令和汉字都呈同样的颜色，这是系统把字母和汉字连在一起的整体作为了一个命令名；后者中命令和汉字之间存在空格，此时编辑窗口内命令和汉字所呈的颜色不同。输入前者使得编译出错，输入后者则编译正常。所以正确的输入习惯是：输完命令后就习惯性地敲击空格键，以避免命令后面紧跟着英文字母或汉字导致的编译出错。

3.1.3 专用符号的用途和输出方法

在编写源代码时，其中的排版命令是不会出现在输出结果中的，此外，还有 10 个专用符号，直接输入时具有特殊的排版用途不会出现在输出结果中。如果需要输出这些专用符号，系统给出了相应的输出方法，见表 3.1。

表 3.1

专用符号	特殊用途	输出方法
%	注释符，在源代码中该符号及其本行中右侧的所有字符都被系统忽略	\% 或 \verb"%"
\	反斜杠，命令开始的导入符	\textbackslash 或 \verb"\"
$	进入和结束数学模式的符号，须成对使用	\$ 或 \verb"$"
#	参数符，用于定义命令中的参数	\# 或 \verb"#"
{	必需参数或分组的起始符	\{ 或 \verb"{"
}	必需参数或分组的结束符	\} 或 \verb"}"
^	数学模式中使用的上标符	\^{} 或 \verb"^"
_	数学模式中使用的下标符	_ 或 \verb"_"
~	空格符，生成一个不可换行的空格	\~{} 或 \verb"~"
&	分隔列与列的符号，在表格环境中使用	\& 或 \verb"&"

以下具体说明注释符、空格符、花括号的用途。

1. 注释符的用途

百分号“%”在 LaTeX 中为注释符。系统编译源代码时是按从上到下、从左到右的顺序逐一读取代码的，如果遇到了注释符，那么系统会忽略 % 及其所在行中 % 右侧的所有字符。在用 TeXstudio 编辑的源代码中 % 及其所在行中 % 右侧的所有字符呈灰色。

注释符 % 有 4 种具体用途（加了底纹的是在编辑窗口输入的代码，未加底纹的是对注释符所起作用的解释）：

① % 对上/下代码的说明 单独成行，对其上下行代码××× 做解释或说明；
代码×××

② 代码×××% 对左侧代码的说明 在代码右侧，对其左侧代码××× 做解释或说明；

③ % 代码××× 对已有的暂不需要又不想删掉的代码，在其行首加注释符注释掉；

④ 代码×××% 在编辑源代码时，写完一行代码后换行，而行末与下一行的行首不全是汉字时有可能在输出结果中发现换行处出现了不需要的空格，为了消除这个空格，在行末添加注释符，把换行时生成的空格注释掉。

但是，注释符前有反斜杠即为“\%”或者注释符放在 \verb" " 的双引号中时就没有注释的功能了。

2. 空格符的用途

在系统中，“~”是用于生成空格的空格符，那么“~”能生成多大的空格？又在什么时候使用“~”呢？

当调用了宏包 ctex，源代码保存为 UTF-8 格式且使用 XeLaTeX 编译时，系统能够自动删除汉字之间的空格和自动添加汉字与其他字符（数字、字母和数学式等）之间的间距。例如本段中的“使用 XeLaTeX 编译”汉字与英文之间就被自动添加了适当的间距，而在早期版本中为了得到这样的效果必须要在源代码中输入“使用 ~XeLaTeX~ 编译”才能实现。“~”生成的空格大小就是前述自动添加的间距大小。

那么什么时候需要输入“~”呢？因为系统并不是绝对地能在汉字与其他字符之间自动添加间距的，所以建议先编译源代码生成并查看 PDF 文档，如果觉得某个地方需要空格，就可以在对应的源代码处使用“~”生成空格。例如，输入：`注释符\%的用途`，输出：注释符%的用途。百分号的左边没有留出适当的间距，在源代码中百分号的左边输入“~”，即输入：`注释符~\%的用途`，输出：注释符 % 的用途。这样在百分号的左右两边都空出来适当的间距。

3. 花括号的用途

花括号的用途具体如下。

一是在带参数的命令和环境中“`{ }`”内须写入参数。如字号设置命令 `\zihao{ }` 的花括号中要写入字号参数，若不填写则会编译出错。

二是用于构建分组。若想使命令的作用限制在一定的范围，就把该命令和它作用的对象写在“`{ }`”内。例如：

输入：`\zihao{-3}计算机排版`，输出：计算机排版；

输入：`{\zihao{-3}计算机}排版`，输出：计算机排版。

前者未构建分组，使命令 `\zihao{-3}` 后的对象全按照 -3 对应的字号（即小三号字）排版，直到有新的字号设置命令为止。后者构建了分组，把“`\zihao{-3}计算机`”放在一个分组内，这样只是把字号设置命令作用在“计算机”这三个汉字上。

3.1.4　空白命令

前面讲述了空格符“~”可以生成一定宽度的水平空白，而文档中常常需要在某行的某处加大间距或减少间距，在相邻两行之间加大行距或减少行距，这就是调整水平空白和调整垂直空白。在编辑源代码时，用敲击空格键的方法一般是无法在输出中生成空格的。如果要插入空白间隔，就必须使用空白命令。空白命令又分为水平空白命令和垂直空白命令。

1. 水平空白命令

生成水平空白的命令及其说明如下：

`\,`　用于生成一段宽度为 0.16667 em[①]的水平空白，放在两个字符之间用于调整字符间距。这个命令放在阿拉伯数字和单位之间生成较小的空白，如输入：`1.2\,cm`，`1.2cm`，输出：1.2 cm，1.2cm。这两个输出结果相比，前者比后者更好。

`\:`　用于生成一段宽度为 0.2222 em 的水平空白，放在两个字符之间用于调整字符间距，使用时要调用公式宏包 `amsmath`，即在数学模式中有效。

`\;`　用于生成一段宽度为 0.2777 em 的水平空白，放在两个字符之间用于调整字符间距，使用

① em 是相对长度单位，1 em 是当前字号下大写字母 M 的宽度。

时要调用公式宏包 `amsmath`，即在数学模式中有效。

`\!`　用于生成一段宽度为 −0.16667 em 的水平空白，放在两个字符之间用于缩小字符间距，使用时要调用公式宏包 `amsmath`，即在数学模式中有效。

`\quad`　用于生成一段宽度为 1 em 的水平空白，放在两个字符之间用于调整字符间距。

`\qquad`　用于生成一段宽度为 2 em 的水平空白，放在两个字符之间用于调整字符间距。

`\hspace{长度}`　如 `\hspace{3mm}` 放在两个字符之间用于生成一段高度为 0、宽度为 3 mm 的水平空白。花括号内的长度值可以设置为负值，负值表示缩短间距。如果设为 0，必须写上单位，如 0 pt 或 0 mm，否则编译时系统会提示出错。此外，如果这个命令的长度值非负，且它左右字符刚好在输出中位于行尾或行首时，这个命令就失效了，相当于没有输入这个命令。

`\hspace*{长度}`　这个命令与上一个命令相比只是多了一个星号，这两个命令的作用基本相同，唯一的不同在于带星号的命令一定能在其左右字符之间生成空白。

`\hphantom{字符串}`　放在两个字符之间用于调整字符间距。这个命令的命令名是由英文单词“phantom”和字母“h”组成的，“phantom”的意思是幻影、幽灵，即看不见的，“h”是指水平方向。如命令 `\hphantom{ab 排版}` 生成一段总高度为 0、宽度等于“ab 排版”这一字符串宽度的水平空白。花括号内的字符串可以是文本或各种符号命令。

`\hfill`　弹性水平空白命令。它像一根具有无限伸缩能力的弹簧，最短可以为零，最长可以为任意长，用于将当前行剩余的空间填满。简单地说，这个命令会根据排版的结果在命令左右的文本之间生成需要的空白，以充满一行。但是，当这个命令位于有多行的段落之内时，它就无效了，因为命令所在行已经被文字充满，无空可填。当命令位于单独的一行或者接近段落的末尾时命令就有效了，这时命令的弹性发挥作用，使命令所在行的文本和空白一起充满整行。

范例 5　水平空白命令的应用

看下面框线内的七个段落：

> 　　计算机的发展带动了各行各业的发展，使很多行业出现了革命性的变化。例如印刷出版业已告别铅与火的时代，普遍使用计算机排版系统进行排版。
>
> 　　计 算机 的发展 带动了各行各业　的发展，使　　很多行　　业出现了革命性的变化。例如　　　印刷出版业已告别铅与火的时代，普遍使用计算机排版系统进行排版。
>
> 　　计算机的发展带动了各行各业的发展，使很多行业出现了革命性 的变化。例如印刷出版业已告别铅与火的时代，普遍使用计算机排版系统进行排版。
>
> 　　　计算机的发展带动了各行各业的发展，使很多行业出现了革命性 的变化。例如印刷出版业已告别铅与火的时代，普遍使用计算机排版系统进行排版。
>
> 　　　计算机的发展带动了各行各业的发展，使很多行业出现了革命性　　的变化。例如印刷出版业已告别铅与火的时代，普遍使用计算机排版系统进行排版。

计算机的发展带动了各行各业的发展，使很多行业出现了革命性　　的变化。例如印刷出版业已告别铅与火的时代，普遍使用计算机排版系统进行排版。

计算机的发展带动了各行各业的发展，使很多行业出现了革命性　　的变化。例如印刷出版业已告别铅与火的时代，普遍使用计算机排版系统进行排版。

框线内的七个段落内容完全一样，仅是各段内文字间水平空白不同。第一段的源代码中没有添加任何水平空白命令，文字和标点符号是一个挨着一个排版的，后面的六段文字内出现了水平空白。以第一段文字作为参照，以此来理解水平空白命令所起到的作用。

操作步骤：

① 框线内第二段文本的代码如下：

```
1 \documentclass{ctexart}
2 \usepackage{amsmath}
3 \usepackage[paperheight=13cm,paperwidth=11.6cm,bottom=2mm,left=2mm,right=2mm,
4 top=2mm]{geometry}
5 \begin{document}
6 计\,\,算机\: 的发展\; 带动了各\!行各业\quad 的发展，使\qquad 很多行\hspace{6mm}业
7 出现了革命性的\hspace{-2mm}变化。例如\hphantom{印刷业}印刷出版业已告别铅与火的时
8 代，普遍使用计算机排版系统进行排版。
9 \end{document}
```

说明： 代码的第 2 行调用了宏包 amsmath，该宏包中定义了三个命令：“\:”“\;”“\!”，如果不调用该宏包，那么编译会中止。第 3、第 4 行调用了页面设置宏包 geometry，页面的高度和宽度分别是 13 cm、11.6 cm，上下左右的边空都是 2 mm。调用宏包后续会有讲解，此处请读者对照代码中的空白命令与框线内第二段文本的排版结果，就可知道空白命令所起到的作用。

② 框线内第三段文本的代码如下：

```
计算机的发展带动了各行各业的发展，使很多行业出现了革命性\,\,\,的变化。例如印刷出版业已
告别铅与火的时代，普遍使用计算机排版系统进行排版。
```

说明： 编译后对照第三段的排版结果，理解源代码中的空白命令的作用。

③ 框线内第四段文本的代码如下：

```
\hspace{6mm}计算机的发展带动了各行各业的发展，使很多行业出现了革命性\,\,\,的变化。
例如印刷出版业已告别铅与火的时代，普遍使用计算机排版系统进行排版。
```

④ 框线内第五段文本的代码如下：

```
\hspace*{5mm}计算机的发展带动了各行各业的发展，使很多行业出现了革命性\hspace{6mm}的
变化。例如印刷出版业已告别铅与火的时代，普遍使用计算机排版系统进行排版。
```

⑤ 框线内第六段文本的代码如下：

```
计算机的发展带动了各行各业的发展，使很多行业出现了革命性\hspace{6mm}的变化。例如印刷
```

出版业已告别铅与火的时代，普遍使用计算机排版系统进行排版。

⑥ 框线的第七段文本的代码如下：

计算机的发展带动了各行各业的发展，使很多行业出现了革命性\hspace*{6mm}的变化。例如印刷出版业已告别铅与火的时代，普遍使用计算机排版系统进行排版。

范例 6 弹性水平空白命令 \hfill 的应用

用弹性水平空白命令 \hfill 制作下面框线内的四行排版效果。

左对齐		
	居中对齐	
		右对齐
左		右

源代码是：

```
1 \documentclass{ctexart}
2 \begin{document}
3 \parindent=0mm
4 左对齐\hfill\mbox{}  \\
5 \mbox{}\hfill 居中对齐\hfill \mbox{}\\
6 \mbox{}\hfill 右对齐\\
7 左\hfill 右
8 \end{document}
```

说明： 因为在宏包 ctex 中对段首的首行设置了两个汉字宽度的缩进，而此处要取消首行缩进，所以第 3 行代码设置了首行缩进为 0 mm。源代码的第 4 行有命令 \mbox{}，它用于生成一个宽、高都为零的空字符。把命令 \hfill 放在文字“左对齐”和空字符命令之间，就好像在文字和空字符之间放置了一根弹簧，这根弹簧把左边的文字推向左侧，把右边的空字符推向右侧得到了左对齐的效果。接下来的居中对齐、右对齐和左右各居两端，读者可以对照理解了。

弹性水平空白命令 \hfill 有一些衍生命令，这些命令的作用与 \hfill 的区别只是它们不是以空白填充而是用有形的符号或线条填充的。这些衍生命令及其说明如下：

\dotfill 用点线填充。

\hrulefill 用水平线段填充。

\downbracefill 用开口向下的花括号填充。

\upbracefill 用开口向上的花括号填充。

\leftarrowfill 用向左的箭头填充。

\rightarrowfill 用向右的箭头填充。

范例 7 弹性水平空白命令衍生命令的应用

制作下面框线内的排版效果。

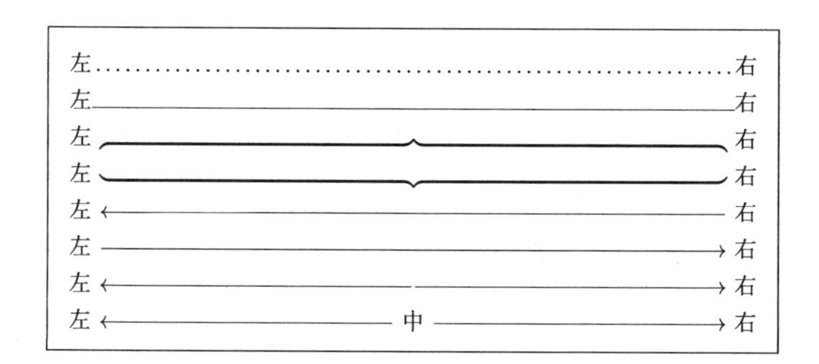

源代码是：

```
1 \documentclass{ctexart}
2 \begin{document}
3 \parindent=0mm
4 左\dotfill 右\\
5 左\hrulefill 右\\
6 左\downbracefill 右\\
7 左\upbracefill 右\\
8 左\leftarrowfill 右\\
9 左\rightarrowfill 右\\
10 左\leftarrowfill\rightarrowfill 右\\
11 左\leftarrowfill 中\rightarrowfill 右
12 \end{document}
```

说明：注意第 10 行和第 11 行两行代码的区别。

2. 垂直空白命令

生成垂直空白的命令及其说明如下：

`\vspace{长度}` 如 `\vspace{3mm}` 用于生成一段高度为 3 mm、宽度为文本行宽度的垂直空白。花括号内的长度值可以设置为负值，负值表示缩短间距。该命令常用于段落之间或图表与上下文之间。该命令置于一页的页首或页尾无效，如果想通过这个命令调整页首（页尾）的垂直空白高度就在命令的左边（右边）输入命令 `\mbox{}`。

`\vspace*{长度}` 这个带星号的命令与上个命令作用基本相同，区别在于带星号的命令置于一页的页首或页尾，仍能生成有效的垂直空白。

`\smallskip` 生成一段高度为 3^{+1}_{-1} pt 的可伸缩的垂直空白，最小是 2 pt，最大是 4 pt。在排版中系统会自动选择范围内的一个值。该命令较少使用。

`\medskip` 生成一段高度为 6^{+2}_{-2} pt 的可伸缩的垂直空白，最小是 4 pt，最大是 8 pt。该命令较少使用。

`\bigskip` 生成一段高度为 12^{+4}_{-4} pt 的可伸缩的垂直空白，最小是 8 pt，最大是 16 pt。该命令较少使用。

`\vphantom{字符串}` 其命令名是在英文单词“phantom”的前面加了字母“v”，其中“v”是指垂直方向。如 `\vphantom{ab排版}` 生成一段宽度为零、总高度等于“ab排版”这一字符串总高度的垂直空白。花括号内的字符串可以是文本或各种符号命令。该命令常用于使分处在两行数学式上的左、右括号的高度保持一致。

\vfill　弹性垂直空白命令。用于将当前页面剩余的垂直空间填满。该命令置于页首无效，如果想要通过它实现页首的弹性空白填充，则在该命令左边输入命令 \mbox{}。

前述两个命令 \hphantom{字符串}和 \vphantom{字符串}，一个用于生成水平方向上的空白，另一个用于生成垂直方向上的空白。此外，还有命令 ，它用于生成一块总高度和宽度分别等于花括号内字符串总高度和宽度的空白。因为在排版中花括号内的字符串占着规定的位置而不显示，所以这三个命令统称为占位命令。

范例 8　垂直空白命令的应用

如何很好地使用垂直空白命令？建议在编辑源代码时暂不输入垂直空白命令，编译完成后观察输出结果，看在哪些地方需要多少垂直空白，就在相应的源代码处输入垂直空白命令。

先看如下框线内的两段文字：

> 计算机的发展带动了各行各业的发展，使很多行业出现了革命性的变化。例如印刷出版业已告别铅与火的时代，普遍使用计算机排版系统进行排版。
>
> 计算机的发展带动了各行各业的发展，使很多行业出现了革命性的变化。例如印刷出版业已告别铅与火的时代，普遍使用计算机排版系统进行排版。

假如要在第一行和第二行之间留出 10 mm 的垂直空白，且要在第一段后留出空白并把第二段置于页面底部，此外还想要使第五行与上一行增大行距，即做到如下的输出：

> 计算机的发展带动了各行各业的发展，使很多行业出现了革命性
>
> 的变化。例如印刷出版业已告别铅与火的时代，普遍使用计算机排版系统进行排版。
>
> 计算机的发展带动了各行各业的发展，使很多行业出现了革命性
>
> 的变化。例如 印刷出版业已告别铅与火的时代，普遍使用计算机排版系统进行排版。

源代码是：

```
1 \documentclass{ctexart}
2 \usepackage{amsmath}
3 \usepackage[paperheight=8cm,paperwidth=11.6cm,bottom=2mm,left=2mm,right=2mm,
4 top=2mm]{geometry}
5 \begin{document}
```

```
 6 计算机的发展带动了各\vspace{10mm}行各业的发展，使…革命性的变化。例如印刷出版业已告别
 7 铅与火的时代，普遍使用计算机排版系统进行排版。\vfill
 8
 9 计算机的发展带动了各行各业的发展，使很多行业出现了革命性的变化。例如
10 \vphantom{\zihao{1}字}印刷出版业已告别铅与火的时代，普遍使用计算机排版系统进行排版。
11 \end{document}
```

说明：命令 \vphantom{\zihao{1}字} 中的对象“字”是一号字，尺寸很大，这个命令生成一段宽度为零、总高度等于一号字的总高度的垂直空白，这样就使第五行与第四行拉开了间距。

3.2 环　　境

在 LaTeX 中，环境是一个非常重要的排版设计概念，某个环境就是具有某个方面的专项排版功能的模板。例如第 2 章介绍的居中环境，只要在其中按照规定的格式输入文本，系统就会自动完成文本居中的排版工作。恰当地使用环境，系统会自动排出非常美观的文档。

环境，指的是以 \begin{环境名} 开始，以 \end{ 环境名} 结束的代码块。还有一类带星号的环境，以 \begin{环境名 *} 开始，以 \end{环境名 *} 结束。同一环境名，带星号与不带星号的环境排版功能基本相同，只在某些细节之处不同。

LaTeX 中原有的环境和衍生的环境有很多，本书不一一列出。原有的环境指的是不需要调用宏包就可以直接使用的环境，衍生的环境指的是调用相应的宏包后才能使用的环境。表 3.2 列出的是 LaTeX 中原有且常用的环境，更多更实用的环境在后续的章节中再介绍。

表 3.2

环境名	说明	环境名	说明
document	文件环境	array	数组环境
verse	诗歌环境	eqnarray	排序公式组环境
center	居中环境	eqnarray*	无序号公式组环境
flushleft	左对齐环境	picture	绘图环境
flushright	右对齐环境	displaymath	无序号单行公式环境
minipage	小页环境	equation	排序单行公式环境
titlepage	题名页环境	equation*	无序号单行公式环境
math	行内公式环境	figure	浮动环境，双栏时可生成单栏图形
table	浮动环境，双栏时可生成单栏表格	figure*	浮动环境，双栏时可生成跨栏图形
table*	浮动环境，双栏时可生成跨栏表格	abstract	摘要环境
tabular	表格环境，有框线	questions	问题环境
tabular*	表格环境，定宽、有框线	lrbox	存储盒子环境
split	多行公式环境，无序号	verbatim	抄录环境

表中列出的文件环境和对齐环境（居中、左对齐和右对齐）在第 2 章中已经讲述过了，限于篇幅，在后面的章节中只对表中部分的环境做讲解。

不同的环境执行不同的排版功能，如影片播放结束后出现的演职人员表对应的排版样式：

$$\begin{split}\text{角色}&\quad \text{演员}\\ \text{王母}&\quad \text{潘虹}\\ \text{七仙女}&\quad \text{霍思燕}\\ \text{太上老君}&\quad \text{六小龄童}\\ \cdots\cdots&\quad \cdots\cdots\end{split}$$

该样式的中间是一条垂直的空白，空白左边内容右对齐，空白右边内容左对齐。为了实现该样式，设置外层环境为无序号单行公式环境 `equation*`，内层环境为无序号的多行公式环境 `split`，源代码如下（需在导言区调用宏包 `amsmath`）：

```
\begin{equation*}
\begin{split}
\text{\heiti 角色}&\quad \text{\heiti 演员}\\
\text{王母} &\quad \text{潘虹} \\
\text{七仙女}&\quad \text{霍思燕}\\
\text{太上老君} &\quad \text{六小龄童}\\
…… &\quad ……
\end{split}
\end{equation*}
```

3.3 宏　　包

3.3.1 宏包简介

为了排版需要，把多个 TeX 和 LaTeX 的基础命令有机地组合到一起而形成功能强大的命令或环境，这些新的命令或环境称为宏（macro）或宏命令，存储这些宏命令的文件称为宏包。

关于宏包，下面以纸张大小的设置为例来展开讲解。通常排版使用的纸张大小是常规尺寸（如 A4、A3 等），但如果想使用非常规尺寸的纸张大小，LaTeX 也是可以做到的。在 LaTeX 中，用户能够任意设置纸张大小。如某个用户想排版一张试卷，卷面宽 51.9 cm、高 26 cm，版心宽 47.9 cm、高 22 cm，那么在导言区中添加如下命令就可以实现：

```
\setlength{\paperwidth}{51.9cm}
\setlength{\paperheigth}{26cm}
\setlength{\textwidth}{47.9cm}
\setlength{\textheigth}{22cm}
```

以上命令中的 `\setlength` 用于设置长度或为长度赋值，命令 `\paperwidth` 表示纸张宽度，合起来 `\setlength{\paperwidth}{51.9cm}` 用于设置纸张的宽度为 51.9 cm，后面三条命令分别设置了纸张高度和版心的宽度、高度。

对于页面设置，LaTeX 提供了很多命令去完成精细、复杂的排版要求，但是用户使用起来很不方便，因为这要求用户熟悉很多长度数据命令才能控制好页面尺寸。为了让用户更方便地设置页面尺寸，有人在 LaTeX 已有命令的基础上定义了一系列新的命令，把这些命令集合在一起组合成宏包。宏包 geometry 就是专为页面设置而制作的。对于前述的四条页面设置命令，只需在导言区中添加一条命令：

```
\usepackage[paperwidth=51.9cm,paperheigth=26cm,text={47.9cm,22cm}]{geometry}
```

即可实现。

宏包的作用是扩展或新增某种排版功能。前面说的文类其实也就是一种用于规范全文排版格式的宏包。如果说 LaTeX 系统是一幢精美雅致的住宅，那么各种宏包就是为建造这幢住宅而准备的规划图纸、建筑材料和建筑工具，使用它们可以让住宅修建得更快、更漂亮。

在已有的宏包中，若觉得符合自己的需要，可以拿来就用，也可以另起炉灶自己在已有宏定义的基础上编写一个宏包。为了让 LaTeX 排出更好的版面，不断地有人编写宏包，为 LaTeX 这座大厦添砖加瓦，在源代码的导言区中调用宏包已成为常态。针对各种排版需求的宏包将在后续的章节中逐步介绍。

3.3.2 查看宏包

在 3.3.1 节中简单地介绍了宏包，知道了宏包在排版中的重要性，那么数以千计的宏包是如何查看的？一般有下面两种方式。

1. 在 TeXstudio 中查看宏包

在 TeXstudio 中编辑源代码时，导言区中常常调用宏包，把光标移到某个宏包名处，单击右键出现右键菜单。菜单的第一行是“打开宏包文件”选项，单击该选项，在编辑器右侧会出现这个宏包的说明文档，里面介绍了该宏包中命令的使用示例，不过遗憾的是，很多文档都是英文的。

2. 在 CTAN 上查看宏包

TeX 综合资源网（Comprehensive TeX Archive Network，CTAN）集中存放了全球关于 TeX 和 LaTeX 的资料。登录 http://ctan.org/tex-archive/help/Catalogue/brief.html，可以查看 CTAN 中所有的宏包。CTAN 是 TeX 和 LaTeX 用户的宝库，当你在编辑源代码时需要某些功能就可以去这个网站浏览，说不定真能够找到相应的宏包。

第4章　罗　　列

罗列就是将论述的内容按一定的顺序一条一条地排列。罗列在论文写作、试卷排版中经常用到。罗列分为常规罗列、排序罗列和解说罗列。

在 LaTeX 中有自带的罗列环境专门用于罗列，但排版效果不太适合中文用户。不过可以调用一个不仅符合中文排版习惯，而且使用起来也很方便的罗列宏包 paralist来实现罗列。本章通过介绍罗列宏包 paralist 中的常规罗列环境 compactitem、排序罗列环境 compactenum 和解说罗列环境 compactdesc 来讲解三种罗列的样式与实现。

4.1　常规罗列

常规罗列是在每个条目开始时不用数字序号而用黑点、星号、方框或其他符号作为起始标志的罗列。常规罗列也称为无序罗列。

常规罗列环境 compactitem 的代码结构为：

```
\begin{compactitem}
\item  [条目标志]条目1
\item  [条目标志]条目2
……
\end{compactitem}
```

或

```
\begin{compactitem}[起始标志样式]
\item  [条目标志]条目1
\item  [条目标志]条目2
……
\end{compactitem}
```

范例 9　常规罗列环境 compactitem 的应用

从制作如下框线内的排版效果开始，学习常规罗列环境 compactitem 的应用。

- 计算机的发展带动了各行各业的发展，使很多行业出现了革命性的变化。
- 例如印刷出版业已告别铅与火的时代，普遍使用计算机排版系统进行排版。
- 在计算机排版系统出现之前，人们想要发表文章或出版书籍需要先将手稿提供给编辑部或出版社，由专职编辑人员在手稿上做文字修改并添加排版说明，交排版工人排出校样。

操作步骤：

① 先输入如下的代码：

```
1 \documentclass{ctexart}
2 \usepackage{paralist}
3 \pagestyle{empty}
4 \begin{document}
5 \begin{compactitem}
6 \item
```

```
 7 \item
 8 \item
 9 \end{compactitem}
10 \end{document}
```

特别注意：使用常规罗列环境 compactitem 时要在导言区中调用宏包 paralist，源代码的第 3 行命令是让页眉页脚空置。正文区中输入的条目命令后暂不输入内容。然后在第 2 章排版的短文中选取相应内容，分别复制粘贴到三个条目命令后，即：

```
\item 计算机的发展带动了各行各业的发展，使很多行业出现了革命性的变化。
\item 例如印刷出版业已告别铅与火的时代，普遍使用计算机排版系统进行排版。
\item 在计算机排版系统出现之前，人们想要发表文章或出版书籍需要先将手稿提供给编辑部
      或出版社，由专职编辑人员在手稿上做文字修改并添加排版说明，交排版工人排出校样。
```

② 上述环境中未输入可选参数，条目的起始标志为默认的黑点，若要改变起始标志样式，如换成黑色的正方形■作为起始标志，就要在导言区中调用符号宏包 bbding 和 pifont，即在源代码第 2 行的花括号内添加这两个宏包名，为 \usepackage{paralist,bbding,pifont}，就可以在罗列环境开始命令中添加可选参数[\ding{110}]，使用符号■做条目起始标志了。编译后输出：

> ■ 计算机的发展带动了各行各业的发展，使很多行业出现了革命性的变化。
> ■ 例如印刷出版业已告别铅与火的时代，普遍使用计算机排版系统进行排版。
> ■ 在计算机排版系统出现之前，人们想要发表文章或出版书籍需要先将手稿提供给编辑部或出版社，由专职编辑人员在手稿上做文字修改并添加排版说明，交排版工人排出校样。

若想使用其他符号，可在导言区中调用符号宏包的代码处单击右键，再打开宏包文件寻找相应的符号代码。如要将起始标志改成◆，只需将罗列环境开始命令中的可选参数改为 \ding{117} 即可。

③ 如果需要单独改变某个条目的起始标志样式以起到醒目效果，就在这个条目命令后输入可选参数。可选参数可以是符号的代码，也可以是符号本身。在步骤②的基础上，对正文区中的代码稍加修改：

```
\begin{compactitem}
\item 计算机的发展带动了各行各业的发展，使很多行业出现了革命性的变化。
\item [\ding{117}]例如印刷出版业已告别铅与火的时代，普遍使用计算机排版系统进行排版。
\item [**]在计算机排版系统出现之前，人们想要发表文章或出版书籍需要先将手稿提供给编辑
      部或出版社，由专职编辑人员在手稿上做文字修改并添加排版说明，交排版工人排出校样。
\end{compactitem}
```

输出：

- 计算机的发展带动了各行各业的发展，使很多行业出现了革命性的变化。

◆ 例如印刷出版业已告别铅与火的时代，普遍使用计算机排版系统进行排版。

** 在计算机排版系统出现之前，人们想要发表文章或出版书籍需要先将手稿提供给编辑部或出版社，由专职编辑人员在手稿上做文字修改并添加排版说明，交排版工人排出校样。

4.2 排序罗列

排序罗列的起始标志是有序符号，而且有序符号只有五种，分别为阿拉伯数字、小写英文字母、大写英文字母、小写罗马数字和大写罗马数字。

排序罗列环境的代码结构为：

```
\begin{compactenum}[首条的起始标志]
\item  条目1
\item  条目2
……
\end{compactenum}
```

这个环境的开始命令中带了可选参数，方括号中要填入有序符号的首个字符，如填入数字 1 ，则从 1 开始升序显示每个条目的起始标志；填入字母 a ，则从 a 开始升序显示每个条目的起始标志。

除了可以单独输入以上数字或字母，也可以带点输入、带括号输入及带右括号输入：

带点输入，可选参数设置如：1.,a.,A.,i.,I.；

带括号输入，可选参数设置如：(1),(a),(A),(i),(I)[①]；

带右括号输入，可选参数设置如：1),a),A),i),I)。

可选参数还可以为字符串，但是字符串必须用花括号括起来，如 [{例}1]。

范例 10　排序罗列环境 compactenum 的应用

从制作如下框线内的排版效果开始，学习排序罗列环境 compactenum 的应用。

1. 计算机的发展带动了各行各业的发展，使很多行业出现了革命性的变化。
2. 例如印刷出版业已告别铅与火的时代，普遍使用计算机排版系统进行排版。
3. 在计算机排版系统出现之前，人们想要发表文章或出版书籍需要先将手稿提供给编辑部或出版社，由专职编辑人员在手稿上做文字修改并添加排版说明，交排版工人排出校样。

① 这种方式得到的罗马数字和键盘输入得到的相同，相互之间的宽度不一致，因此这种方法输出的带括号罗马数字序号不美观。等宽罗马数字排序的美观输出参见范例 124。

操作步骤：

① 输入如下代码：

```
\documentclass{ctexart}
\usepackage{paralist}
\pagestyle{empty}
\begin{document}
\begin{compactenum}[1.]
\item 计算机的发展带动了各行各业的发展，使很多行业出现了革命性的变化。
\item 例如印刷出版业已告别铅与火的时代，普遍使用计算机排版系统进行排版。
\item 在计算机排版系统出现之前，人们想要发表文章或出版书籍需要先将手稿提供给编辑部
    或出版社，由专职编辑人员在手稿上做文字修改并添加排版说明，交排版工人排出校样。
\end{compactenum}
\end{document}
```

说明： 使用排序罗列环境compactenum时要在导言区中调用宏包paralist。这种输出形式为阿拉伯数字后带点的排序罗列环境非常适合排版试卷的小题。如果改为罗马数字升序罗列，可输入英文字母i或I作为小写罗马数字或大写罗马数字升序罗列的起始符号。

② 如果把环境开始命令后的可选参数改为 [{例}A]，则输出：

> 例A 计算机的发展带动了各行各业的发展，使很多行业出现了革命性的变化。
> 例B 例如印刷出版业已告别铅与火的时代，普遍使用计算机排版系统进行排版。
> 例C 在计算机排版系统出现之前，人们想要发表文章或出版书籍需要先将手稿提供给编辑部或出版社，由专职编辑人员在手稿上做文字修改并添加排版说明，交排版工人排出校样。

范例11 ***起始序号不为1的排序罗列***

制作如下框线内的排版效果。

> 5. 计算机的发展带动了各行各业的发展，使很多行业出现了革命性的变化。
> 6. 例如印刷出版业已告别铅与火的时代，普遍使用计算机排版系统进行排版。

源代码是：

```
\documentclass{ctexart}
\usepackage{paralist}
\pagestyle{empty}
\begin{document}
```

```
\begin{compactenum}[1.]
\setcounter{enumi}{4}
\item 计算机的发展带动了各行各业的发展，使很多行业出现了革命性的变化。
\item 例如印刷出版业已告别铅与火的时代，普遍使用计算机排版系统进行排版。
\end{compactenum}
\end{document}
```

说明：环境 compactenum 开始命令后紧跟计数器设置命令\setcounter{enumi}{4}，它表示在设置的起始数字上加 4，即从 5 开始罗列。

范例 12 排序罗列的序号右对齐

排序罗列环境 compactenum 的序号默认左对齐，如以下框线内的排版效果：

9. 计算机的发展带动了各行各业的发展，使很多行业出现了革命性的变化。
10. 例如印刷出版业已告别铅与火的时代，普遍使用计算机排版系统进行排版。

源代码是：

```
\documentclass{ctexart}
\usepackage{paralist}
\pagestyle{empty}
\begin{document}
\begin{compactenum}[1.]
\setcounter{enumi}{8}
\item 计算机的发展带动了各行各业的发展，使很多行业出现了革命性的变化。
\item 例如印刷出版业已告别铅与火的时代，普遍使用计算机排版系统进行排版。
\end{compactenum}
\end{document}
```

上述序号情况下的条目内容左端没有对齐，导致版面不够美观。为了使序号的右端对齐，就在源代码的第 5 行（即环境开始命令）后添加标签宽度命令\labelwidth=2em（这个命令的设置值可以修改得比 2em 更大一些①），排版效果为：

9. 计算机的发展带动了各行各业的发展，使很多行业出现了革命性的变化。
10. 例如印刷出版业已告别铅与火的时代，普遍使用计算机排版系统进行排版。

① 如果比 2em 更大则不会影响排版效果，如果比 2em 小则序号右端不对齐。

4.3 解说罗列

解说罗列的起始标志不是符号而是词条，紧跟其后的条目内容是对该词条的解释说明，这种罗列形式类似词典格式。每一个条目命令 \item 后要添加方括号，方括号内必须写上要被解说的词条。

解说罗列环境的代码结构为：

```
\begin{compactdesc}
\item[词条1] 解说1
\item[词条2] 解说2
……
\end{compactdesc}
```

该环境中词条的默认输出字体为黑体，若要改变词条的字体，可以对系统中的原始定义进行修改，这很适合词条较多时的情形。当需要修改字体的词条较少时，建议用户就在条目命令 \item 后的方括号中使用字体命令更改字体。

范例 13 解说罗列环境 compactdesc 的应用

从制作如下框线内的排版效果开始，学习解说罗列环境 compactdesc 的应用。

> **计算机科学** 研究计算机及其周围各种现象和规律的科学，亦即研究计算机系统结构、程序系统（即软件）、人工智能以及计算本身的性质和问题的科学。
>
> 软件工程 软件工程是一门研究用工程化方法构建和维护有效的、实用的和高质量的软件的学科。

操作步骤：

① 输入的源代码只需对范例 12 的罗列环境部分的代码进行修改：

```
\begin{compactdesc}
\item [计算机科学]研究计算机及其周围各种现象和规律的科学，亦即研究计算机系统结构、
      程序系统（即软件）、人工智能以及计算本身的性质和问题的科学。
\item [{\kaishu 软件工程}]软件工程是一门研究用工程化方法构建和维护有效的、实用的和
      高质量的软件的学科。
\end{compactdesc}
```

说明：第二个词条加了楷书命令，改变默认的黑体为楷体。

② 在输入词条的方括号中也可以放图片，如放入人物照片，条目内容是对此人的简介或其他说明，代码结构是：

```
\begin{compactdesc}
\item[图片1] 解说1
\item[图片2] 解说2
……
\end{compactdesc}
```

例如可以做到下面的排版效果：

我是 TeX 鼻祖高德纳，我是一名计算机系教授，小时候就很聪明，年轻的时候受到毕昇的活字印刷术的启发，开发出了用于计算机排版的 TeX 并无偿奉献给大家。

大家好！我是兰伯特，我以 TeX 为基石做出了 LaTeX，是为了大家使用 TeX 更方便。希望大家一起努力，写出宏包，让 TeX 用起来越来越简单方便！

这样的输出真有点像微信聊天的效果。它的源代码是：

```
\documentclass{ctexart}
\usepackage{paralist,graphicx,xcolor}
\usepackage[paperheight=5.6cm,paperwidth=12.cm,%
bottom=2mm,left=2mm,right=2mm,top=2mm]{geometry}
\pagestyle{empty}
\begin{document}
\leftmargini=5cm
\begin{compactdesc}\itemsep=5mm
\item[{\parbox[t]{1.5cm}{\hrule height 0pt\vspace{-3mm}
\includegraphics[scale=0.5]{gaodena.pdf}}}] \parbox[t]{6cm}
{\kaishu 我是\TeX 鼻祖高德纳，我是一名计算机系教授，小时候就很聪明，年轻的时候受到毕昇
 的活字印刷术的启发，开发出了用于计算机排版的\TeX 并无偿奉献给大家。}
\item[{\parbox[t]{1.5cm}{\hrule height 0pt\vspace{-3mm}
\includegraphics[scale=0.56]{lbt.pdf}}}] \parbox[t]{10cm}
{大家好！我是兰伯特，我以\TeX 为基石做出了\LaTeX ，是为了大家使用\TeX 更方便。希望大家
一起努力，写出宏包，让\TeX 用起来越来越简单方便！}
\end{compactdesc}
\end{document}
```

说明： 如果需要介绍某个可视化软件的菜单和工具或者介绍人物，这个范例是个不错的模板。但是这个源代码比较复杂。代码中使用了无形行命令、段落盒子命令和插图命令，读者暂时不用管它，这些命令在本书的后续章节中会有介绍。等读者读完了本书，就容易理解了。

对于解说罗列，有时一个条目内容很长，一行放不下会自动分成多行，第二行及以后行左对齐，且左边界与版心保持一定的距离，这个距离称为条目左缩进宽度，在默认情况下条目左缩进宽度为 2.5 em，对于只有一层的解说罗列如果需要修改这一宽度可以使用命令 `\leftmargini=`尺寸进行设置。

范例 14 解说罗列环境 compactdesc 的条目左缩进设置

制作如下排版效果。

计算机科学 研究计算机及其周围各种现象和规律的科学，亦即研究计算机系统结构、程序系统（即软件）、人工智能以及计算本身的性质和问题的科学。

软件工程 软件工程是一门研究用工程化方法构建和维护有效的、实用的和高质量的软件的学科。

源代码是：

```
\documentclass{ctexart}
\usepackage{paralist}
\usepackage[paperheight=3.1cm,paperwidth=11.8cm,bottom=2mm,left=2mm,
right=2mm,top=2mm]{geometry}
\pagestyle{empty}
\begin{document}
\leftmargini=5em
\begin{compactdesc}
\item [计算机科学]研究计算机及其周围各种现象和规律的科学，亦即研究计算机系统结构、
    程序系统（即软件）、人工智能以及计算本身的性质和问题的科学。
\item [{\kaishu 软件工程}]软件工程是一门研究用工程化方法构建和维护有效的、实用的
    和高质量的软件的学科。
\end{compactdesc}
\end{document}
```

说明： 这里的条目左缩进宽度设置的是 5 em，即输入 `\leftmargini=5em`，这个命令要放在解说罗列环境开始命令之前。

4.4 罗列嵌套

罗列环境可以嵌套，罗列嵌套即罗列的某个条目下有低一级的罗列，罗列嵌套最多可以达到六层，实际应用中一般是两层。本章所述的三种罗列环境可以自身嵌套也可以交叉嵌套。

范例 15 罗列嵌套的应用

从制作如下排版效果开始，学习罗列嵌套的应用。

1. 计算机的发展 ××××××××××××××××××××××××××××××××。
2. 例如印刷出版业已告别铅与火的时代。
   (1) 条目 ×××××××××××××××××××××××××××××××××××× 内容；
   (2) ××××××××××××××××××××××××××××××××××××。
3. 排版工人 ××××××××××××××××××××。

源代码是：

```
\documentclass{ctexart}
```

```
\usepackage{paralist}
\usepackage[paperheight=3.8cm,paperwidth=12.cm,bottom=2mm,left=2mm,right=2mm,
top=2mm]{geometry}
\pagestyle{empty}
\begin{document}
\begin{compactenum}[1.]
\item 计算机的发展×××××××××××××××××××××××××××××××。
\item 例如印刷出版业已告别铅与火的时代。
\begin{compactenum}[(1)]
\item  条目×××××××××××××××××××××××××××××××××××内容;
\item  ××××××××××××××××××××××××××××××××××。
\end{compactenum}
\item 排版工人××××××××××××××××××××。
\end{compactenum}
\end{document}
```

上述排版效果是在第二个条目之下开始罗列嵌套的，第一层、第二层是排序罗列。在试卷中有些试题有多个问题，而问题下面又有几个小问题，建议使用罗列嵌套排版。

罗列嵌套最多有六层，系统已经设置好了每层罗列的条目左缩进宽度的默认值，对于嵌套的解说罗列，如果需要修改缩进宽度，则从外到内分别用命令：

```
\leftmargini=尺寸
\leftmarginii=尺寸
\leftmarginiii=尺寸
\leftmarginiv=尺寸
\leftmarginv=尺寸
\leftmarginvi=尺寸
```

来设置，这些命令要放在第一层罗列环境开始命令之前。

第 5 章　盒　　子

在 LaTeX 中，所有输入的对象全被视为大小不一的长方形盒子，版面是由这些盒子按照从左向右、自上而下的顺序摆放而成的。单个的字符是字符盒子，若干个字符盒子排成一行构成行盒子，若干行盒子堆叠构成段落成为段落盒子，即字组成句，句组成段，段组成篇；表格环境、小页环境是盒子，插入的图片也是盒子。盒子在 LaTeX 中是一个非常重要的概念，要深入学习 LaTeX 就必须深刻地理解盒子的概念。

5.1　盒子的基点、基线和四个尺寸

每个盒子都是一个平面的矩形区域，用宽度 `width`、高度 `height`、深度 `depth` 和总高度 `totalheight` 这四个尺寸来刻画。对于排在一行的汉字和英文字母，如：汉字AfqQ，系统把这六个字符作为盒子错落有致地排列，形如：汉字AfqQ。

给这六个字符盒子填充灰色背景然后放大，以其中的字符盒子Q为例，盒子的基点、基线和四个尺寸见图 5.1。

图 5.1

在图 5.1 中，从左到右有一条虚线贯穿六个盒子，这条虚线称为盒子的基准线，简称**基线**，基线与盒子的上边线之距是盒子的**高度**，基线与盒子的下边线之距是盒子的**深度**，高度与深度之和是盒子的**总高度**，盒子的左边线与右边线之距是盒子的**宽度**。基线与盒子的左边线的交点称为盒子的基准点，简称**基点**。

在 LaTeX 中，系统为每个盒子都预设了四个尺寸。26 个英文大写字母除 Q 外，深度均为 0，即有 25 个英文大写字母的基线与盒子的下边线重合。盒子排成一排，“高矮胖瘦”各不一样。但是，盒子排列遵循以下三个原则：

- 当一系列盒子从左到右排列时，它们的基线总是位于同一条水平线上，这正如大小不同的船舶停泊在港口，水面是它们的基线，水面上的船体高度是看得到的高度，水面下的船体高度是深度，船体的实际高度是总高度。

- 当盒子上下排列时，它们的基点总是位于同一条竖直线上。
- 一般不能将一个盒子分开放在两行或两页中，即盒子一般不能跨行或跨页。

5.2 盒子的分类

从大的方面来说，盒子分为三大类：普通盒子、用环境命令生成的盒子和用盒子命令生成的盒子。普通盒子指的是不需要输入专门的命令就可直接生成的盒子，如输入文字直接生成了字符盒子；用环境命令生成的盒子即用小页环境、表格环境等命令生成的盒子；用盒子命令生成的盒子指的是需要输入专门的盒子命令才能生成的盒子，专门的盒子命令名中有英文的盒子单词“box”，如：

```
\parbox[位置][总高度][内部位置]{宽度}{对象}
```

就是一个盒子命令，从命令名的字面意思可知该命令用于生成段落盒子。

用户可以使用盒子命令构建多种类型的盒子，如左右盒子、升降盒子、段落盒子、标尺盒子、变换盒子、灰色背景盒子和边框盒子等。

5.2.1 左右盒子

1. 左右盒子命令

左右盒子命令用于生成要按照左右排列的模式（即左右模式）进行处理的一系列的盒子，系统在处理它们时认为它们是单行文本，如果文本过长，左右盒子是不会自动换行的，排版的结果会溢出文本行的右端。

左右盒子命令共有四种，它们的结构和使用规则如下：

`\mbox{对象}` 用于生成内容为对象的盒子，这个盒子无边框。对象可以是文本、表格、图形和行内数学式，也可以为空，即 `\mbox{}`，用于生成空盒子，因为它不占宽度，可用其来做左右的挡板用作弹性空白命令的支撑，这在前面的水平空白命令中介绍过了。

`\fbox{对象}` 这个命令相当于在 `\mbox{对象}` 生成的盒子的四周添加边框，如输入：`\fbox{汉字}`，输出：汉字。关于边框有两个命令，用于设定盒子边框线的粗细和设定盒子中内容与边框线的距离，它们分别是 `\fboxrule=尺寸` 和 `\fboxsep=尺寸`，当这两个命令放在导言区时就对整篇文档起作用，若放在某个环境或分组内，则仅在该环境或分组内起作用。

`\fboxrule=尺寸` 用于设置盒子边框线的粗细，默认值是 0.4 pt。当尺寸设置为 0 时，则没有边框线。

`\fboxsep=尺寸` 用于设置盒子边框线与盒子中对象的距离，默认值是 3 pt。当尺寸设置为 0 时，则边框线恰好围住对象，用此命令可以显示对象盒子的大小。如输入：`{\fboxsep=0mm\fbox{汉字}}`，输出：汉字。

`\makebox[宽度][位置]{对象}` 用于生成一个宽度值为宽度的无边框左右盒子，位置选项有四种：l，r，c，s。

l 设置对象在盒子中左对齐；

r　设置对象在盒子中右对齐；

c　默认值，设置对象在盒子中居中；

s　设置对象均匀地占满整个盒子。

\framebox[宽度][位置]{对象}　这个命令相当于在 \makebox[宽度][位置]{对象} 生成的盒子的四周添加边框。边框的设置参照命令 \fbox{对象}。

需要特别指出的是，以上两个带可选参数的左右盒子命令，如果省略可选参数，则注意：

① 可以全省略可选参数，即 \makebox{对象}、\framebox{对象}有效，此时这两个命令分别与命令 \mbox{对象}、\fbox{对象}效果等同。

② 可以保留宽度参数，省略位置参数，即 \makebox[宽度]{对象}、\framebox[宽度]{对象}有效，此时对象位置默认为居中。

③ 不能保留位置参数而省略宽度参数，即不能出现这样的源代码：\makebox[位置]{对象}、\framebox[位置]{对象}，否则编译时系统会提示出错。这也不难理解，想一想如果没有给出宽度，位置怎么确定？

2. 左右盒子的应用

范例 16　命令 \mbox{对象} 的应用

观察下面的排版效果：

　　横跨欧洲多个国家的一座名
山，山顶常年积雪，风景迷人，游人
如织，那就是著名的旅游胜地阿尔卑斯山。

这个小文档共有三行，若版心的宽度设置为第二行占的宽度，那么根据系统排版遵循的规则，第三行应该在“尔”字后自动换行。但是此处要求其溢出版心，继续向右排版，这里就用到了盒子中的对象不可换行的左右盒子命令 \mbox{对象}。

源代码是：

```
\documentclass{ctexart}
\usepackage[paperheight=2cm,paperwidth=7.5cm,bottom=2mm,left=2mm,right=17mm,top=2mm]
{geometry}
\pagestyle{empty}
\begin{document}
横跨欧洲多个国家的一座名山，山顶常年积雪，风景迷人，游人如织，那就是著名的%
\mbox{旅游胜地阿尔卑斯山。}
\end{document}
```

说明： 命令 \mbox{对象} 属于左右盒子命令，盒子中的对象不能换行只能排在同一行，若想要某个对象不被截断地排在同一行里，甚至宁可向版面的右边溢出，就使用这个盒子命令，对于姓名或缩略语最好使用它。上面的源代码就是把“旅游胜地阿尔卑斯山”这九个字封装起来，构造了一个不可分割的左右盒子。正文区中有一个注释符，其作用是消除换行产生的空格。

范例 17 \makebox[宽度][位置]{对象}、\framebox[宽度][位置]{对象} 的应用一：文本溢出

这两个盒子命令的功能基本相同，唯一不同的是前者不带边框，后者带边框，它们生成盒子时可以认为系统是按照如下顺序执行的：首先生成一个宽度值为宽度的空的左右盒子；然后把对象放入生成的盒子中，如何放置就要看位置参数的设置了，例如当位置参数设置为 l 时，表示把对象的左端与盒子的左边对齐。

通过观察下面框线内三个盒子的排版效果，就容易理解这两种盒子的作用了。

左对齐时向右溢出
右对齐时向左溢出
中间对齐时向两边溢出

源代码是：

```
\documentclass{ctexart}
\begin{document}
\noindent %取消段落的首行缩进
\fboxrule=0.2pt \fboxsep=0pt %盒子的边框线宽度值为0.2pt、边框线与内容间隔为0
\framebox[6em][l]{左对齐时向右溢出}\\
\framebox[6em][r]{右对齐时向左溢出}\\
\framebox[6em]{中间对齐时向两边溢出}
\end{document}
```

说明：代码中有三个盒子命令，它们是怎样生成盒子的？以第一个盒子为例，可以认为生成步骤是这样的：首先生成一个宽度为 6 em 的空盒子，空盒子用矩形框显示，然后设定盒子中文本的对齐方式为左对齐，最后将具体文本按照要求放入盒子就出现框线中第一行的结果，由于盒子中只能放进去 6 个字符，还有两个字符只好在盒子的右边了。第二个类似，第三个盒子命令省略了位置参数，默认文本居中。

以上三个例子，设定的盒子宽度比对象的自然宽度小，如果在盒子的前后继续输入其他文本，就造成了文本重叠，见范例 18。

范例 18 \makebox[宽度][位置]{对象}、\framebox[宽度][位置]{对象} 的应用二：文本重叠

制作下面框线内的排版效果。

左对齐时向右溢出文本重叠
左对齐 文本重叠

源代码是：

```
\documentclass{ctexart}
\usepackage[paperheight=1.6cm,paperwidth=4.5cm,bottom=2mm,left=2mm,right=2mm,
```

```
top=2mm]{geometry}
\pagestyle{empty}
\begin{document}
\noindent
\fboxrule=0.2pt \fboxsep=0pt
\framebox[6em][l]{左对齐时向右溢出}文本重叠\\
\framebox[6em][l]{左对齐}文本重叠
\end{document}
```

说明：框线内的第一行为什么会出现"溢出"和"文本"相互重叠的结果？因为系统在排版时，按照从左到右的顺序读取源代码，先把 6 em 宽度的盒子排在版面中，接着排这个盒子后面的字符盒子，前一个盒子中的对象溢出到盒子外的可以显示，但不在排版的盒子序列中。框线内的第二行，构造一个 6 em 宽度的盒子并放入三个汉字，靠左对齐，盒子中还剩三个汉字宽度的空白，效果是与盒子外部的文本拉开间距，去掉边框后的排版效果是：左对齐　　　文本重叠。

范例 19　字符横向等距

观察下面框线内两行内容相同的文字：

海南省文昌市高一年级学年考试 海 南 省 文 昌 市 高 一 年 级 学 年 考 试

其在正文区的代码是：

```
\centerline{海南省文昌市高一年级学年考试}
\centerline{\makebox[18em][s]{海南省文昌市高一年级学年考试}}
```

说明：这两行文字都使用了行居中命令，第一行文字在自然状态下输入，输出的文字之间的间距和正文文字的间距相等；第二行文字的左右间距都变大且间距相等，这里使用了命令 \makebox[宽度][s]{对象}实现这个效果。这个命令很适合做标题，它会自动调整字符的左右间距并且使间距相等，免去了在字符之间多次输入等值空白命令的麻烦。

范例 20　设置盒子宽度和对象位置以去掉多余的空白

观察下面框线内的排版效果：

在中文输入法状态下输入（1）或（一）这种带括号的数字，左括号的左边、右括号的右边的空白较多，如何实现输出(1)或(一)这样的效果呢？

其在正文区的代码是：

```
…（1）或（一）…，…\makebox[0.5em][r]{（}1\makebox[0.5em][l]{）}或%
\makebox[0.5em][r]{（}一\makebox[0.5em][l]{）}…
```

说明：以上代码用省略号代替了汉字。在 LaTeX 里中文输入法输入的圆括号"（"和"）"也是盒子，为了看出它们的尺寸大小，给它们添加边框即为（和），很明显左括号的左边和右括号的右边都有较大的空白，如果左括号出现在行首则觉得首行缩进大了些，有必要去掉左括号左边的空白，可以使用 \makebox [宽度][位置] {对象} 设置盒子的宽度和对象的位置，以去掉多余的空白。代码中的注释符作用是消除换行产生的空格。

输入：\makebox[0.5em][r]{（}和\makebox[0.5em][l]{）}，输出：（和）。

为了看出上面盒子的尺寸大小，给它们添加边框，即输出：（和）。

如果觉得括号顶点旁边的空白还太多，可以把盒子的宽度再设置小一些，多小才合适呢？经过多次调试，可改为 0.45 em，则输出：（和）。

如果觉得左括号右边的空白多了，想要去掉这个空白，使得左括号盒子中右边没有空白，可以输入：\makebox[0.3em][r]{（\hspace{-0.15em}}，添加边框输出：（。命令中的设置值需要多次调试观察输出效果才能确定合适的值，命令 \hspace{-0.15em} 可以看作一个裁剪工具，裁掉了左括号右边 0.15 em 宽度的空白。

范例 21　制作定长的上下花括号

制作下面的上下花括号：

其在正文区的代码是：

```
\makebox[48mm]{\upbracefill}\qquad \makebox[65mm]{\downbracefill}
```

说明： 第一个花括号，设置盒子的宽度为 48 mm，把开口朝上的花括号放在这个盒子中，得到长度为 48 mm 的下花括号；第二个花括号，设置盒子的宽度为 65 mm，把开口朝下的花括号放在这个盒子中，得到长度为 65 mm 的上花括号。

3. 零宽度的左右盒子

如果把命令 \makebox[宽度][位置]{对象} 和 \framebox[宽度][位置]{对象} 中的宽度设置为 0，就成了零宽度的左右盒子。零宽度的左右盒子可以产生一些特效。例如，用零宽度的左右盒子生成美元符号$，其代码是：\makebox[0em][c]{\,\,\,$|$}S。

在本书后面讲到的 picture 环境也可以构造零宽度盒子，使用这种零宽度的盒子可以很容易把文本准确放置到指定的位置，具体的用法将在 picture 环境中详细讲解。

5.2.2　升降盒子

1. 升降盒子命令

升降盒子命令可以使对象在垂直方向上上升或下降，它的结构为：

```
\raisebox{升降值}[盒高][盒深]{对象}
```

为了帮助理解这个命令，可以形象地认为系统是按如下步骤生成盒子的：

① 系统执行这个命令时，首先测量参数中对象的宽度。

② 接着生成盒子。盒子的基线是盒子所在行的行盒子基线，宽度是对象的宽度。基线是刚性的，不能更改。但是盒子的高度和深度是可变的，高度和深度分别由命令中的可选参数盒高和盒深来设定。当盒高或盒深的值是负数时，系统都作为零来处理。

③ 命令中的必需参数升降值决定了对象在盒子中的垂直位置，如果升降值为正值，则表示对象在盒子中上升，对象的基线相对于盒子的基线上升了升降值的距离。如果升降值为负值，

则表示对象在盒子中下降，对象的基线相对于盒子的基线下降了 |升降值| 的距离。

如果省略可选参数，即输入命令 \raisebox{升降值}{对象} 时，并不是盒高和盒深都为零，此时盒子的尺寸由对象和升降值决定：在保持盒子的基线位置不变的前提下，自动调整盒子的大小，使得升降后的对象刚好不超出盒子，避免出现盒子中的对象与上下行文本重叠的现象。升降值为正值时，可以加大当前行和其上一行的行距；升降值为负值时，可以加大当前行和其下一行的行距。如果省略一个可选参数，即输入命令 \raisebox {升降值}[尺寸]{对象}时，可选参数中的尺寸表示了盒子的高度，而盒子的深度是零。

由上可知，升降盒子实际上是盒子的嵌套：如果视对象为内盒子，视升降盒子为外盒子，则内盒子套在了外盒子中，内盒子和外盒子宽度相等，内盒子不能超出外盒子的左右边，只能在外盒子中上下滑动，如果升降值的绝对值过大，则内盒子即对象会溢出外盒子，造成对象与上下行文本重叠。

范例 22　图说升降盒子命令\raisebox{升降值}[盒高][盒深]{对象}

为了使读者更容易理解升降盒子，下面以几个图形实例来说明升降盒子的作用。实例中给外盒子（升降盒子）加了实线框，内盒子（对象）加了虚线框，内盒子和外盒子的基线用点线标注。具体看下面框线内的七组盒子。

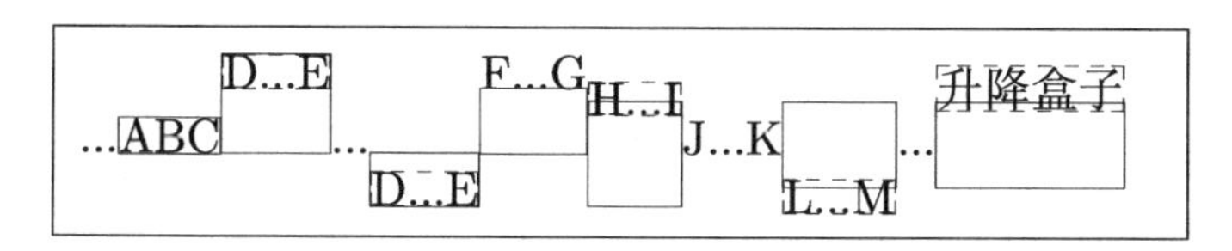

源代码是：

```
1 \documentclass{ctexart}
2 \usepackage{dashbox}
3 \usepackage[paperheight=1.6cm,paperwidth=9.cm,bottom=2mm,left=2mm,right=2mm,
4 top=2mm]{geometry}
5 \pagestyle{empty}
6 \begin{document}
7 \noindent\fboxrule=0.2pt \fboxsep=0pt
8 ...\fbox{ABC}%这里的注释符作用是消除换行产生的空格，下同。
9 \fbox{\raisebox{5mm}{\dbox{D...E}}}...%
10 \fbox{\raisebox{-4mm}{\dbox{D...E}}}%
11 \fbox{\raisebox{5mm}[5mm]{F...G}}%
12 \fbox{\raisebox{3mm}[4mm][4mm]{\dbox{H...I}}}J...K%
13 \fbox{\raisebox{-4.5mm}[4mm][2.5mm]{\dbox{L...M}}}...%
14 \fbox{\raisebox{3.8mm}[4mm][2.5mm]{\dbox{升降盒子}}}
15 \end{document}
```

说明： 源代码的第 2 行调用宏包 dashbox 是为了使用虚线框命令 \dbox{} 给文本加上虚线框。本范例在同一行中输入了字符和七组盒子，为了区别字符和盒子，特意给七组盒子加了边框，下面从左往右逐一介绍：

- 生成第一组盒子的命令是：\fbox{ABC}，生成的是普通的左右盒子，无升降。

- 生成第二组盒子的命令是：\raisebox{5mm}{\dbox{D...E}}，省略了可选参数，内盒子的基线相对于外盒子的基线上升了 5 mm，内盒子和外盒子的上边线重合，内盒子没有溢出外盒子。
- 生成第三组盒子的命令是：\raisebox{-4mm}{\dbox{D...E}}，省略了可选参数，内盒子的基线相对于外盒子的基线下降了 4 mm，内盒子和外盒子的下边线重合，内盒子没有溢出外盒子。
- 生成第四组盒子的命令是：\raisebox{5mm}[5mm]{F...G}，省略了一个可选参数，外盒子的深度为零，高度为 5 mm，内盒子的基线相对于外盒子的基线上升了 5 mm。
- 生成第五组盒子的命令是：\raisebox{3mm}[4mm][4mm]{\dbox{H...I}}，盒高、盒深都是 4 mm，内盒子的基线相对于外盒子的基线上升了 3 mm，由于升高值过大，内盒子向上溢出外盒子。
- 生成第六组盒子的命令是：\raisebox{-4.5mm}[4mm][2.5mm]{\dbox{L...M}}，盒高和盒深分别是 4 mm 和 2.5 mm，内盒子的基线相对于外盒子的基线下降了 4.5 mm，由于下降值过大，内盒子向下溢出外盒子。
- 生成第七组盒子的命令是:\raisebox{3.8mm}[4mm][2.5mm]{\dbox{升降盒子}},盒高和盒深分别是 4 mm 和 2.5 mm，内盒子的基线相对于外盒子的基线上升了 3.8 mm，由于升高值过大，内盒子向上溢出外盒子。

当升降值过大时，内盒子在垂直方向上溢出会造成其与上下行文本隔得太近或重叠，这是为什么呢？

看下面的排版效果，第二行中放置了升降盒子并设置了适当的升降值，内盒子没有溢出：

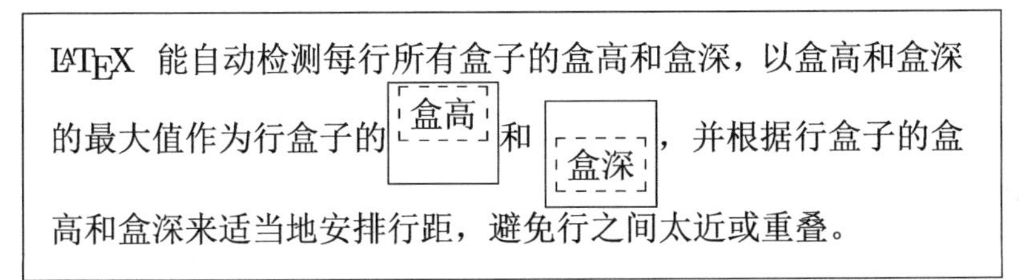

上面框线中第二行升降盒子处的代码是：

```
\fbox{\raisebox{2.5mm}[6mm][2.5mm]{\dbox{盒高}}}和
\fbox{\raisebox{-3mm}[4mm][5mm]{\dbox{盒深}}}
```

如果把第二行中升降盒子的升降值设置得过大，使内盒子溢出外盒子，排版效果如下：

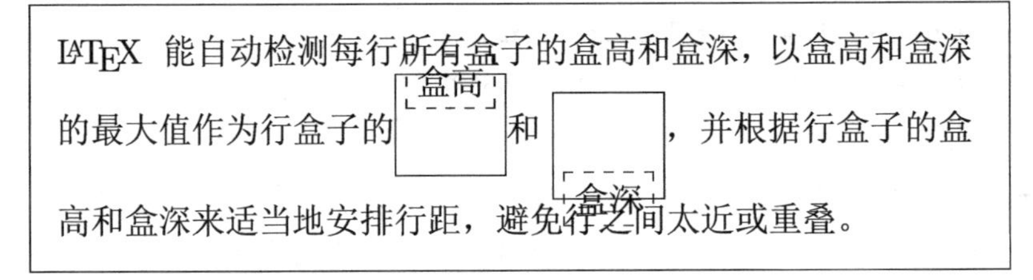

第二行升降盒子处的代码是：

```
\fbox{\raisebox{5mm}[6mm][2.5mm]{\dbox{盒高}}}和
\fbox{\raisebox{-7.5mm}[4mm][5mm]{\dbox{盒深}}}
```

细心观察以上两个例子，无论升降值大小如何，升降盒子所在行与上下行的行距都没有改变。系统是根据行盒子的盒高和盒深来决定行距的，当盒子嵌套时，只有外盒子的盒高和盒深才影响行盒子的盒高和盒深，内盒子的盒高和盒深不影响，但是内盒子的文本会正常显示，以致出现文本靠得太近或重叠的现象。

2. 升降盒子的应用

在 Word 中，可以轻松地创建文本框，通过鼠标拖动文本框将其放到任意位置，文本框这一机动灵活的排版插件深受欢迎。在 LaTeX 中，将升降盒子和其他盒子有机地结合也可以轻松地创建文本框，让文本想在哪儿就在哪儿。

范例 23　升降盒子的文本框功能

下面先学习使用升降盒子让对象在垂直方向上移动。

① 输入：`\raisebox{7mm}[6mm][2.5mm]{\dbox{坐电梯上楼}}`，输出：坐电梯上楼。

输入：`\raisebox{-2.5mm}[6mm][5mm]{\dbox{坐电梯下楼}}`，输出：坐电梯下楼。

省略可选参数，输入：`\raisebox{-6mm}{\dbox{坐电梯下楼}}`，输出：坐电梯下楼。

② 内盒子使用零宽度盒子，输入：`\raisebox{-6mm}{\makebox[0cm][l]{\dbox{文本框}}}`，输出：。

文本框

说明： 对于以上②范例，因为内盒子是零宽度的，所以外盒子也是零宽度的，内盒子中的文本位置是左对齐，所以升降盒子就在输入命令的位置左侧下方显示出了下降的内盒子文本。如果内盒子中的文本位置改为右对齐、居中呢？请读者试试操作！

下面学习使用升降盒子让对象在水平方向上移动。

如果升降盒子的盒高和盒深都设置为零，内盒子使用零宽度盒子，这样就得到了尺寸全为零的点盒子，再配合命令 `\hspace{长度}`，就能够让内盒子中的文本随心所欲地移到任意位置，真正做到“想让某个对象在哪儿就可以让它在哪儿”。输入：

```
\raisebox{6cm}[0pt][0mm]{\makebox[0cm][l]{\hspace{3cm}文本框}}
```

上述命令生成一个嵌套的盒子，内盒子为零宽度的左右盒子，外盒子是盒高和盒深都为零的升降盒子。可以认为系统是这样实现命令的：首先在输入命令的地方相对于基线垂直上升 6 cm，然后向右生成 3 cm 的空白，并在此生成零宽度的左右盒子，最后在盒子中装入文本框三个字符，文本框在盒子中左对齐。因为盒子的尺寸全为零，所以这个盒子占据的矩形区域面积为零，在这个命令之后接着输入其他对象，对象就在盒子命令输入的地方排版显示。

再看下面框线内的排版效果：

文本框

尺寸全为零的升降盒子。

其对应的代码是：

```
尺寸全为零的升降\raisebox{2cm}[0pt][0mm]{\makebox[0cm][l]{\hspace{3cm}文本框}}盒子。
```

说明：源代码中在“降”和“盒”两字间插入了尺寸全为零的升降盒子，这两个字的间距不受影响，如果用向量来理解其中的命令，那么坐标原点是文本行的基线与这个升降盒子左边线（因为宽度为零，左边线和右边线重合）的交点，升降值就是向量的纵坐标，命令 \hspace{长度} 中的长度就是向量的横坐标，向量的起点就是尺寸全为零的升降盒子所处的位置。该向量表示把内盒子中的对象相对坐标原点上移 2 cm、右移 3 cm。横坐标和纵坐标可正可负，这样就可以让内盒子中的对象上下左右移动。在图文混排时，尺寸全为零的升降盒子是最实用的，零宽度的内盒子中可以装入图片、表格和几何图形等，也就是说，在排版时，利用尺寸全为零的升降盒子能把几何图形、函数图像放到版面中的任何地方。

5.2.3 段落盒子和小页环境

在左右盒子中，内容不能换行，所以左右盒子的使用有局限性，若要使盒子中的内容能够自动换行且有段落格式，可以用段落盒子命令和小页环境实现。通俗地说，段落盒子命令和小页环境把含有多行文本、图形、表格或其他版面元素的段落进行封装，使这个段落成为一个大盒子，以方便将其插入需要的位置。在段落盒子命令和小页环境内部可以分段、换行和插图等，其创建的是一个尺寸大小可以改变的小型版面。

段落盒子命令的结构为：

```
\parbox[外部位置][总高度][内部位置]{宽度}{对象}
```

小页环境与段落盒子命令用途相同但比段落盒子命令功能更强，小页环境的结构是：

```
\begin{minipage}[外部位置][总高度][内部位置]{宽度}
    内容
\end{minipage}
```

它们有相同的参数，功能也相同。参数的使用说明如下。

外部位置　确定盒子的基线位置，即确定盒子与外部文本的对齐方式，有以下三个可选值：

b　盒子中最后一行（可见文本行或空白行）的基线与盒子外部文本的基线对齐；

t　盒子中第一行（可见文本行或空白行）的基线与盒子外部文本的基线对齐；

c　默认值，盒子与盒子外部文本居中对齐。

总高度　确定盒子的总高度。特别注意的是，总高度的设定值不能小于盒子内对象的高度，否则盒子内的对象会溢出盒子与盒子外部的文本重叠。如果省略这个可选参数，盒子的总高度是盒子内对象的自然高度。

内部位置　确定对象在盒子内部所处的位置，即确定对象在盒子中的对齐方式，有以下四个可选值：

b　把对象推向盒子的底部；

t　把对象推向盒子的顶部；

c　使对象垂直居中；

s　伸展行距使对象充满整个盒子。

宽度　必需参数，确定盒子的宽度。

段落盒子命令和小页环境都有三个可选参数，但是不能随便省略，如果要省略，只能从右到左逐个省略，否则系统提示出错。以段落盒子为例，具体说明如下：

- 省略一个可选参数时，这个参数只能是内部位置参数，命令是：\parbox[外部位置][总高度]{宽度}{对象}，此时内部位置是 c；
- 省略两个可选参数时，这两个参数只能是总高度和内部位置，命令是：\parbox[外部位置]{宽度}{对象}，此时总高度是对象的自然高度，内部位置与外部位置相同；
- 省略三个参数，即可选参数全部省略，命令是：\parbox{宽度}{对象}，此时外部位置是 c，总高度是对象的自然高度，内部位置是 c；
- 当盒子中的内容只有一行时，这行既是首行也是末行，则外部位置为 b 和 t 时的输出结果相同。

段落盒子命令和小页环境的排版功能基本相同，但是小页环境功能稍强些。如果把简短的文本封装在盒子中，就使用段落盒子命令；如果要把内容较长且复杂的文本（如含有表格、插图或数学式等）封装在盒子中，建议使用小页环境。

范例 24　段落盒子和小页环境的应用

1）字符与段落盒子混排

看下面虚线左侧的排版效果，为了便于理解命令中参数的作用，为左边内容中的文本和盒子添加边框，即虚线右侧效果：

正弦定理：	三角形的边长与该边所 对角的正弦值的比值为 一个常数。	正弦定理：	三角形的边长与该边所 对角的正弦值的比值为 一个常数。

对应代码是：

```
正弦定理：\parbox[t]{4cm}{三角形的边长与该边所对角的正弦值的比值为一个常数。}
```

说明：可以认为系统首先排版“正弦定理：”，接着遇到段落盒子命令，系统按命令要求生成一个宽度为 4 cm 的盒子，把内容“三角形的边长与该边所对角的正弦值的比值为一个常数。”放在盒子中排版，即好像在宽度为 4 cm 的小型页面中排版，排完一行后会自动换行，直到排完全部内容，盒子的高度为内容的自然高度。最后，参数 t 要求系统把段落盒子中第一行的基线与盒子外文本的基线对齐。

如果把参数 t 改为 b，输出为：正弦定理：三角形的边长与该边所对角的正弦值的比值为一个常数。

其中参数 b 要求系统把段落盒子中末行的基线与盒子外文本的基线对齐。

如果可选参数为 c，输出为：正弦定理：三角形的边长与该边所对角的正弦值的比值为一个常数。

其中参数 c 要求系统把段落盒子的水平中线与盒子外文本的基线对齐，参数 c 是默认值，可以省略不写。

如果段落盒子命令的可选参数都不省略，输入：

```
正弦定理：\parbox[t][2.5cm][b]{4cm}{三角形的边长与该边所对角的正弦值的比值为一个常数。}
```

输出为下面虚线左侧的效果（为了便于理解命令中参数的作用，虚线右侧显示了为输出的文本和盒子添加边框的效果）：

正弦定理：

三角形的边长与该边所对角的正弦值的比值为一个常数。

正弦定理：

三角形的边长与该边所对角的正弦值的比值为一个常数。

说明： 上述段落盒子命令构造了一个宽度为 4 cm、总高度为 2.5 cm 的盒子，盒子的顶部（不是其中顶行文本的基线）与盒子外部文本的基线对齐，盒子中的内容推向了盒子的底部。总高度比盒子内对象的自然高度要大，所以盒子中出现了空白。如果总高度比盒子内对象的自然高度小，则对象溢出盒子。一般来说，常常省略后面两个可选参数，使盒子的高度等于对象的自然高度。

2）字符与小页环境混排

输入：

```
正弦定理：\begin{minipage}[t]{4cm}三角形的边长与该边所对角的正弦值的比值为一个常数。
\end{minipage}还有余弦定理。
```

添加边框后的输出：正弦定理：三角形的边长与该边所对角的正弦值的比值为一个常数。还有余弦定理。

请读者思考：如果去掉边框，输出结果是怎样的呢？

3）含有多个段落盒子（或小页环境）的混排

输入：

```
正弦定理：\parbox[t]{4cm}{三角形的边长与该边所对角的正弦值的比值为一个常数。}\qquad%
余弦定理：\parbox[t]{6.2cm}{三角形的两条边长的平方和与第三边的平方差再除以前面两条边
积的两倍等于第三边所对角的余弦值。}
```

输出：

正弦定理：三角形的边长与该边所对角的正弦值的比值为一个常数。　余弦定理：三角形的两条边长的平方和与第三边的平方差再除以前面两条边积的两倍等于第三边所对角的余弦值。

为了便于理解命令中参数的作用，给其中的文本和盒子添加边框：

正弦定理：三角形的边长与该边所对角的正弦值的比值为一个常数。　余弦定理：三角形的两条边长的平方和与第三边的平方差再除以前面两条边积的两倍等于第三边所对角的余弦值。

两个定理之间使用命令 \qquad 来生成空白，使两个定理明显地分成两块。两个段落盒子的宽度不等，右边的宽度要大一些，是为了使两个定理内容的行数相等，从而使盒子等高、版面平衡。

说明：从上面的输出容易理解系统是如何排版的，段落盒子（或小页环境）是一个封装了较多内容的大盒子，系统同样是把它们当作单个盒子按照先后顺序去排版的。段落盒子命令（或小页环境）有四个参数：三个可选参数、一个必需参数，巧妙合理地安排这些参数可以排出漂亮的版面。

5.2.4 标尺盒子

标尺盒子命令用于生成黑色实心矩形，其结构是：

```
\rule[升降值]{水平宽度}{竖直高度}
```

标尺盒子命令中的参数说明如下：

升降值　可选参数，用于设定标尺盒子底部相对于当前行基线上下移动的距离，若值为正数则向上移动设定的值，反之则向下移，它类似升降盒子中的升降值参数，不同的是在升降盒子中它是必需参数。在标尺盒子中省略这个可选参数时，标尺盒子的底部就放在当前行的基线上。若省略升降值，如输入：AB\rule{7mm}{4mm}CD，则输出：AB▇CD；如要上移 2 mm，则输入：AB\rule[2mm]{7mm}{4mm}CD，输出：AB▇CD；如要下移 1.5 mm，则输入：AB\rule[-1.5mm]{7mm}{4mm}CD，输出：AB▇CD。

水平宽度　设定黑色实心矩形的宽度。

竖直高度　设定黑色实心矩形的高度。

调整盒子命令中的必需参数水平宽度和竖直高度的值，可以得到任意长短、任意宽窄的黑色矩形，所以标尺盒子命令可以用来画水平或垂直的线段，设置可选参数升降值的值还可以让线段上升或下降。

范例 25　标尺盒子的外观

标尺盒子的三个尺寸参数影响了标尺盒子大小，下面对标尺盒子的各种外观做详细介绍，为了方便讲解，设升降值、水平宽度和竖直高度分别为 x,y,z，同时为了让读者知道标尺盒子的外观，这里给标尺盒子添加边框，参见下面排在同一行里的五个标尺盒子。

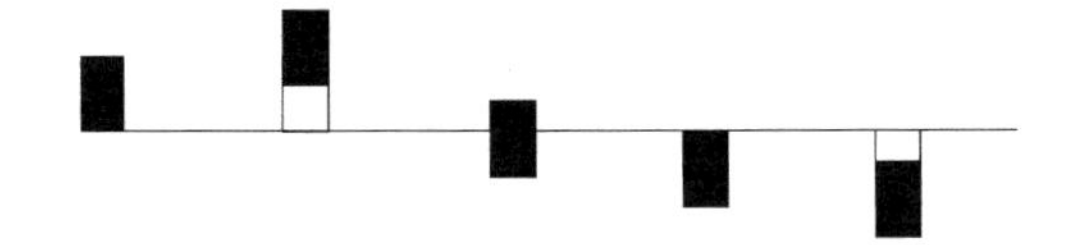

① 从左至右第一个标尺盒子，设置 x=0mm,y=3mm,z=5mm，即 `\rule[0mm]{3mm}{5mm}`，由于升降值为零，所以等价于命令 `\rule{3mm}{5mm}`，盒子的宽度、高度分别是 3 mm、5 mm，深度是 0 mm。

② 第二个标尺盒子，不改变 y 和 z 的值，设置 x=3mm，盒子的宽度、高度分别是 3 mm、8 mm，深度是 0 mm。

③ 第三个标尺盒子，不改变 y 和 z 的值，设置 x=−3mm，盒子的宽度、高度分别是 3 mm、2 mm，深度是 3 mm。

④ 第四个标尺盒子，不改变 y 和 z 的值，设置 x=−5mm，盒子的宽度、高度分别是 3 mm、0 mm，深度是 5 mm。

⑤ 第五个标尺盒子，不改变 y 和 z 的值，设置 x=−7mm，盒子的宽度、高度分别是 3 mm、0 mm，深度是 7 mm。

说明： 贯穿五个标尺盒子的水平线是它们所在行的基线，这个标尺盒子的基线均与所在行的基线重合。五个盒子的 y 和 z 的值相同，所以黑色矩形的尺寸是相同的，但是黑色矩形只是标尺盒子的子集。由上可知，当 $-z \leqslant x \leqslant 0$ 时，黑色矩形就是标尺盒子；当 $x>0$ 时，黑色矩形位于标尺盒子的顶端，盒子的下方为空白；当 $x<-z$ 时，黑色矩形位于标尺盒子的底部，盒子的上方为空白。

范例 26 标尺盒子的应用

1）可以给一句话添加下画线以起到提醒作用

把标尺盒子放到零宽度的左右盒子中，输入：

```
\makebox[0cm][l]{\rule[-1.5mm]{40mm}{1.7pt}}同学们请注意:
```

输出：同学们请注意：__________。

2）制作试卷中填空题的下画线

输入：

```
\makebox[0cm][l]{\rule[-1.5mm]{20mm}{0.5pt}}
```

输出：__________。

改变命令中的三个参数值，可以改变下画线的位置高低、长短和粗细。

3）用于显示行盒子的基线

省略可选参数，设置较小的竖直高度。输入：

```
\makebox[0cm][l]{\rule{32mm}{0.4pt}}计算机排版AQfhq
```

输出：计算机排版 AQfhq 。

4）制作长方形

构造四个零宽度的左右盒子，分别放入四个不同的标尺盒子，做成一个长方形。输入：

```
\makebox[0cm][l]{\rule[-1.5mm]{20mm}{0.5pt}}%生成下边线
\makebox[0cm][l]{\rule[1.5mm]{20mm}{0.5pt}}%生成上边线
\makebox[0cm][l]{\rule[-1.5mm]{0.5pt}{3mm}}%生成左边线
\hspace{19.836mm}\makebox[0cm][l]{\rule[-1.5mm]{0.5pt}{3mm}}%生成右边线
```

输出：▭。

5）增大行距

当标尺盒子命令中的升降值不为零时，标尺盒子可以增大行盒子的高度和深度，以使行与行之间保持适当的行距。观察下面框线内的三行文字，第二行中有两个标尺盒子且给标尺盒子加了边框以便看出标尺盒子占据的区域。

> LaTeX 能自动检测每行所有盒子的盒高和盒深，以盒高和盒深的最大值作为行盒子的▭和▭，根据行盒子的盒高和盒深来适当地安排行距，避免行之间太近或重叠。

这两个标尺盒子的代码分别是：`\rule[2.5mm]{6mm}{2.5mm}` 和 `\rule[-5mm]{4mm}{4mm}`。

细心观察，无论升降值大小如何，标尺盒子占据的区域不小于黑色实心矩形的大小，系统检测到第二行中最大的盒高、盒深是标尺盒子的盒高、盒深。标尺盒子命令类似省略了可选参数的升降盒子命令 `\raisebox{升降值}{对象}`，黑色实心矩形是内盒子，标尺盒子是外盒子，内盒子不会溢出外盒子。

当水平宽度为 0 而竖直高度不为 0 时，标尺盒子是看不见的，但是系统认为其有效，此时这个不可见的标尺盒子被称为“支柱”，它可加大行距，起到支撑效果，利用这一点，适当调整升降值和竖直高度可以增加标尺盒子所在行的高度和深度，以及增加左右盒子、表格行或数学式的高度和深度。对比下面两个命令，第二个命令就使用了零宽度的标尺盒子，起到了增加行高度和深度的作用，使这个标尺盒子所在行与上下相邻行的行距增加，但标尺盒子并未显示。

输入：`使用支柱\rule[-3mm]{0.5pt}{8mm}`，输出：使用支柱|。

输入：`使用支柱\rule[-3mm]{0pt}{8mm}`，输出：使用支柱。

说得更通俗一点，水平宽度为 0 而竖直高度不为 0 的标尺盒子能够用在左右模式中实现增加垂直空白的效果。专门的垂直空白命令 `\vspace{长度}` 能直接生成垂直空白，但是它不能用在左右模式中，且只能用在行首或行尾。而标尺盒子既可以用在行内又可以用在行首或行尾。如在试卷排版中，为了留出适当的空白用作答题区域，就可以在某道题目的末行插入零宽度的标尺盒子，令盒子的竖直高度为零、升降值为负值。如在题目的末行插入命令 `\rule[-7cm]{0mm}{0mm}`，则在该题下方留出了大约 7 cm 高的空白，用于书写解答过程。

6）用于生成水平空白

当水平宽度不为 0 而竖直高度为 0 时，可以生成水平空白，相当于使用水平空白命令 `\hspace{长度}`。

7）分隔文本内容

如果想用一条竖直线来分隔内容，就可以插入命令 `\rule[升降值]{水平宽度}{竖直高度}`，调整适当的值画一条竖直线。

8）绘制条形统计图或频率分布直方图

如绘制：

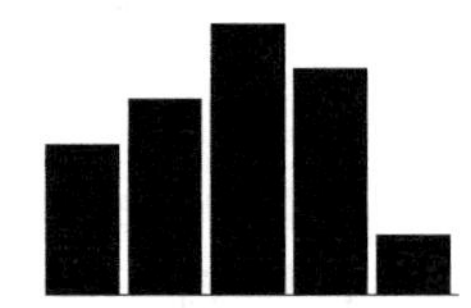

对应的代码是：

```
\makebox[0cm][l]{\rule{28mm}{0.2pt}}\rule{5mm}{10mm}\,\rule{5mm}{13mm}\,%
\rule{5mm}{18mm}\,\rule{5mm}{15mm}\,\rule{5mm}{4mm}
```

5.2.5 行标尺盒子和无形行

与标尺盒子命令相关的有一个行标尺盒子命令，它的结构是：

```
\hrule width 宽度 height 高度 depth 深度
```

行标尺盒子命令与标尺盒子命令有一点是相同的，都用于生成黑色实心矩形，这个实心矩形的宽度、高度和深度由命令中的三个值来确定。与标尺盒子不同的是，行标尺盒子命令无论放在哪里，都将生成单独占一行且没有缩进的实心矩形，命令后面的内容另起一段，且这个实心矩形与它的前后两行紧挨着。

如输入：

```
单独成行\hrule width 3cm height 0.4pt depth 0.3mm 后面分段
```

输出：

单独成行

后面分段

说明：由上可知，行标尺盒子命令生成了一个宽度为 3 cm、高度为 0.4 pt、深度为 0.3 mm 的实心矩形，它单独占一行，没有缩进。系统把行标尺盒子后面的内容当作一个段落。行标尺盒子命令生成的实心矩形（可看作线段）与它的前后两行紧紧挨着。

如果省略命令中的尺寸设置，系统就按默认值来处理，命令中的宽度、高度和深度的默认值分别为 `\linewidth`、`0.4pt` 和 `0pt`，其中 `\linewidth` 为默认的行宽。

输入：`\hrule`，输出：

命令 `\hrule` 常常用于绘制与行宽相等的标题装饰线或文本分隔线。

如果只将命令中的高度参数设置为零，即命令 `\hrule height 0pt`，其宽度是默认的行宽，深度是默认的 0 pt，则将生成宽度为文本行宽、高度和深度都为零的线段，这条线段不可见，但是系统仍然视其为一行，故称命令 `\hrule height 0pt` 生成的线段为无形行。无形行命令可以使相邻的两行文本紧紧挨着。

范例 27 无形行命令 `\hrule height 0pt` 的应用

无形行可以缩短两行的行距，使两行刚好挨着。如输入：

```
宽度为文本行宽、高度和深度都为零的线段，这条线段不可见，但是系统仍然视其为
```

```
\hrule height 0pt 一行，故称此命令生成的线段为无形行。
```

输出：

宽度为文本行宽，高度和深度都为零的线段，这条线段不可见，但是系统仍然视其为一行，故称命令生成的线段为无形行。

说明：也可以使用命令 \vspace{} 调节两行间距。

范例 28　无形行在嵌套的段落盒子（或小页环境）中的应用

一个段落盒子（或小页环境）再套上一个段落盒子（或小页环境）称为段落盒子（或小页环境）的嵌套，系统把里面的盒子（内盒子）作为一个整体处理，内盒子作为外盒子的对象相当于一个字符或者说是单行文本。如输入：

```
学习\LaTeX 要有数学头脑。要认真理解
\begin{minipage}{1.76cm}
\fbox{\parbox[t]{1.57cm}{段落盒子\\小页环境}}
\end{minipage}
才能用好它们。
```

输出：

学习 LaTeX 要有数学头脑。要认真理解 段落盒子 小页环境 才能用好它们。

说明：从输入的代码看，在一个小页环境中嵌入了一个段落盒子，称里面的段落盒子为内盒子，外面的小页环境生成的盒子为外盒子。系统认为，外盒子装入一个盒子时，相当于装了一个字符或单行文本，总之视其为一行。

请读者试试：把内盒子的可选参数 t 改为 b 或 c，观察输出结果，会发现结果完全相同。这是因为生成外盒子的小页环境省略了外部位置可选参数，即使用了默认值 c，外盒子的水平中线与外盒子外部的文本基线对齐。那么给小页环境添加可选值 t 或 b，结果又如何呢？

输入：

```
学习\LaTeX 要有数学头脑。要认真理解
\begin{minipage}[t]{1.76cm}
\fbox{\parbox[t]{1.57cm}{段落盒子\\小页环境}}
\end{minipage}
才能用好它们。
```

输出：

学习 LaTeX 要有数学头脑。要认真理解 段落盒子 小页环境 才能用好它们。

输入：

```
学习\LaTeX 要有数学头脑。要认真理解
\begin{minipage}[b]{1.76cm}
\fbox{\parbox[t]{1.57cm}{段落盒子\\小页环境}}
\end{minipage}
才能用好它们。
```

输出：

学习 LaTeX 要有数学头脑。要认真理解 段落盒子
小页环境 才能用好它们。

说明：观察发现，使用可选值 t 和 b，结果完全相同。这又是为什么呢？因为内盒子被系统视为只有一行，它既是顶行又是底行，基线是唯一的。而内盒子的可选项为 t，系统把内盒子中对象的顶行的基线作为内盒子的基线，于是得到了上述相同的排版效果。

如果想要在小页环境中增加一行，并且这一行不占垂直空间，也不显示，即不影响内盒子的所占区域，使用无形行命令是最适合的。

让无形行在前，内盒子在后，输入：

```
学习\LaTeX 要有数学头脑。要认真理解
\begin{minipage}[b]{1.76cm}
\hrule height 0pt
\fbox{\parbox[t]{1.57cm}{段落盒子\\小页环境}}
\end{minipage}
才能用好它们。
```

输出：

学习 LaTeX 要有数学头脑。要认真理解 段落盒子
小页环境 才能用好它们。

让内盒子在前，无形行在后，输入：

```
学习\LaTeX 要有数学头脑。要认真理解
\begin{minipage}[b]{1.76cm}
\fbox{\parbox[t]{1.57cm}{段落盒子\\小页环境}}
\hrule height 0pt
\end{minipage}
才能用好它们。
```

输出：

段落盒子
学习 LaTeX 要有数学头脑。要认真理解 小页环境 才能用好它们。

说明：对最后的源代码做出解释，小页环境中有两行，第一行是段落盒子，第二行是无形行，无形行是紧紧贴着相邻行的。小页环境写入可选值 b，要求把小页环境中底行对象的基线作为外盒子的基线。无形行看不见，又不占据垂直空间，但它确实存在。

在 LaTeX 中，系统把插图、表格、公式组等都作为盒子来处理。例如，要把插图、表格、公式组的顶部与外部文本的基线对齐，就在它们的代码前面输入无形行命令，再把整体放在一个段落盒子或小页环境中，段落盒子或小页环境的外部位置参数设置为 t，无形行单独占据一行且高度为零，虽然无形，但它是段落盒子或小页环境的首行，用它的基线与外部文本的基线对齐，这样可使插图、表格、公式组的顶部与外部文本的基线对齐。若要把插图、表格、公式组与版心的底部对齐，就可以在它们的代码后面输入无形行命令，再把无形行和它们放在一个段落盒子或小页环境中，段落盒子或小页环境的外部位置参数设置为 b。

5.2.6 变换盒子

在导言区调用插图宏包 graphicx，即在导言区中添加命令 \usepackage{graphicx}，就可以使用变换盒子命令了。在这个宏包中，有五个变换盒子命令：一个旋转盒子命令、三个缩放盒子命令和一个镜像盒子命令。它们功能强大，可以对任意的 LaTeX 对象（如文本、图形或表格）进行变换。

1. 旋转盒子

旋转盒子命令的结构是：

```
\rotatebox[origin=选项,x=选项,y=选项,units=选项]{角度}{对象}
```

其中，角度是必需参数，用于设定旋转量的大小，正数表示把对象进行逆时针旋转，负数表示顺时针旋转；可选参数中有四个子参数，它们的使用说明如下。

`origin` 设置对象的旋转点。旋转点参数 origin 共有 12 个选项，如果把对象作为一个矩形盒子，这 12 个选项就是矩形盒子的 12 个点，如图 5.2 所示：
盒子的上边线上有三个点，分别用 lt,ct,rt 表示；
盒子的中位线上有三个点，分别用 lc,c,rc 表示；
盒子的基线上有三个点，分别用 lB,cB,rB 表示；
盒子的下边线上有三个点，分别用 lb,cb,rb 表示。
默认的旋转点是基点（即 lB）。当对象的深度为零时，点 lB 与点 lb 重合，如对象是外部插入的图形，其深度就为零。

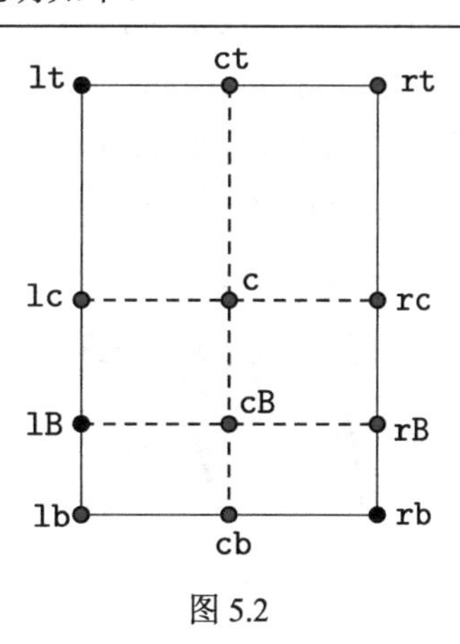

图 5.2

`x,y` 以对象的基点为坐标原点，设定 x,y 为旋转点的坐标值。这种方式设置旋转点与上面相比就显得自由多了，例如，x=3cm,y=-2cm 表示旋转点在基点的右方 3 cm、下方 2 cm 处。

`units` 设置必需参数角度的单位。默认为度且旋转方向为逆时针方向；如果设置 units=-360，表示以度为单位且旋转方向为顺时针方向；如果设置 units=6.283185，表示以弧度为单位且旋转方向为逆时针。

范例 29　旋转盒子的应用

观察下面框线内的七个盒子：

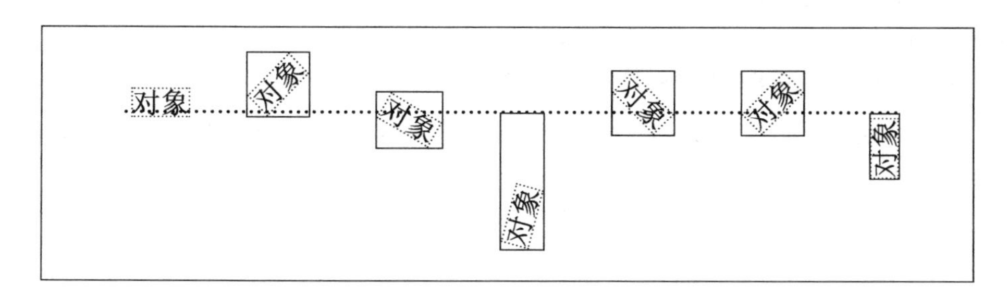

这七个盒子排成一行，贯穿它们的一条虚线是行盒子的基线，后面六个盒子是旋转盒子，

都是由对象旋转而成的，给这六个盒子加了实线边框，从图中可知对象旋转后，盒子的外形尺寸（高度、深度和宽度）发生了变化。下面对这七个盒子从左往右逐一介绍：

- 第一个是普通的盒子；
- 第二个是\rotatebox{45}{对象} 生成的，表示以对象的基点为旋转点，把对象逆时针旋转 45°；
- 第三个是\rotatebox[origin=lb]{-30}{对象} 生成的，表示以对象的点 lb 为旋转点，把对象顺时针旋转 30°；
- 第四个是\rotatebox[x=1cm,y=-1cm]{75}{对象} 生成的，表示旋转点在对象基点的右方 1cm、下方 1cm 处，把对象逆时针旋转 75°；
- 第五个是\rotatebox[origin=c,units=-360]{45}{对象} 生成的，表示以对象的点 c 为旋转点，把对象顺时针旋转 45°；
- 第六个是\rotatebox[origin=c,units=-360]{-45}{对象} 生成的，表示以对象的点 c 为旋转点，把对象逆时针旋转 45°；
- 第七个是\rotatebox[origin=rb,units=6.283185]{1.570796}{对象} 生成的，表示以对象的点 rb 为旋转点，把对象逆时针旋转 1.570796 弧度，约为 90°。

范例 30　旋转花括号

制作如下几个旋转的花括号。

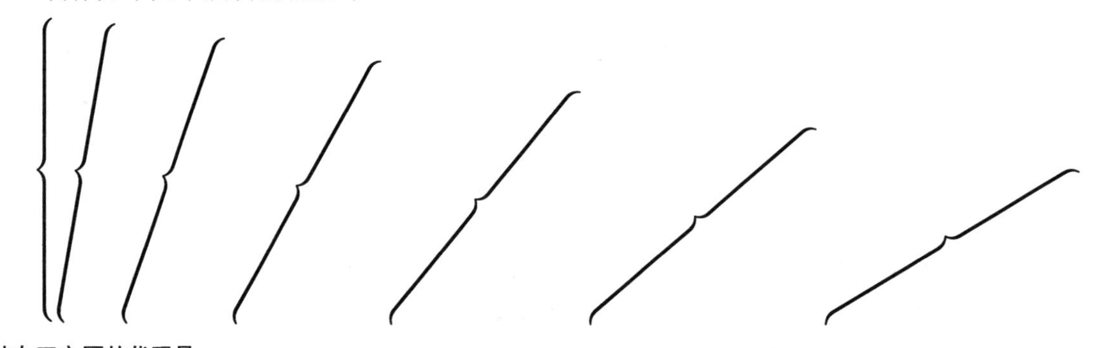

其在正文区的代码是：

```
\rotatebox{90}{\makebox[40mm]{\downbracefill}}
\rotatebox{80}{\makebox[40mm]{\downbracefill}}
\rotatebox{70}{\makebox[40mm]{\downbracefill}}
\rotatebox{60}{\makebox[40mm]{\downbracefill}}
\rotatebox{50}{\makebox[40mm]{\downbracefill}}
\rotatebox{40}{\makebox[40mm]{\downbracefill}}
\rotatebox{30}{\makebox[40mm]{\downbracefill}}
```

说明：上述代码把一个长度为 40 mm 开口朝下的花括号放在旋转盒子中，设置旋转角度，得到指定角度的花括号。

2. 缩放盒子

缩放盒子命令有三个，它们是：

```
\scalebox{水平缩放系数}[垂直缩放系数]{对象}
\resizebox{宽度}{高度}{对象}
\resizebox*{宽度}{总高度}{对象}
```

命令 \scalebox{水平缩放系数}[垂直缩放系数]{对象} 的使用说明如下：

水平缩放系数是对象宽度的放大倍数；垂直缩放系数是对象高度的放大倍数，省略它时，则默认其等于水平缩放系数；如果水平缩放系数设置为负值，不仅要将这个值的相反数作为系数缩放，而且还要将对象左右翻转 180°；如果垂直缩放系数设置为负值，不仅要将这个值的相反数作为系数缩放，而且还要将对象上下翻转 180°，以与原来的对象关于基线对称，例如，输入：

```
\makebox[0cm][l]{\rule{9.2mm}{0.4pt}}%
\makebox[0cm][l]{排版}\scalebox{1}[-1]{排版}
```

输出：排版。

命令 \resizebox{宽度}{高度}{对象} 和 \resizebox*{宽度}{总高度}{对象} 的使用说明如下：

这两个命令不设置缩放系数，而是让对象缩放后的结果的外形尺寸为设置的宽度和高度。后者带星号，第二个参数为总高度。如果命令为 \resizebox{宽度}{!}{对象}，则表示将对象按照宽度的设置值保持原宽高比例进行缩放；如果命令为 \resizebox{!}{高度}{对象}，则表示将对象按照高度的设置值保持原宽高比例进行缩放。参数宽度和高度的值也可以设置为负值，与 \scalebox{水平缩放系数}[垂直缩放系数]{对象} 中的负系数值作用相同。

范例 31　缩放盒子的应用

命令 \scalebox{3}{排版}表示将排版两个字作为一个整体，把它的宽度和高度都放大为原来的 3 倍。输出：排版。

命令\scalebox{5}[1]{排}\scalebox{2}[4]{版} 表示将排字的宽度和高度分别放大为原来的 5 倍和 1 倍，将版字的宽度和高度分别放大为原来的 2 倍和 4 倍。输出：

命令\scalebox{-5}[1]{排版}表示将排版二字的宽度和高度分别放大为原来的 5 倍和 1 倍，而且还要将排版二字左右翻转 180°。输出：。

命令\scalebox{5}[-1]{排版}表示将排版二字的宽度和高度分别放大为原来的 5 倍和 1 倍，而且还要将排版二字上下翻转 180°。输出：。

命令\scalebox{-5}[-1]{排版}表示将排版二字的宽度和高度分别放大为原来的 5 倍和 1 倍，而且要将排版二字左右翻转 180° 和上下翻转 180°。输出：。

命令\resizebox{2cm}{!}{排版}表示将排版两个字的宽度设置为 2 cm，宽高比例保持原来的比例。输出：排版。

命令`\resizebox{!}{2cm}{排版}`表示将排版两个字的高度设置为 2 cm，宽高比例保持原来的比例。输出：排版。

命令`\resizebox{2cm}{1cm}{排}\resizebox{1cm}{1cm}{版}`表示先将排字的宽度设置为 2 cm，高度设置为 1 cm，再将版字的宽度设置为 1 cm，高度设置为 1 cm。输出：

排版。

命令`\resizebox{-2cm}{2cm}{排版}`表示将排版两个字的宽度和高度都设置为 2 cm，并且将这两个字左右翻转 180°。输出：。

命令`\resizebox{2cm}{-2cm}{排版}`表示将排版两个字的宽度和高度都设置为 2 cm，并且将这两个字上下翻转 180°。输出：。

命令`\resizebox{-2cm}{-2cm}{排版}`表示将排版两个字的宽度和高度都设置为 2 cm，并且将这两个字既左右翻转 180° 又上下翻转 180°（无论是先左右后上下翻转，还是先上下后左右翻转，结果都一样）。输出：。

说明： 本书第 2 章中介绍了十六个字号设置命令，设置字号的大小仅限于这十六个命令，若要制作出任意尺寸、任意宽高比的字体就可以使用缩放盒子命令，在排版封面、标题和广告时非常方便；使用缩放盒子命令处理图形时，为了使图形不变形、不失真，建议采取保持原来宽高比的设置。

3. 镜像盒子

镜像盒子命令是：`\reflectbox{对象}`，它能将对象左右翻转 180°，生成镜像效果，即左右对称效果。例如，输入：`排版\reflectbox{排版}`，输出：排版。

实际上，\reflectbox{排版} 相当于缩放盒子命令 \scalebox{-1}[1]{排版}。

5.2.7　灰色背景盒子和灰色处理命令

LaTeX 本身不具备颜色处理能力，但是在导言区中加载颜色宏包 xcolor，即在导言区中添加命令 \usepackage{xcolor}，在 LaTeX 中就可以调用其中的命令以生成任意的颜色。本书只向读者介绍灰色背景盒子命令和灰色处理命令。

灰色背景盒子命令是：\colorbox[gray]{数值}{对象}。说明如下：

- 可选参数 gray 表示使用灰度模式。
- 必需参数数值在区间 [0,1] 内取值，数字越小，盒子的灰度越小，显得越黑；数字越大，盒子的灰度越大，显得越灰白。
- 这个命令生成对象的背景盒子，对象放置在盒子上层且颜色不变，背景盒子的边沿与对象之间的距离由命令 \fboxsep=长度 设置，默认值为 3 pt。

输入：\colorbox[gray]{0.75}{排版}，输出：排版。

灰色处理命令是：\color[gray]{数值}{对象}。这个命令不生成背景盒子，只是把对象按照数值进行灰度处理。输入：\color[gray]{0.75}{排版}，输出：排版，输出的两个字呈浅灰色。

5.2.8　边框盒子

命令 \fbox{对象} 生成边框为矩形的左右盒子，如果想生成其他边框样式的盒子，就要在导言区调用盒子宏包 fancybox，即在导言区中添加命令 \usepackage{fancybox}，再使用有关的命令就可以了。边框盒子命令及对应的样式见表 5.1。

表 5.1

命　令	样　式
\ovalbox{对象}	对象
\Ovalbox{对象}	对象
\doublebox{对象}	对象

对以上三个命令，可以使用 \fboxsep=尺寸 来修改边框与对象之间的距离。如输入：\fboxsep=3pt\ovalbox{圆角边框}，输出：圆角边框。

对于圆角边框，使用命令 \cornersize*{直径}设置圆角直径的大小。

在导言区调用虚线盒子宏包 dashbox，即在导言区中添加命令 \usepackage{dashbox}，使用相关命令可以生成虚线边框的左右盒子。虚线边框盒子命令及对应的样式说明如下。

\dbox{对象}　输入：\dbox{虚线边框}，输出：虚线边框。

\dashbox[宽度][位置]{对象}　参数的定义与命令 \framebox[宽度][位置]{对象} 的相同，不同的是此命令生成虚线边框。

\dashlength= 尺寸　设置虚线之间的空隙尺寸，默认值为 6 pt。

\dashdash= 尺寸　设置虚线的长度，默认值为 3 pt。

\fboxrule= 尺寸　设置盒子边框线的粗细，默认值是 0.4 pt 。当其值设置为 0 时，则没有边框线。

\fboxsep= 尺寸　设置盒子的边框与盒子中对象的距离，默认值是 3 pt。当其值设置为 0 时，则边框恰好围住对象，用此可以显示盒子的大小。输入：\fboxsep=0mm\dbox{汉字}，输出：汉字。

范例 32　虚线边框盒子的美观输出

如果设置虚线之间的空隙宽度低于默认值，设置虚线的长度低于默认值，设置盒子的边框线与盒子中对象的距离等于默认值，则得到比较美观的输出。

输入：\dashlength=3pt\dashdash=1.5pt\fboxsep=3pt\dbox{汉字}，输出：汉字。

当设置虚线的长度等于框线的粗细且都很小，虚线之间的空隙尺寸稍大时，则得到点状的虚线边框，如输入：\dashlength=1.5pt\dashdash=0.4pt\fboxsep=3pt\fboxrule=0.4pt \dbox{汉字}，输出：汉字。

5.2.9 盒子嵌套

盒子嵌套指的是把一个盒子作为另一个盒子的对象。

范例 33　盒子嵌套的应用

1）制作试卷答题卡上的圆角边框答题区

输入以下三行代码：

```
\ovalbox{\rule[-2.6cm]{0mm}{3cm}\rule{2cm}{0mm}}
\ovalbox{\rule[-2.6cm]{0.3mm}{3cm}\rule{2cm}{0.3mm}}
{\cornersize*{4mm}\ovalbox{\rule[-2.6cm]{0mm}{3cm}\rule{2cm}{0mm}}}
```

输出分别为：

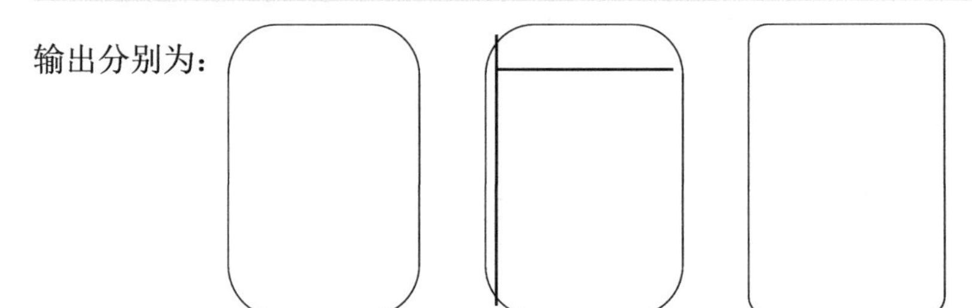

说明：第一行代码在边框盒子中套入了两个标尺盒子，可以认为盒子是这样生成的：首先构造一个宽度为 0 mm、高度为 3 cm、升降值为 −2.6 cm 的标尺盒子，接着构造一个高度为 0 mm、宽度为 2 cm 的标尺盒子，然后把这两个标尺盒子作为整体放入边框盒子。两个标尺盒子分别决定了边框盒子的高度和宽度。第二行代码只把第一行代码中的零宽度和零高度改成正值，看看对应的输出，就很容易理解了。但是这个边框盒子的圆角直径过大，不够漂亮。第三行代码给第一行代码添加命令 \cornersize*{直径}，使圆角直径稍微小一些，这样就得到了一个高度 3 cm、宽度 2 cm 的答题区域，边框的圆角大小也比较适当。

2）给小页环境套上圆角边框，绘制多个试题的答题区

输入：
```
{\fboxsep=3pt\cornersize*{4mm}
\ovalbox{\begin{minipage}{5cm}
第18题：\\[2cm]
第19题：\\[3cm]
\end{minipage}}}
```
输出：

第 18 题：

第 19 题：

说明：代码中小页环境的宽度设置为 5 cm，\\[2cm] 表示既要强制换行，又要与下一行留出 2 cm 的垂直空白，改变这些长度值就能改变答题区域的大小。

3）给小页环境设置灰色背景

输入：
```
{\fboxsep=3pt\colorbox[gray]{0.9}
{\begin{minipage}{3cm}
第18题：\\[1cm]
第19题：\\[2cm]
\end{minipage}}}
```
输出：

第 18 题：

第 19 题：

4）制作文字特效

输入：
```
{\heiti \raisebox{-0.86mm}{\makebox[0pt][l]{\scalebox{1}[-1]%
{\color[gray]{0.7}{\zihao{4}湖光倒影}}}}{\zihao{4}湖光倒影}}
```
输出：**湖光倒影**

可以认为这个嵌套盒子是这样生成的：首先给对象"湖光倒影"设置为四号字，再将其进行灰度处理得到灰色字，然后放进缩放盒子中，垂直缩放系数为 −1，即大小不变按基线上下对称，接着将其放进零宽度左对齐的左右盒子中。因为字符按基线上下对称，且字符盒子有一定的深度，所以使用升降盒子把最后的对象稍稍下移。紧跟着输入{\zihao{4}湖光倒影}，就得到了输出结果。需要注意的是，如果不使用升降盒子，则会造成上下重叠。

输入：
```
{\heiti \zihao{4}照镜子\reflectbox{\color[gray]{0.7}{\zihao{4}照镜子}}}
```
输出：**照镜子**

这里使用了镜像盒子命令，也可以使用缩放盒子命令来实现，即将\reflectbox换成\scalebox{-1}[1]。

5）旋转盒子与缩放盒子嵌套得到变形字

输入：

```
\resizebox{1.2cm}{4mm}{\rotatebox{30}{变形字}}
```

输出：变形字

说明：内盒子是旋转盒子，外盒子是缩放盒子。系统在编译时，遵循从内到外的原则，先旋转，再缩放。

5.3 盒子尺寸的测量与显示

每个盒子都有四个尺寸，宽度、高度、深度和总高度，其中总高度是高度与深度之和。有时，用户需要知道盒子尺寸的具体数值以便更好地排版，那么如何让系统测量并显示盒子的尺寸呢？

用\the长度数据命令 可以测量并显示对应盒子的尺寸数值。比如\textwidth是系统已经定义了的长度数据命令，它表示版心的宽度值，如果想知道版心的宽度值，就在源文件中输入命令：\the\textwidth，源文件编译完成后就在这个命令对应输出处显示版心的宽度了。

范例 34 字符串的尺寸显示

排成一行的字符串“计算机排版”中有五个汉字，如果想知道它的宽度、高度和深度的具体数值，那么先要自定义（具体见本书第 10 章）三个长度数据命令，再把“计算机排版”的宽度、高度和深度分别赋值给这三个长度数据命令，最后输入\the长度数据命令，编译源文件显示宽度、高度和深度的具体数值。

新建一个 .tex 文档，在正文区中输入如下代码：

```
\newlength{\kd} \settowidth{\kd}{计算机排版}
\newlength{\gd} \settoheight{\gd}{计算机排版}
\newlength{\sd} \settodepth{\sd}{计算机排版}
“计算机排版”这一行文字的宽度是\the\kd \par
“计算机排版”这一行文字的高度是\the\gd \par
“计算机排版”这一行文字的深度是\the\sd \par
```

输出：

“计算机排版”这一行文字的宽度是 52.69684pt

“计算机排版”这一行文字的高度是 8.68675pt

“计算机排版”这一行文字的深度是 1.11156pt

说明：建议新建一个 .tex 文档，专门用于测量与显示盒子的尺寸。要注意赋值命令中的汉字字符“计”的左边不要输入空格，即不要输入：\settowidth{\kd}{ 计算机排版}，否则，显示的宽度值比自然宽度值要大。

范例 35 小页环境的尺寸显示

如果想知道一个小页环境生成的盒子的高度，那么如何操作呢？

例如，有如下小页环境：

```
\begin{minipage}{4cm}
此小页环境设置宽度为4cm，但是我们不知道它的高度是多少？深度又是多少？就想使用长度显示命令
显示小页环境生成的盒子的尺寸。
\end{minipage}
```

新建一个 .tex 文档，把上述小页环境复制并粘贴到新建的 .tex 文档中，在正文区中先自定义一个长度数据命令：`\newlength{\hzgd}`，再把小页环境的高度值赋给 `\hzgd`，赋值命令如下：

```
\settoheight{\hzgd}{%
\begin{minipage}{4cm}%
此小页环境设置宽度为4cm，但是我们不知道它的高度是多少？深度又是多少？就想使用长度显示%
命令显示小页环境生成的盒子的尺寸。
\end{minipage}}
```

输入：`\the\hzgd`，则编译后显示小页环境的高度为 48.63763pt。

请读者注意：在赋值命令中输入代码时不要输入空格和空行，同时在每行的末尾添加注释符“%”把换行有可能生成的空格注释掉。

说明： 新建的 .tex 文档专门用于测量与显示盒子的尺寸，如果就在当前的 .tex 文档中测量与显示盒子的尺寸，那会增加些许麻烦，毕竟用来测量与显示的代码最后都是要删除的。

范例 36　测量任意对象尺寸并进行缩放

使用缩放盒子命令可以对任意对象进行缩放，在缩放前测量对象的尺寸以便更准确地进行缩放。下面以两个汉字“排版”的缩放为例进行介绍。

中文文档的正文一般是五号字，比五号字大一点的是小四号字，宏包 ctex 有专门的命令设置这两个字号，如果想把“排版”二字的字号设置成比五号字大但是比小四号字小，宏包 ctex 却没有专门的命令可以做到，但可以先测量“排版”二字的宽度，然后再利用缩放盒子命令来实现。

先新建一个 .tex 文档，测量出“排版”二字的宽度，如果是五号字则宽度是 21.07874 pt，小四号字则宽度是 24.09 pt，从它们之间选定一个值（如 22.5 pt）作为宽度值。

输入：`\resizebox{22.5pt}{!}{排版}`，输出：排版。

下面做一下对比，输入：`排版,\resizebox{22.5pt}{!}{排版},{\zihao{-4}排版}`，输出（左边的是五号字，中间的宽度值为 22.5 pt，右边的是小四号字）：

排版，排版，排版

第 6 章　页面设置和文档布局

文档的页面设置需要关注纸张、版心、页眉、页脚、边注五个页面元素。版心位于页面的中央，文档的主要内容在版心中排版。页眉和页脚分别位于版心的上方和下方，用来排版当前页所属章节的标题和页码，相对版心内容较为固定。页面设置是文字处理软件必备的功能，LaTeX 也有命令来精细地设置页面。

一般情况下，用户可以不关注如何用命令来设置页面，只需通过命令设定所需的文类，系统会自动按照与其对应的最典型的页面格式来设置页面。例如，若选择文档类型为 ctexart，那么输入命令：\documentclass{ctexart}，通知系统使用中文论文文类，系统则按照最典型的论文格式来设置页面，那么纸张大小、版心占据的尺寸、四周边空的多少和页眉页脚的样式都不需要操心。如果在文类命令中添加纸张大小、纸张放置方式可选项 a3paper、landscape，即命令为：

```
\documentclass[a3paper,landscape]{ctexart}
```

它告诉系统这个中文论文文类使用 A3 纸张排版，纸张横向放置。如果再添加双栏可选项 twocolumn，即命令为：

```
\documentclass[a3paper,landscape,twocolumn]{ctexart}
```

它告诉系统这个中文论文文类使用 A3 纸张排版，纸张横向放置，并且每页分成两栏。这种设置很适合排版数学试卷。

通过添加文类命令的可选项来进行页面设置，设置的范围是相当有限的，当用户对页面有特别的、精细的要求时，如想设置给定尺寸的纸张大小、给定尺寸的边空、个性化的页眉页脚样式，通过添加文类命令的可选项来进行页面设置就显得力不从心了。因此，学习页面设置的命令很有必要，本章介绍两个非常成熟、好用的页面设置宏包：页面尺寸设置宏包 geometry 和页面样式设置宏包 fancyhdr，让用户有很大的自由度去设置个性化的页面。

6.1　页面设置

页面设置包含两方面的内容：页面元素的尺寸设置和页面样式的设置。

6.1.1　页面元素的位置及尺寸示意图

如图 6.1 所示的是单页排版时页面元素与相应的位置及尺寸，图中共标注了常用的 13 个尺寸。

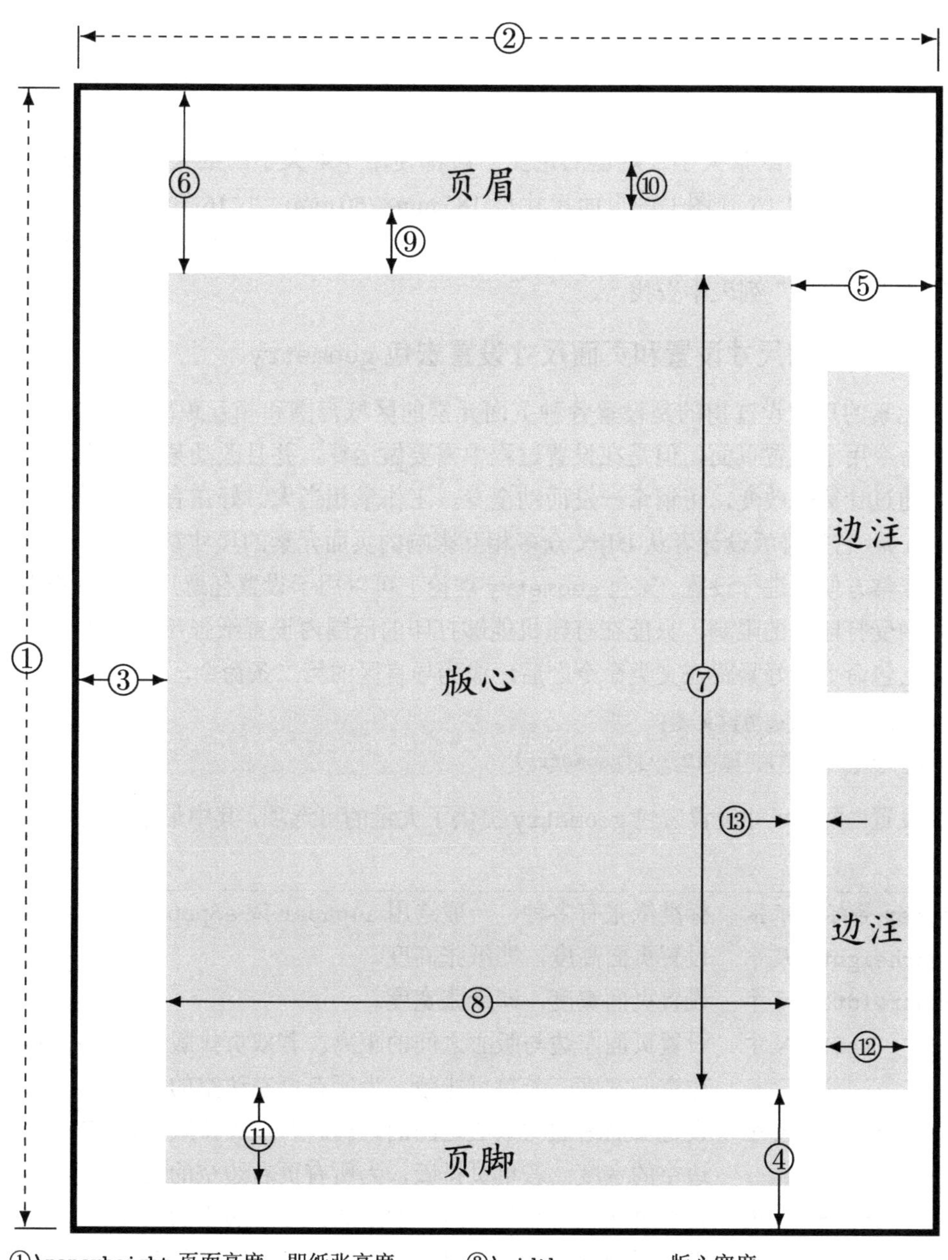

①\paperheight	页面高度，即纸张高度	⑧\width	版心宽度
②\paperwidth	页面宽度，即纸张宽度	⑨\headsep	页眉与版心的距离
③\left	左边距	⑩\headheight	页眉高度
④\bottom	下边距	⑪\footskip	版心基线与页脚基线的距离
⑤\right	右边距	⑫\marginparwidth	边注宽度
⑥\top	上边距	⑬\marginparsep	版心与边注的距离
⑦\height	版心高度		

图 6.1

在所注的 13 个尺寸中，其中①②⑦⑧分别表示纸张高度、纸张宽度、版心高度和版心宽度，相应的命令是:

```
\paperheight,\paperwidth,\textheight,\textwidth
```

例如，如果想知道当前版心宽度是多大，可以在源文件某处输入命令：\the\textwidth，编译源文件后就在命令所对应的 PDF 文件位置处显示具体的宽度值。

如何合理地选择纸张大小？短篇的论文一般都使用 A4 大小的纸张，而图书的页面尺寸则用开数表示，如 16 开图书的页面尺寸是 185 mm×260 mm，小 16 开图书的页面尺寸是 185 mm×230 mm。要想了解各种纸张的尺寸信息，一个好的途径是在 WPS 的“页面布局”选项卡中的“纸张大小”列表中查找。

6.1.2 页面元素的尺寸设置和页面尺寸设置宏包 geometry

页面元素的尺寸设置指的是设置各种页面元素的区域范围和相互距离，LaTeX 给出了一系列精细命令用于设置页面，但是在设置过程中需要做运算，并且改动某一参数时，其他的参数也要通过计算来改变，可谓牵一发而动全身，工作量相当大。好在有了页面尺寸设置宏包 geometry，它把排版设计者从 LaTeX 众多相互影响的页面元素的尺寸参数中解放出来，让用户可以非常方便地进行设置。宏包 geometry 理论上可以用于设置任意尺寸的纸张大小，在实际应用中受打印机的限制，只能在打印机能够打印的范围内设置纸张尺寸。在导言区调用页面设置宏包命令最好紧跟在文类命令之后，成为导言区的第二条命令，即：

```
\documentclass[选项]{文类}
\usepackage[选项1, 选项2,…]{geometry}
```

用来完成设置。页面尺寸设置宏包 geometry 提供了大量的可选项，其中最常用的可选项及其说明如下。

选项	说明
a4paper 等标准纸张	标准纸张有多种，一般选用 a4paper 或 a3paper。
paperheight= 尺寸	设置页面高度，即纸张高度。
paperwidth= 尺寸	设置页面宽度，即纸张宽度。
left= 尺寸	设置页面左边与版心之间的距离。若双页排版，为左右页内侧边空的宽度；若单页排版，为所有页左边空的宽度。
right= 尺寸	设置页面右边与版心之间的距离。若双页排版，为左右页外侧边空的宽度；若单页排版，为所有页右边空的宽度。
bottom= 尺寸	设置页面底边与版心之间的距离，即下边空的高度。
top= 尺寸	设置页面顶边与版心之间的距离，即上边空的高度。
margin= 尺寸	设置四周边空宽度。
height= 尺寸	设置版心的高度。
width= 尺寸	设置版心的宽度。
text={宽度, 高度}	设置版心的宽度和高度。
headsep= 尺寸	设置页眉与版心之间的距离。
headheight= 尺寸	设置页眉的高度。
footskip= 尺寸	设置版心基线与页脚基线的距离。
marginparwidth= 尺寸	设置边注宽度。

marginparsep= 尺寸	设置版心与边注的距离。
centering	令版心在页面上水平和垂直居中。
landscape	设置横向版面，默认是纵向版面。
showframe	令每页都用框和线显示页面元素的范围，便于修改尺寸。

特别要注意的是：调用宏包 geometry 设置纸张尺寸时，无须在文类命令的可选项中添加纸张大小选项。因为最终系统将按照宏包 geometry 的可选项中设置的纸张尺寸来排版，即文类命令中的可选项无效。

范例 37 宏包 geometry 中选项的应用

设置纸张的宽、高分别为 9 cm、11 cm，版心的宽、高分别为 7.5 cm、9.5 cm，设置效果如下（外框线围成的矩形表示纸张，内框线围成的矩形表示版心）。

其对应的命令是：

```
\usepackage[paperwidth=9cm,paperheight=11cm,text={7.5cm,9.5cm}]{geometry}
```

这行代码应该放在导言区。调用宏包 geometry 的同时在方括号中使用了 3 个可选项，分别设置纸张的宽度、高度，版心的宽度、高度。除了这些，还可以使用以下其他的可选项。

① 纸张尺寸设置。

如果设置标准的纸张大小，如 A4，则输入：

```
\usepackage[a4paper]{geometry}
```

如果直接设置纸张的宽、高分别为 8 cm、10 cm，则输入：

```
\usepackage[paperwidth=8cm,paperheight=10cm]{geometry}
```

② 版心尺寸设置。

如果设置版心的宽、高分别为 10 cm、15 cm，则输入：

```
\usepackage[width=10cm,height=15cm]{geometry}
```

其有一个等效的输入：

```
\usepackage[text={10cm,15cm}]{geometry}
```

有时需要让版心的尺寸正好等于纸张的尺寸，则输入：

```
\usepackage[paperwidth=10cm,paperheight=15cm,text={10cm,15cm}]{geometry}
```

与之等效并且更简化的命令是：

```
\usepackage[margin=0cm,text={10cm,15cm}]{geometry}
```

③ 边空尺寸设置。

边空指的是版心四周与纸张边缘之间的空白部分。如果设置四周的边空尺寸都为 2 cm，则输入：

```
\usepackage[margin=2cm]{geometry}
```

如果四周的边空大小不一，如左边空、下边空、右边空、上边空分别为 2 cm、3 cm、4 cm、5 cm，则输入：

```
\usepackage[left=2cm,bottom=3cm,right=4cm,top=5cm]{geometry}
```

④ 临时改变页面元素的尺寸。

有时在某一页排版较多的内容，需要增大版心尺寸，或者排版较少的内容并且这些内容相关性很强，需要减小某些尺寸时，可以临时改变页面元素的尺寸，在源文件中某一位置使用命令 `\newgeometry{参数1=长度,参数2=长度,…}` 就可改变其后的页面元素尺寸，并且从这个命令处开始新的一页。使用命令 `\restoregeometry` 则终止新的设置，恢复以前的设置，并且换页。

⑤ 使用选项 showframe，查看设置效果。

输入：`\usepackage[参数1=长度,参数2=长度,…,showframe]{geometry}`，即把 `\usepackage[参数1=长度,参数2=长度,…]{geometry}` 的设置结果在每页中都用框和线显示出来，便于修改尺寸。

说明： 宏包 geometry 提供的可选项有很多，通过选项名称很容易了解其作用。在实际应用中，一般用不了这么多的选项，geometry 的智能化程度很高，通常只要确定版心的尺寸和内侧边空的尺寸，其余页面元素的尺寸就由系统自动完成最佳设置了。

6.1.3 页面样式的设置和页面样式设置宏包 fancyhdr

当页面元素的尺寸确定后，各个页面元素所占据的区域范围和它们之间的相对位置就固定了，但是在创建文档时，有些文档不需要页眉和页脚，如简短的论文或报告；而有些文档（如书籍）却需要页眉和页脚，并且对页眉和页脚的美观程度要求很高，需要考虑其中安排什么内容、设置什么字体，以及页码的显示形式等。这些都属于页面样式设置的范畴，为了满足排版需求，有必要学习页面样式的设置。

LaTeX 系统提供了 4 种页面样式，使用样式设置命令：\pagestyle{样式名}，就可以得到所需的输出了。系统给出的 4 种样式的说明如表 6.1 所示。

表 6.1

样 式 名	说　明
empty	空置页眉和页脚，即无页眉和页脚
plain	无页眉，页脚中间显示页码，无页脚线。它是文类 report 和 article 的默认样式
headings	书籍文类 book 的默认样式
myheadings	与 headings 相同，只是左页页眉的右端和右页页眉的左端都空置，其内容必须由作者用命令自行设置

若在导言区中放置样式设置命令 \pagestyle{样式名}，则对全文的每一页进行样式设置；若在正文区中放置该命令，则对命令所在页及后续页进行设置。

有时仅仅需要在某一页设置与其他页不同的样式，则可以使用本页样式命令：

```
\thispagestyle{样式}
```

后续页又恢复为这个命令之前的页面样式设置。例如，论文封面不需要页眉和页脚，就可用命令\thispagestyle{empty} 清空封面页的页眉和页脚。

对于有章节的论文、报告和书籍，不仅要有页眉页脚，而且还要对页眉页脚进行精心的设计安排，系统提供的 4 种页面样式比较单一，不能满足各种设计要求，而页面样式设置宏包 fancyhdr 可以方便地设置用户所需要的样式。在导言区调用宏包 fancyhdr 时一定要输入：

```
\usepackage{fancyhdr} \pagestyle{fancy}
```

这两个命令的作用是：调用宏包 fancyhdr，使用 fancy 的页面样式。

注意：以上两个命令必须紧跟在一起，且前后顺序不能颠倒。页面样式设置命令\pagestyle{fancy}表示覆盖系统中预置的样式设置。

宏包 fancyhdr 中的样式 fancy 是一种自定义的样式，它将页眉和页脚都分成了左、中、右三个区域，在这三个区域中内容可以独立地任意设置。

使用页面样式 fancy 时，宏包 fancyhdr 中页眉和页脚的样式设置命令是：

```
\fancyhead[位置]{页眉内容}    \fancyfoot[位置]{页脚内容}
```

命令中的可选参数位置是 E/O 和 L/C/R 的组合，不区分大小写和顺序，则共有 12 个组合。E,O 分别表示左页和右页，L,C,R 分别表示左边、中间和右边。双面文档有左页、右页之分，而单面文档把所有的页面都作为右页，所以单面文档是可以省略 E,O 的。双面文档中位置参数与其页面对应的位置如图 6.2 所示。

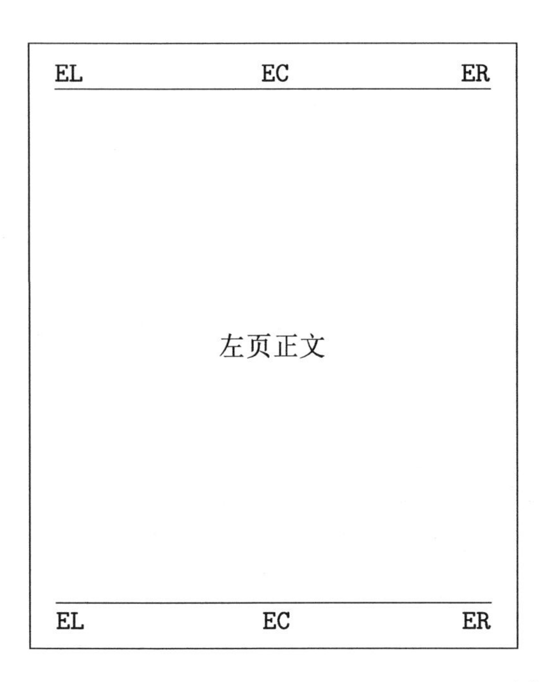

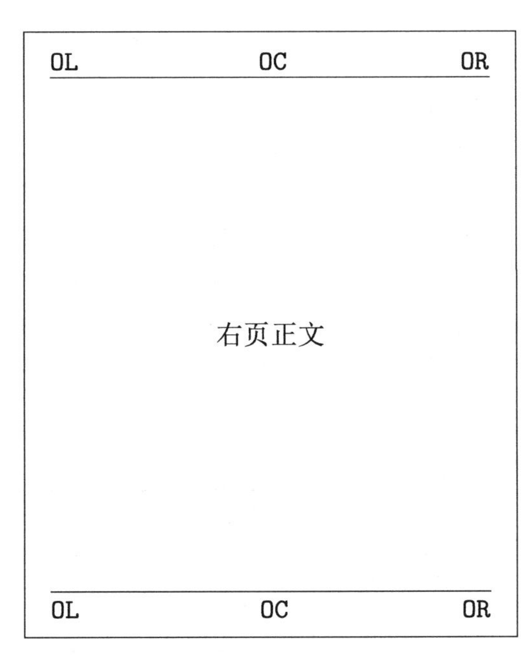

图 6.2

通常在页眉的下方有一条直线，称为页眉线；在页脚的上方有一条直线，称为页脚线。默认情况下，页眉线宽为 0.4 pt，页脚线宽为 0 pt，即不显示页脚线。如果要修改它们的线宽，就要使用重定义命令，如：

```
\renewcommand{\headrulewidth}{0.8pt}
\renewcommand{\footrulewidth}{0.8pt}
```

表示把页眉线和页脚线的宽度都设置为 0.8 pt。

以下通过一个范例，展示利用宏包 fancyhdr 设置页眉页脚样式的方法。

范例 38　用宏包 fancyhdr 设置页眉页脚样式

制作如下效果的页眉页脚样式。

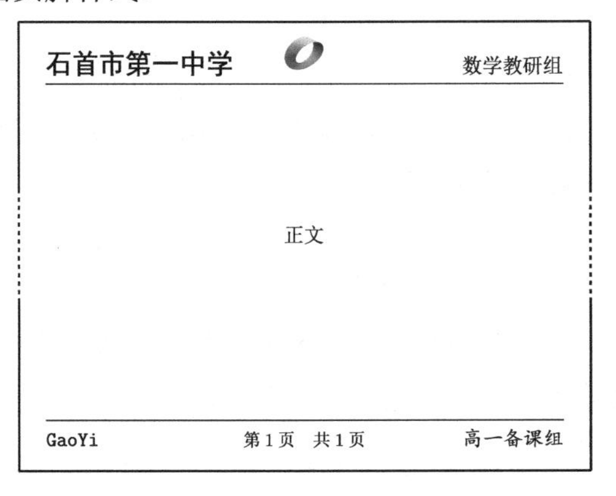

源代码是：

```
1 \documentclass[a4paper]{ctexart}
2 \usepackage{geometry}%调用页面元素尺寸设置宏包
```

```
 3 \usepackage{fancyhdr}%调用页面样式设置宏包
 4 \pagestyle{fancy}%使用fancy页面样式，与上一个命令紧跟着
 5 \usepackage{lastpage}%调用末页标签宏包
 6 \begin{document}
 7 \fancyhf{}%清空对页眉页脚的原有设置，以下的设置才有效
 8 \fancyhead[l]%在页眉的左边
 9 {\heiti\zihao{4}石首市第一中学}%显示内容“石首市第一中学”,设为黑体4号字
10 \fancyhead[c]{\includegraphics[width=8mm]{E:/0.png}}%在页眉的中间显示图片
11 \fancyhead[r]{数学教研组}%在页眉的右边显示“数学教研组”
12 \fancyfoot[l]{\tt GaoYi}%在页脚的左边显示“GaoYi”，设为打字机字体
13 \fancyfoot[c]%在页脚的中间显示下面内容。具体介绍见说明
14 {\zihao{-5}第\thepage 页\quad 共\pageref{LastPage} 页}%具体介绍见说明
15 \fancyfoot[r]{\it 高一备课组}%在页脚的右边显示“高一备课组”，设为楷书
16 \renewcommand{\headrulewidth}{0.6pt}%显示页眉线，宽度设为0.6pt
17 \renewcommand{\footrulewidth}{0.6pt}%显示页脚线，宽度设为0.6pt
18 正文
19 \end{document}
```

说明： 命令 \fancyhead[l],\fancyhead[c],\fancyhead[r],\fancyfoot[l],\fancyfoot[c],\fancyfoot[r] 有更简化的形式， 分别对应 \lhead,\chead,\rhead,\lfoot,\cfoot,\rfoot。在源代码的第 14 行，出现了命令\thepage和\pageref{LastPage}，前者在命令处显示当前页的页码，默认为阿拉伯数字；后者是末页标签宏包 lastPage 中的命令，用于显示文档最后一页的页码。这种页码设置方式很适合试卷的排版。

如果用户使用 book 文类，而希望在左页的页脚左边和右页的页脚右边显示页码，且页码左右两边有小点；在左页的页眉右边显示章标题的信息，右页的页眉左边显示节标题的信息，且章节信息与正文中的同步；有页眉线无页脚线，则命令如下：

```
\fancyhf{}%清空对页眉页脚原有的设置，以下的设置才有效
\fancyhead[ER]{\leftmark}%\leftmark有章标题的信息
\fancyhead[OL]{\rightmark}%\rightmark有节标题的信息
\fancyhead[EL,OR]{$\cdot$\ \thepage\ $\cdot$}%显示页码，两边有小点
\renewcommand{\headrulewidth}{0.8pt}%设置0.8pt的页眉线
```

在实际应用中，使用 book 文类时，更多的是把章与节标题的信息放在页眉中间，即放在页眉的 EC,OC 处而让页眉的 ER,OL 处空置。在排版试卷时，一般让页眉空置，把试卷的分类信息、页码信息放在页脚处。

6.1.4　边注和脚注

正文内容在版心中排版，有时要对正文中的某些词语做解释或补充说明，则会用到边注和脚注。边注排在版心左右两侧的边空中，脚注排在版心底部，边注和脚注中可以排文字，也可以排图形等对象。边注、脚注和对应的词语在同一页，易读性强。但是为了防止边注、脚注中内容过多以至于盖过正文中的段落，所以边注、脚注中的内容应尽可能简短。在 LaTeX 中有专门的命令用于排版边注和脚注，如果不想用这些命令也可以使用“点盒子”的文本框功能来做边注和脚注。

1. 边注

高中数学教科书中常常用边注对数学家做介绍，或在边注中放置图形对正文中的式子进行补充说明。

边注命令有两种：\marginpar{内容}和\marginpar[左边内容]{右边内容}。

命令\marginpar{内容}的使用说明如下：

（1） 单面排版时，内容放在版心右边；

（2） 双面排版时，例如书籍排版，内容放在左页的左边或右页的右边；

（3） 两栏排版时，内容放在左栏的左边或右栏的右边。

命令 \marginpar[左边内容]{右边内容} 的使用说明如下：

（1） 单面排版时，忽略左边内容，所以不建议使用；

（2） 双面排版时，例如书籍排版，若边注在左页，左页的左边显示左边内容；若边注在右页，右页的右边显示右边内容；

（3） 两栏排版时，类同双面排版情形。

以上只是说明了边注命令生成的结果在版心的左边还是右边，而版心的左边和右边有那么大的地方，边注内容具体位置在什么地方呢？

系统规定边注内容的第一行基线与边注命令所在行正文的基线平齐。例如，在此处输入：

做边注

\marginpar{\small\kaishu 做边注}，输出效果见本行左侧。边注内容还可以是图形，例如，在此处输入：\marginpar{\includegraphics[width=8mm]{0.png}}，输出效果见本行左侧。

边注内容是否显示出来，跟内容的多少和图形的尺寸大小有关，本书此处的边注设置是通过调用宏包 geometry 并为其中的可选参数赋值来实现的，具体为：

```
marginparsep=0mm,marginparwidth=13mm
```

如果在文档中常常需要做边注，建议在页面设置时让边空留大一些。

2. 脚注

除使用边注对正文中某些词语做补充说明或解释外，也可以使用脚注。脚注命令是：

```
\footnote{脚注内容}
```

脚注命令应紧跟在所需注释的文字或术语之后，排版输出时在该处显示一个脚注序号，序号默认为阿拉伯数字，对于书籍文类默认是按章自动顺序编号的，即每章中第一个脚注的序号都是 1。脚注序号有多种形式，中文文档常常使用带圈数字作为序号，在导言区输入以下命令：

```
\usepackage{pifont}
\renewcommand\thefootnote{\ding{\numexpr171+\value{footnote}}}
```

就可以让脚注序号为带圈数字。

输入脚注命令，在命令所在页的版心底部会生成脚注序号和脚注内容，并在脚注内容的上方会有一条线，用于将脚注与正文分隔。如在正文中某处输入脚注命令：

```
......
```

```
脚注序号有多种形式\footnote{\kaishu 脚注序号有多种形式，参见其他有关书籍。}
……
```

输出（见下面框内）：

……脚注序号有多种形式[①] ……

①脚注序号有多种形式，参见其他有关书籍。

6.2　文档布局

一般情况下，LaTeX 会按照默认的设置把正文中的文字和段落安排得非常漂亮，但是有时用户会有一些特殊的要求，需要改变默认的设置值，如调整字距、行距，设置多栏排版等，这些都属于文档布局的范畴。

6.2.1　字距

字距指的是字母、单词或汉字之间的距离。命令 \spaceskip=尺寸 用来设置单词或字母之间的距离，放在导言区，则设置全文单词或字母之间的距离；放在正文的某处，则设置其后的单词或字母之间的距离。命令 \renewcommand{\CJKglue}{\hskip 尺寸} 用来设置汉字之间的距离，放在导言区，则设置全文汉字之间的距离；放在正文的某处，则设置其后的汉字之间的距离。

如果要改变局部的字距，则在分组内使用命令：

```
{\spaceskip=尺寸    若干英文单词} %改变局部的单词间距
{\renewcommand{\CJKglue}{\hskip 尺寸     若干汉字} %改变局部的汉字间距
```

如输入：

```
{\spaceskip=10pt \LaTeX  is an extremely excellent typesetting system,which has
 already been popular all over the world,a bcd}

{\renewcommand{\CJKglue}{\hskip 20pt }\LaTeX 是一个优秀的排版系统，现已风靡全球。}
```

输出：

LaTeXis　an　extremely　excellent　typesetting　system,which　has　already　been　popular　all　over　the　world,a　bcd

LaTeX是　一　个　优　秀　的　排　版　系　统，　现　已　风　靡　全　球。

说明： LaTeX 是由命令 \LaTeX 生成的，\LaTeX 既不是一个英文单词也不是汉字，所以在以上排版中 LaTeX 与其他字符的间距未受影响，若需要调整间距则使用空白命令来实现。

6.2.2 行距

行距指的是两个相邻的文本行（行盒子）基线之间的距离，注意不是行间的空白高度。

如果要改变全文的行距，则在导言区输入命令：

```
\usepackage{ctex}\linespread{系数}
```

需要注意的是：

- 上述两条命令必须紧跟在一起，否则命令无效。
- 命令中的系数表示的是系统默认行距的倍数，它是一个十进制数，不得小于 1，默认值是 1。例如 \usepackage{ctex}\linespread{1.3}用于把全文的行距设置为默认值的 1.3 倍。

如果改变局部的行距，则在正文区中输入命令 \baselineskip=系数\baselineskip。例如，在某处输入 \baselineskip=1.5\baselineskip 表示把命令之后的文本行的行距改变为默认值的 1.5 倍，前述命令不会影响表格环境和小页环境中文本的行距。

如果想恢复原来的行距，则输入 \baselineskip=1\baselineskip 。

6.2.3 换页

系统排版时，从左到右排完一行会自动换行，从上到下排完一页会自动换页。但有时需要在某处结束当前页，开始新的一页，这在排版中称为换页。在 LaTeX 中有两个命令来实现换页，它们是新页命令 \newpage 和清页命令 \clearpage。

单栏排版时，这两个命令的共同点是：在命令所在的位置结束当前页，页面剩余部分全是空白，命令后的内容排在新的一页。它们的不同点是：清页命令 \clearpage 结束当前页后，会把所有尚未处理的浮动体①输出到一个或几个浮动页上，而新页命令 \newpage 却无视浮动体，它适用于图表或公式之后的换页。

如果是双栏排版，新页命令 \newpage 表示换栏，清页命令 \clearpage 表示换页。在单栏情况下，这两个命令可以相互代替。

6.2.4 空白页

如果需要在文档中生成一页空白（即空白页），那么使用两个新页命令夹着一个空盒子就可以实现，即输入：\newpage\mbox{}\newpage 。

6.2.5 分栏排版

1. 单栏排版

书籍排版和多数的论文排版都没有分栏，即单栏排版。

2. 双栏排版

绝大多数期刊和大会交流的学术论文都是双栏排版的，此外书籍的目录和索引一般采用

① 有些图片或表格占不小的版面，直接放在当前页没有空间，放在下一页又会出现大的空白，造成系统自动分页困难，如果把这些图片或表格设置为浮动体，在排版时系统会自动地把浮动体排在离浮动体代码不远的地方。

双栏排版，这样不仅使内容紧凑，而且可以避免在版面上留下较多空白。在文类命令的可选项中输入 twocolumn，如在源代码第一行写入 \documentclass[twocolumn]{ctexart}，那么全文都是双栏排版。在双栏排版中，需要对栏间距、栏宽和栏间分隔线进行设置。双栏排版的相关元素及设置说明如下。

栏间距　栏间距是两栏之间的距离，用栏间距设置命令 \columnsep=尺寸设置，默认值为 10 pt。如输入：\columnsep=15pt，表示将栏间距加宽到 15 pt。

栏宽　双栏排版的两栏是等宽的。栏宽 \columnwidth 与版心宽度 \textwidth、栏间距 \columnsep 有关系式：\columnwidth=(\textwidth-\columnsep)/2，必须通过改变版心宽度和栏间距才能改变栏宽，即栏宽不能直接设置。

栏间分隔线　栏间分隔线线型单一，是一条竖直的线段，它的粗细用命令 \columnseprule=尺寸设置，默认值为 0 pt，所以一般情况下没有竖直线。若输入：\columnseprule=1pt，两栏之间会有一条宽度为 1 pt 的分隔线。

在标准文类下使用双栏排版需要注意以下几点：

- 左右两栏不能自动平衡行数。系统将两栏看作两页，将左栏排满后自动转到右栏排版，右栏排满后自动换到下一页继续排版，所以有可能在右栏留下大片的空白或右栏全是空白。虽然两栏行数不能自动平衡，但是系统将两栏看作两页，所以可以使用换页命令 \newpage 进行换栏。
- 在双栏排版时，若遇到图形或表格，需要单栏排版，可以使用单栏命令 \onecolumn，命令后的内容则开始单栏排版。如果仍需回到双栏排版，则插入双栏命令 \twocolumn 或 \twocolumn[文本]，一般使用前者，后者带了可选参数文本。对于后者，系统是这样排版的：首先另起一页，在此页顶部通栏排版文本，然后接着进行双栏排版。其常常被用来排版双栏论文的通栏标题。
- 双栏命令如果放在导言区，则对全文有效；如果放在正文区中某处，则只对其后文档有效，有效范围是命令所在的环境或分组内，或者直到遇到下一次的栏数设置命令为止。

3. 多栏排版

在标准文类命令的可选项中的分栏选项只有单栏（默认的）和双栏两种，并且两栏不能自动平衡，单栏和双栏转换时还要另起一页，使用起来有诸多不便。而多栏排版宏包 multicol 提供了更为强大的分栏功能，可以为用户在多栏排版时带来很多方便，尤其适合排版试卷。

在导言区调用宏包 multicol，然后使用多栏环境 multicols 对需要多栏排版的内容进行排版。

多栏环境 multicols 的结构为：

```
\begin{multicols}{栏数}[标题][预留高度]
  多栏排版内容
\end{multicols}
```

其中的参数说明如下。

栏数　必需参数，设定分栏的栏数，可选值为 2～10 。

标题	可选参数，把标题排于各栏之前。标题和各栏之间不换页。
预留高度	可选参数，当版心剩余的高度小于预留高度时，系统无法在当前页排版多栏环境中的内容，而自动从下一页顶部开始排版。这个预留高度值并不像小页环境中的高度值，即不是让多栏环境排版的结果占据高度值的空间，所以一般不写入这个可选参数。

多栏环境 multicols 排版的特点是：

- 分栏的栏数可以是 2～10。
- 可以不另起一页随时分栏，也可以随时终止分栏或改变栏数。
- 环境内各栏内容默认的不是逐行排版而是左右平衡的，即自动将各栏文本的底部对齐。这个自动平衡功能对于一般的文档来说是最合适的，但是如果排版多栏的试卷，而试卷的题目下方又要留出一定的空白用于书写解答过程，这时自动平衡功能会搅乱版面。为了消除这个不利影响，可以在多栏环境开始命令之前输入命令 \raggedcolumns，则环境内的每栏文本的底部可以不对齐，保持各栏中的段落间距相等。
- 多栏环境可以嵌套在其他环境中，如可以嵌套在小页环境 minipage中。多栏环境内的各栏栏宽相等，且环境内的内容占据了版心宽度，如果想要排版栏宽不等的多栏版式，就可以使用环境嵌套，把多栏环境嵌入小页环境中。
- 仍然可以使用命令 \columnsep=尺寸 设置栏间距，使用命令 \columnseprule=尺寸 设置栏间分隔线。
- 在多栏环境内强制换栏要使用换栏命令 \columnbreak 而不是新页命令 \newpage，否则是换页。如果想要在 A3 纸张上横向排版三栏的试卷，建议把换栏命令和允许各栏底部不平衡的命令 \raggedcolumns 结合使用，多调整几次以得到美观的三栏试卷。

范例 39　多栏环境 multicols 的应用

观察下面的排版效果。

计算机排版

计算机的发展带动了各行各业的发展，使很多行业出现了革命性的变化。例如印刷出版业已告别铅与火的时代，普遍使用计算机排版系统进行排版。在计算机排版系统出现之前，人们发表文章或出版书籍是作者将手稿提供给编辑部或出版社，由专职编辑人员在手稿上做文字修改并添加排版说明交排版工人排出校样，再返给作者，由作者校对后再返给编辑的。上述过程一般要重复多次，每次重复还有可能出现新的排版错误。对排好的校样，如果要更改版面设置就需要重排，工作量很大。有了计算机排版系统，情况就大不相同了，录入人员（可能就是作者本人）把原稿输入计算机，编辑人员添加排版指令后可以直接输出用于印刷的胶片了。改变字体、字号和版面设置都是很简单的操作。LaTeX 是一个优秀的排版系统，原先是面向英文排版的，现在也能处理中文、日文、韩文和阿拉伯文等文字了。

需要说明的是：在 TeXstudio 中输入源代码时，初学者可能受到 Word 操作习惯的影响，总以为敲击空格键就会输出空格，敲击键盘数字键上的符号就会得到同样的输出，那就错了。不过，连续输入英文，如 I love LaTeX！在单词之间输入的空格就可以保留。

其在正文区的代码是:

```
\begin{multicols}{3}[\heiti 计算机排版]
\songti  计算机的发展带动了各行各业的发展，……就可以保留。
\end{multicols}
```

说明：设置了3栏，有标题，无预留高度，默认把标题放在左栏的左上方。

如果想把标题居中放置，还要有栏间分隔线，那就要修改以上代码，省略标题可选项，在多栏环境命令前面添上命令 `{\centering \heiti 计算机排版\\}` 和 `\columnseprule=0.8pt`，后一个命令和多栏环境代码要放在花括号内构成一个分组。排版结果是：

计算机排版

计算机的发展带动了各行各业的发展，使很多行业出现了革命性的变化。例如印刷出版业已告别铅与火的时代，普遍使用计算机排版系统进行排版。在计算机排版系统出现之前，人们发表文章或出版书籍是作者将手稿提供给编辑部或出版社，由专职编辑人员在手稿上做文字修改并添加排版说明交排版工人排出校样，再返给作者，由作者校对后再返给编辑的。上述过程一般要重复多次，每次重复还有可能出现新的排版错误。对排好的校样，如果要更改版面设置就需要重排，工作量很大。有了计算机排版系统，情况就大不相同了，录入人员（可能就是作者本人）把原稿输入计算机，编辑人员添加排版指令后可以直接输出用于印刷的胶片了。改变字体、字号和版面设置都是很简单的操作。LaTeX 是一个优秀的排版系统，原先是面向英文排版的，现在也能处理中文、日文、韩文和阿拉伯文等文字了。

需要说明的是：在 TeXstudio 中输入源代码时，初学者可能受到 Word 操作习惯的影响，总以为敲击空格键就会输出空格，敲击键盘数字键上的符号就会得到同样的输出，那就错了。不过，连续输入英文，如 I love LaTeX！在单词之间输入的空格就可以保留。

其在正文区的代码是:

```
{\centering \heiti 计算机排版\\}
{\columnseprule=0.8pt
\begin{multicols}{3}
\songti  计算机的发展带动了各行各业的发展，……就可以保留。
\end{multicols}}
```

范例 40 多栏环境的嵌套

多栏环境的嵌套可以排出栏宽不等的多栏版式。观察下面的排版效果。

计算机排版

计算机的发展带动了各行各业的发展，使很多行业出现了革命性的变化。

例如印刷出版业已告别铅与火的时代，普遍使用计算机排版系统进行排版。

……还有可能出现新的排版错误。对排好的校样，……更改版面设置就需要重排，工作量很大。

有了计算机排版系统，情况就大不相同了，录入人员（可能就是作者本人）把原稿输入计算机，编辑人员添加排版指令后可以直接输出

用于印刷的胶片。改变字体，字号和版面设置是很简单的操作。LaTeX 是一个优秀的排版系统，原先是面向西文排版的，现在也能处

理中文、日文、韩文和阿拉伯文等文字了。需要说明的是：在 TeXstudio 中输入源文件时，初学者可能受到 Word 的影响，把在 Word 中的输入习惯带到这里来，总以为敲击空格键会输出空格，敲击主键盘数字键上的符号就会得到同样的输出，那就错了。

其在正文区的代码是：

```
{\centering \heiti 计算机排版\\}
{\columnseprule=0.8pt
\begin{multicols}{3}
\songti 计算机的发展带动了各行各业的发展，……例如印刷出版业已告别铅与火的时代，……
对排好的校样，……工作量很大。
\begin{multicols}{2}
有了计算机排版系统，情况就大不相同了，录入人员（可能就是作者本人）……优秀的排版系统，
原先是面向西文排版的，现在也能处
\end{multicols}
理中文、日文、韩文和阿拉伯文等文字了。……敲击主键盘数字键上的符号就会得到同样的输出，
那就错了。
\end{multicols}}
```

说明： 从源代码可以看出，一个三栏环境中嵌进了一个两栏环境，两栏环境就是三栏环境中的一栏。三栏环境中三栏等宽，两栏环境的两栏也等宽。输出结果共有四栏，对第一、二、四栏内容，系统将其看作段落，所以有首行缩进，如果想取消首行缩进，就在段落开始前添加命令 \noindent。如果想做到在多栏情况下各栏的宽度互不相等，可以多次使用小页环境或段落盒子来实现，即输入：

```
\parbox[t]{宽度值1}{内容}\parbox[t]{宽度值2}{内容}…\parbox[t]{宽度值n}{内容}
```

来实现栏宽不等的多栏排版，具体参见第 5 章的段落盒子命令或小页环境。

4. 栏间分隔线宏包 multicolrule

通常栏间分隔线线型单一，是一条竖直的线段。如果在导言区调用宏包 multicolrule，则可以得到多种样式的栏间分隔线。设置栏间分隔线时，一般只需关注栏间分隔线的样式和线宽，在宏包 multicolrule 中设置栏间分隔线的命令为：\SetMCRule{样式,线宽}，其中，样式使用“line-style= 参数”的形式设置，参数有 dots,circles,dotted,dash-dot,dashed 等可选值；线宽使用“width= 参数”的形式设置，参数有 thin,thick,2pt 等可选值。

范例 41　两栏的栏间分隔线

制作以下排版效果。

计算机排版

计算机的发展带动了各行各业的发展，使很多行业出现了革命性的变化。例如印刷出版业已告别铅与火的时代，普遍使用计算机排版系统进行排版。在计算机排版系统出现之前，人们发表文章或出版书籍是作者将手稿提供给编辑部或出版社，由专职编辑人员在手稿上做文字修改并添加排版说明交排版工人排出校样，再返给作者，由作者校对后再返给编辑的。上述过程一般要重复多次，每次重复还有可能出现新的排版错误。对排好的校样，如果要更改版面设置就需要重排，工作量很大。有了计算机排版系统，情况就大不相同了，录入人员（可能就是作者本人）把原稿输入计算机，编辑人员添加排版指令后可以直接输出用于印刷的胶片了。改变字体、字号和版面设置都是很简单的操作。LaTeX 是一个优秀的排版系统，原先是面向英文排版的，现在也能处理中文、日文、韩文和阿拉伯文等文字了。需要说明的是：在 TeXstudio 中输入源代码时，初学者可能受到 Word 操作习惯的影响，总以为敲击空格键就会输出空格，敲击键盘数字键上的符号就会得到同样的输出，那就错了。

源代码是：

```
1 \documentclass[twocolumn]{ctexart}
2 \usepackage[paperwidth=14cm,paperheight=8.2cm,width=13cm,height=8cm]{geometry}
3 \usepackage{tikz,multicolrule}
4 \SetMCRule{line-style=dots,width=thick}
5 \pagestyle{empty}
6 \begin{document}
7 {\centering \heiti 计算机排版\\}
8 \songti 计算机的发展带动了各行各业的发展，……例如印刷出版业已告别铅与火的时代，对
9 排好的校样，……工作量很大。有了计算机排版系统，情况就大不相同了，录入人员（可能就是
10 作者本人）……优秀的排版系统，原先是面向西文排版的，现在也能处理中文、日文、韩文和阿
11 拉伯文等文字了。……敲击主键盘数字键上的符号就会得到同样的输出，那就错了。
12 \end{document}
```

说明： 在导言区调用宏包 multicolrule 时，一定要同时调用宏包 tikz，并且要把 tikz 放在 multicolrule 之前，见源代码的第 3 行。

范例 42　多栏的栏间分隔线

制作以下排版效果。

计算机排版

计算机的发展带动了各行各业的发展，使很多行业出现了革命性的变化。例如印刷出版业已告别铅与火的时代，普遍使用计算机排版系统进行排版。在计算机排版系统出现之前，人们发表文章或出版书籍是作者将手稿提供给编辑部或出版社，由专职编辑人员在手稿上做文字修改并添加排版说明交排版工人排出校样，再返给作者，由作者校对后再返给编辑的。上述过程一般要重复多次，每次重复还有可能出现新的排版错误。对排好的校样，如果要更改版面设置就需要重排，工作量很大。有了计算机排版系统，情况就大不相同了，录入人员（可能就是作者本人）把原稿输入计算机，编辑人员添加排版指令后可以直接输出用于印刷的胶片了。改变字体、字号和版面设置都是很简单的操作。LaTeX 是一个优秀的排版系统，原先是面向英文排版的，现在也能处理中文、日文、韩文和阿拉伯文等文字了。需要说明的是：在 TeXstudio 中输入源代码时，初学者可能受到 Word 操作习惯的影响，总以为敲击空格键就会输出空格，敲击键盘数字键上的符号就会得到同样的输出，那就错了。不过，连续输入英文，如 I love LaTeX！在单词之间输入的空格就可以保留。

源代码是：

```
 1 \documentclass{ctexart}
 2 \usepackage[paperwidth=14cm,paperheight=9.5cm,width=13cm,height=9.5cm]{geometry}
 3 \usepackage{multicol,tikz,multicolrule}
 4 \SetMCRule{line-style=circles,width=2pt}
 5 \pagestyle{empty}
 6 \begin{document}
 7 {\centering \heiti 计算机排版\\}
 8 \begin{multicols}{3}
 9 \songti 计算机的发展带动了各行各业的发展，……例如印刷出版业已告别铅与火的时代，对
10 排好的校样，……工作量很大。有了计算机排版系统，情况就大不相同了，录入人员（可能就是
11 作者本人）……优秀的排版系统，原先是面向西文排版的，现在也能处理中文、日文、韩文和阿
12 拉伯文等文字了。……敲击主键盘数字键上的符号就会得到同样的输出，那就错了。
13 \end{multicols}
14 \end{document}
```

说明： 在宏包 multicolrule 中还有更多的栏间分隔线设置命令，请读者查看该宏包的说明文档。

第 7 章　绘图与插图

文档中常常有各种各样的图形/图像，如照片、统计图、几何图形和函数图像等。在用 LaTeX 编写的文档中，图形/图像的来源有三个：

- 用 LaTeX 自带的绘图环境 picture 绘制的图形。虽然 LaTeX 是一个高质量的文字排版系统，但 LaTeX 也有软肋，它在绘图方面的能力很弱，绘图环境 picture 只能绘制一些简单的图形，远远不能满足绘图的需要，不过绘图环境中的定位命令却极具价值。
- 使用与 LaTeX 相关的绘图语言（如 Asymptote 、TikZ、MetaPost 和 PSTricks）绘制的图形。虽然这些绘图语言可以绘制出复杂且精美的图形，但是首先要花费不少的时间去学习这些语言，然后输入复杂的命令通过编译才能得到所需要的图形。有兴趣的读者不妨学习一下。
- 用可视化的（即所见所得的）绘图工具绘制图形/图像，存储成图片格式，然后用插图命令插入 LaTeX 的源代码中。高校师生或工程技术人员通常使用 Matlab、Mathematica、Maple 和其他的专业可视化软件绘图；中小学师生通常使用可视化绘图软件 GeoGebra、几何画板和 Word、WPS 中的绘图工具绘图，除几何画板外，其他三个软件绘制的图形都可以导出 PDF 格式的矢量图。

以上三种来源中，最后一种被广泛使用。

7.1　绘图环境 picture

7.1.1　用 picture 环境构造盒子

绘图环境 picture 的结构为：

```
\begin{picture}(宽,高)(基点横坐标,基点纵坐标)
绘图命令
\end{picture}
```

或

```
\begin{picture}(宽,高)
绘图命令
\end{picture}
```

picture 环境中的参数不是放置在花括号中而是放在圆括号中的。各参数说明如下：

(宽,高)　为必需参数。picture 环境构造了一个盒子，其宽度为宽个单位长度，高度为高个单位长度。系统把这个盒子左下角点作为盒子的基点，盒子的深度为零，基线是盒子的下边线。默认的单位长度是 1pt（1 pt=0.3515 mm），在环境开始命令的前面使用命令 \unitlength=单位长度设置单位长度，例如命令 \unitlength=1cm 设置以 1 cm 为单位长度，\unitlength=0.25mm 设置以 0.25 mm 为单位长度。必须注意的是，设置单位长度的命令一定要放在环境开始命令之前，如果放在其后，则相当于绘图时设置了两次单位长度。例如输入：

```
{\begin{picture}(40,35)
\unitlength=1mm
\end{picture}}
```

绘图环境的默认单位长度是 1pt，环境开始命令中含有尺寸设置，表示构建一个宽度为 40 pt、高度为 35 pt 的盒子，而之后出现的设置单位长度为 1 mm 的命令会导致后续绘制比例不统一。所以，一定要在绘图环境开始命令之前设置单位长度。

(基点横坐标,基点纵坐标) 为可选参数。系统在 picture 环境构造的盒子中放置了一个直角坐标系，(基点横坐标,基点纵坐标)是盒子的基点在该直角坐标系里的坐标。省略这个参数时，盒子的基点是坐标系原点。

为了能直观显示盒子与坐标系的相对位置，在导言区中调用网格线宏包 graphpap，再在 picture 环境内部使用网格线命令 \graphpaper(x_0,y_0)(x_1,y_1)绘制网格，其中(x_0,y_0)表示网格左下角点的坐标，(x_1,y_1)中的 x_1 表示网格相对 x_0 向右的增量，y_1 表示网格相对 y_0 向上的增量，这两个值不能为负。在绘制的网格中，相邻两条网格线之间的距离为 10 个单位长度，每 50 个单位长度上标有刻度值。具体参见范例 43。

范例 43　构造一个宽 4 cm 高 3.5 cm 的盒子并显示网格

下面是一个显示网格的宽 4 cm 高 3.5 cm 的盒子。

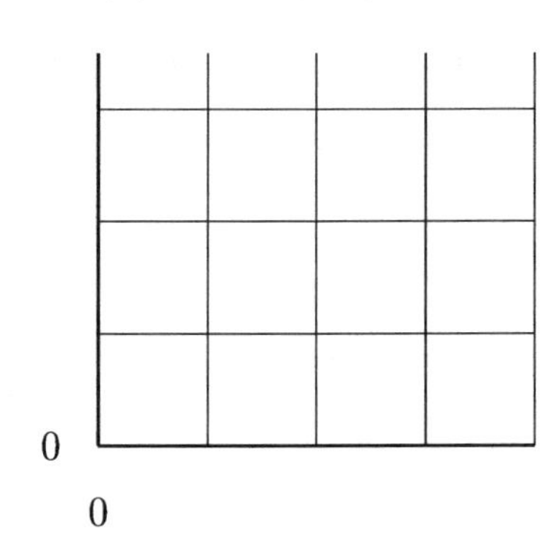

源代码是：

```
1 \documentclass{ctexart}
2 \usepackage{graphpap}
3 \usepackage[paperheight=4.5cm,paperwidth=5.5cm,bottom=2mm,left=2mm,right=2mm,
4  top=2mm]{geometry}
5 \pagestyle{empty}
6 \begin{document}
7 {\unitlength=1mm
8 \begin{picture}(40,35)
9 \graphpaper(0,0)(40,35)
10 \end{picture}}
11 \end{document}
```

说明： 代码的第 7～10 行使用绘图环境 picture 构造了盒子，根据盒子的宽、高设置以 1 mm

为单位长度，宽 4 cm、高 3.5 cm 对应的宽、高参数分别为 40、35。省略可选参数，盒子中的坐标系以盒子基点为坐标原点。其中绘制网格的网格起点为盒子基点，网格终点为盒子右上角点。

若以 0.25 mm 为单位长度，那么宽 4 cm、高 3.5 cm 对应的宽、高参数分别为 160 、140。把上述源代码中的第 7～10 行改为

```
{\unitlength=0.25mm
\begin{picture}(160,140)%基点也是坐标原点
\graphpaper(0,0)(160,140)
\end{picture}}
```

如果不省略可选参数，使基点坐标为(-10,-20)，即坐标系原点在基点的右方 10 个单位长度、上方 20 个单位长度处，则代码改为

```
{\unitlength=0.25mm
\begin{picture}(160,140)(-10,-20)%基点在坐标系里的坐标是(-10,-20)
\graphpaper(-10,-20)(160,140)
\end{picture}}
```

排版结果分别为（网格中的黑点是坐标系原点）：

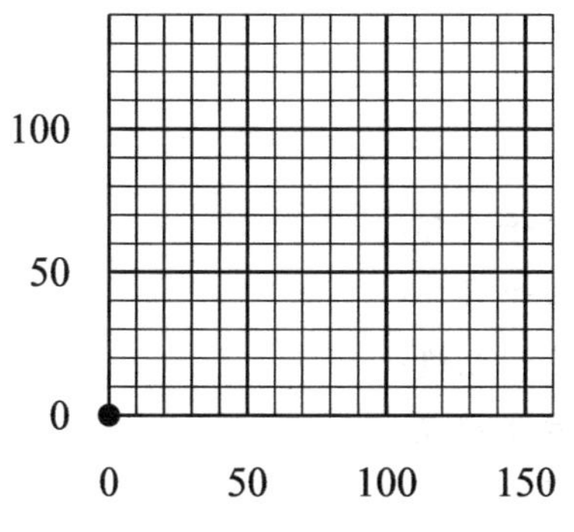

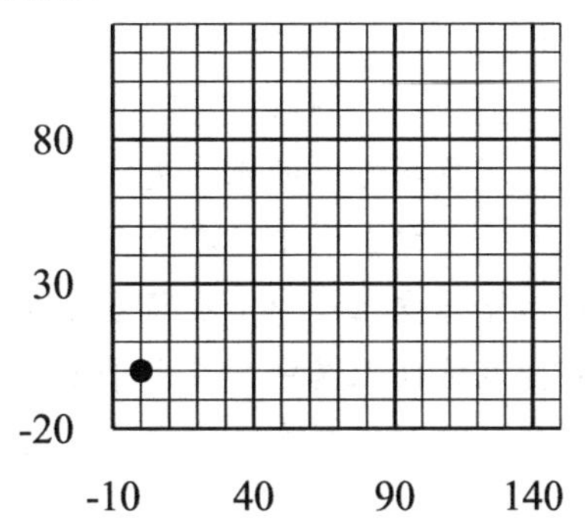

7.1.2　picture 环境中常用的绘图命令

picture 环境中有各种绘图命令。下面介绍一些常用的绘图命令。

`\put(x,y){对象}`　定位命令。对象的基点位于绘图环境坐标系中的点 (x,y)上。对象可以是单行文本、数学式、图形和表格等。

`\line(x,y){尺寸}`　画线段命令。此处的(x,y)是线段的方向向量。不过系统中有效的方向向量非常有限，只能画出少数特定斜率的线段。但是必须学会使用四个方向的画线段命令：`\line(1,0){3}`、`\line(-1,0){3.5}`、`\line(0,1){0.6}`、`\line(0,-1){2.7}`，它们分别表示：从左向右画一条 3 个单位长度的线段，从右向左画一条 3.5 个单位长度的线段，从下向上画一条 0.6 个单位长度的线段，从上向下画一条 2.7 个单位长度的线段。画线段命令不能独立使用，必须作为定位命令的对象，如 `\put(5,3){\line(-1,0){3.5}}` 表示以 (5,3) 为起点从右向左画一条 3.5 个单位长度的线段。

`\vector(x,y){尺寸}`　画带箭头的线段命令。与画线段命令的参数用法完全相同，绘制结果只是多了一个与方向向量同方向的箭头。这个命令也不能单独使用，必须加上定位命令，

如 \put(5,3){\vector(-1,0){3.5}} 表示以 (5,3) 为起点从右向左画一条 3.5 个单位长度的带箭头的线段。使用这个命令可以绘制有向线段，也可以绘制标注几何图形尺寸的指向箭头。

\qbezier[n](x_1,y_1)(x_2,y_2)(x_3,y_3)　画贝塞尔曲线命令。该命令用于画一条过点(x_1,y_1)和点(x_3,y_3)的贝塞尔曲线，该曲线在点(x_1,y_1)处的切线为过点(x_1,y_1)和点(x_2,y_2)的直线，该曲线在点(x_3,y_3)处的切线为过点(x_3,y_3)和点(x_2,y_2)的直线。n 是一个正整数，它表示用 n-1 个点画贝塞尔曲线，如果省略这个参数，那么就画出一条光滑的实的贝塞尔曲线。注意，第一个点和第三个点都在曲线上，第二个点不一定在曲线上。如果这三个点共线，那么这个命令将绘制出一条过点(x_1,y_1)和点(x_3,y_3) 的直线段。这个命令一般单独使用，也可以结合定位命令使用。

\circle{直径尺寸}　画圆命令。直径尺寸是圆的直径值。该命令必须加上定位命令使用，如：\put(5,3){\circle{2}} 表示以点 (5,3) 为圆心，画一个直径为 2 个单位长度的圆。

\circle*{直径尺寸}　画实心圆命令。直径尺寸是圆的直径值。该命令必须加上定位命令使用，如 \put(5,3){\circle*{2}} 表示以点 (5,3) 为圆心，画一个直径为 2 个单位长度的实心圆。

\makebox(宽, 高)[位置]{对象}　画指定宽、高的无边框的矩形盒子[①]，然后把对象放到盒子中指定的位置。使用时必须加上定位命令，矩形盒子的左下角点定位在定位命令中的坐标点处。可选参数位置有以下选项：

c，默认值，对象在盒子的正中央；

t，对象在水平方向上居中，在竖直方向上靠在盒子顶部；

b，对象在水平方向上居中，在竖直方向上靠在盒子底部；

l，对象在竖直方向上居中，在水平方向上靠在盒子左边；

r，对象在竖直方向上居中，在水平方向上靠在盒子右边；

s，对象在竖直方向上居中，在水平方向上伸展充满盒子；

tl（lt)，对象位于盒子内的左上角；

tr（rt)，对象位于盒子内的右上角；

bl（lb)，对象位于盒子内的左下角；

br（rb)，对象位于盒子内的右下角 。

\framebox(宽, 高)[位置]{对象}　画指定宽、高的有边框的矩形盒子，然后把对象放到盒子中指定的位置。使用时必须加上定位命令，矩形的左下角点定位在定位命令中的坐标点处。参数的使用同上。

\dashbox{虚线尺寸}(宽,高)[位置]{对象}　画指定宽、高的有虚线边框的矩形盒子，然后把对象放到盒子中指定的位置，且虚线长度可变。使用时必须加上定位命令，矩形的左下角点定位在定位命令中的坐标点处。参数的使用同上。特别要注意的是：在导言区不要调用宏包 dashbox，否则得不到正常的输出。

\frame{对象}　给对象加矩形边框，使边框尽量靠近所含的对象。在绘图环境中使用时必须

① 这里盒子命令与第 5 章中介绍的盒子命令不同，此处的盒子命令带有宽、高参数，只能在 picture 环境中加上定位命令使用。

加上定位命令，矩形的左下角点定位在定位命令中的坐标点处。由于这个命令没有尺寸参数，所以也可以用在非绘图环境中，当在非绘图环境中使用时，矩形边框的左下角点是基点，如输入：`\frame{x}\frame{y}\frame{z}`，输出：xyz。这与直接输入对应的输出结果（xyz）是不同的。

`\shortstack[位置]{可换行的文本}` 输入可换行的文本，行与行之间用 `\\` 换行。文本行之间的间距很小，较紧凑。使用时必须加上定位命令，矩形的左下角点定位在定位命令中的坐标点处。位置参数有三个选项：`l,r,c`，分别表示多行文本左对齐、右对齐、居中对齐，默认值是 `c`。因为这个命令没有尺寸参数，所以此命令也可以用在非绘图环境中。

`\thinlines` 细线声明，系统默认。在这个声明之后，线的宽度为 0.4 pt。

`\thicklines` 粗线声明。在这个声明之后，线的宽度为 0.8 pt。

`\linethickness{尺寸}` 线的粗细设置声明。参数尺寸必须带上单位，作用于横线和竖线，包括水平和竖直的带箭头线段的直线部分以及矩形框线。这个声明对箭头大小不起作用。

范例 44　画圆、画点、输入数学式和文本及它们的定位

在下面宽、高分别为 7 cm、5 cm 的盒子中的指定位置处画圆、画点、输入数学式和文本。

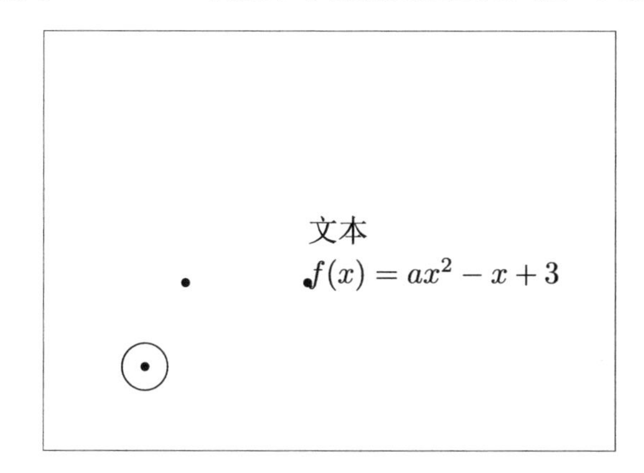

源代码是：

```
\documentclass{ctexart}
\usepackage{graphpap}
\usepackage[paperheight=5cm,paperwidth=7cm,bottom=0mm,left=0mm,right=0mm,top=0mm]
{geometry}
\pagestyle{empty}
\begin{document}
{\unitlength=1mm
\begin{picture}(70,50)
\put(5,10){\circle{6}}\put(5,10){\circle*{1}}\put(25,25){文本}
\put(25,20){\circle*{1}}\put(25,20){$f(x)=ax^2-x+3$}\put(10,20){\circle*{1}}
\end{picture}}
\end{document}
```

说明： 盒子中有三个小圆点、一个圆圈和两个汉字“文本”，还有一个数学式，左下角的小圆点在圆圈的中心。对源代码中的正文部分从上到下、从左到右逐条说明：以 1 mm 为绘图环境的单位长度；构建一个宽、高分别为 70 个、50 个单位长度的绘图盒子；以点（5,10）为圆心画直径为 6 个单位长度的圆；以点（5,10）为圆心画直径为 1 个单位长度的实心圆（即圆点）；放置“文本”，使其基点位于点（25,25）处；以点（25,20）为圆心画直径为 1 个单位长度的实心圆；放置数学式 $f(x) = ax^2 - x + 3$，使其基点位于点（25,20）处；以点（10,20）为圆心画直径为 1 个单位长度的实心圆。

范例 45 画水平、竖直线段并标注点的坐标

输出下面框线内的两个点和四条线段及点坐标文本。

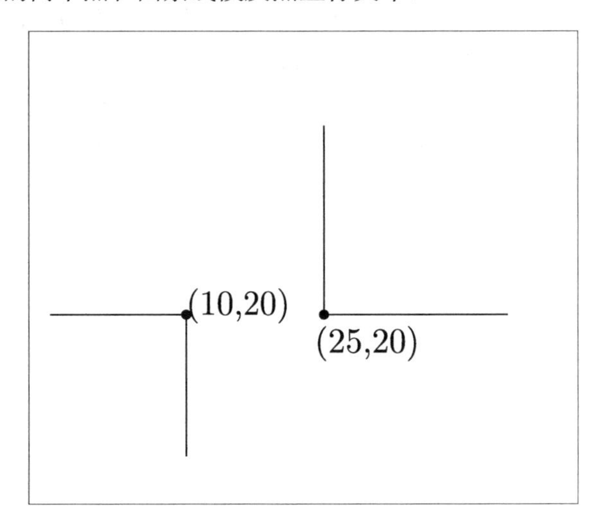

源代码是：

```
\documentclass{ctexart}
\usepackage{graphpap}
\usepackage[paperheight=5cm,paperwidth=6cm,bottom=0mm,left=0mm,right=0mm,top=0mm]
{geometry}
\pagestyle{empty}
\begin{document}
{\unitlength=1mm
\begin{picture}(50,50)
\put(25,20){\circle*{1}}\put(25,20){\line(1,0){20}}\put(25,20){\line(0,1){20}}
\put(24,16){(25,20)}\put(10,20){\circle*{1}}\put(10,20){\line(-1,0){15}}
\put(10,20){\line(0,-1){15}}\put(10,20){(10,20)}
\end{picture}}
\end{document}
```

说明： picture 环境中的命令没有先后之分，顺序改变并不影响排版结果，这是因为这些命令没有因果关系。

范例 46 用贝塞尔曲线命令画曲线

绘制下面框线内的三条贝塞尔曲线。

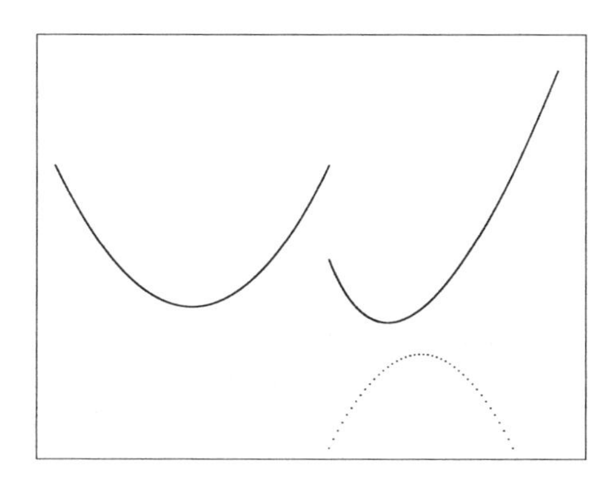

源代码是：

```
1 \documentclass{ctexart}
2 \usepackage{graphpap}
3 \usepackage[paperheight=4.5cm,paperwidth=6cm,bottom=0mm,left=2mm,right=0mm,
4 top=0mm]{geometry}
5 \pagestyle{empty}
6 \begin{document}
7 \begin{center}
8 {\unitlength=1mm
9 \begin{picture}(60,40)
10 \qbezier(0,30)(15,0)(30,30)%绘制框线中从左往右第一条曲线
11 \qbezier(30,20)(38,0)(55,40)%绘制框线中从左往右第二条曲线
12 \qbezier[41](30,0)(40,20)(50,0)%绘制框线中的虚曲线
13 \end{picture}}
14 \end{center}
15 \end{document}
```

范例 47 画箭头、用箭头指示尺寸范围和精确定位文本

制作下面框线内的排版效果。

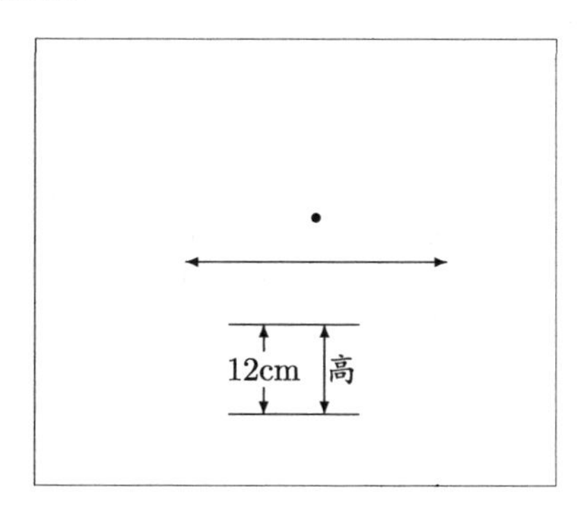

源代码是：

```
1 \documentclass{ctexart}
2 \usepackage{graphpap}
3 \usepackage[paperheight=5cm,paperwidth=6cm,bottom=0mm,left=0mm,right=0mm,top=0mm]
```

```
 4 {geometry}
 5 \pagestyle{empty}
 6 \begin{document}
 7 {\unitlength=1mm
 8 \begin{picture}(50,50)
 9 \put(25,30){\circle*{1}}
10 \put(25,25){\vector(1,0){15}}%右边有箭头的线段
11 \put(25,25){\vector(-1,0){15}}%左边有箭头的线段
12 \put(15,18){\line(1,0){15}}
13 \put(15,8){\line(1,0){15}}
14 \put(19,15){\vector(0,1){3}}
15 \put(19,11){\vector(0,-1){3}}
16 \put(19,13){\makebox(0,0){12cm}}%文本精确定位
17 \put(26,13){\vector(0,1){5}}
18 \put(26,13){\vector(0,-1){5}}
19 \put(28,13){\makebox(0,0){\it 高}}%文本精确定位
20 \end{picture}}
21 \end{document}
```

说明： 为了使一条线段两端都有箭头，采用拼接两个带箭头线段的方法，如源代码的第 10 行和第 11 行所示。环境中使用了宽、高都为零的无边框盒子命令 `\makebox(0,0){对象}`，见源代码的第 16 行和第 19 行。宽、高都为零时，盒子成为一个点，这样的盒子称为点盒子。系统把点盒子的左下角点作为点盒子的基点，这个点也是点盒子的中点，而文本在盒子的正中间，这样恰当地设置位置参数就可以把文本放到合适的位置了。如第 16 行命令 `\put(19,13){\makebox(0,0){12cm}}`，用于构造了一个点盒子，里面装着文本“12 cm”，位置为默认的居中，文本的正中心放在定位坐标点(19,13) 处。使用画箭头命令和文本定位命令还可以画出直角坐标系。

范例 48 定位可换行文本

制作下面框线内的排版效果。

这是 左对齐 可换行文本	这是 右对齐 可换行文本	这是 居中对齐 可换行文本	注 意 事 项	注 意 事 项	文本行间 距较大

源代码是：

```
\documentclass{ctexart}
\usepackage{graphpap}
```

```
\usepackage[paperheight=4.5cm,paperwidth=14cm,bottom=0mm,left=19mm,right=0mm,
top=0mm]{geometry}
\pagestyle{empty}
\begin{document}
\begin{center}
{\unitlength=1mm
\begin{picture}(60,45)
\put(-40,20){\shortstack[l]{这是\\ 左对齐\\ 可换行文本}}
\put(-10,20){\frame{\shortstack[r]{这是\\ 右对齐\\ 可换行文本}}}
\put(20,20){\shortstack[c]{这是\\ 居中对齐\\ 可换行文本}}
\put(45,20){\shortstack{注\\ 意\\ 事\\ 项}}
\put(55,20){\frame{\shortstack{注\\ 意\\ 事\\ 项}}}
\put(70,20){\parbox[b]{1.5cm}{文本行间距较大}}
\end{picture}}
\end{center}
\end{document}
```

说明：参考本范例可以排版试卷上的“注意事项”。

范例 49　排列圆

制作下面框线内的排版效果。

源代码是：

```
\documentclass{ctexart}
\usepackage{graphpap}
\usepackage[paperheight=0.7cm,paperwidth=6cm,bottom=0mm,left=2mm,right=2mm,
top=0mm]{geometry}
\pagestyle{empty}
\begin{document}
{\unitlength=1mm
\begin{picture}(0,0)
\put(0,0){\circle{4}}\put(2.5,0){\circle{4}}\put(5,0){\circle{4}}
\put(7.5,0){\circle{4}}\put(13.5,0){\circle{4}}\put(18.2,0){\circle{4}}
\put(22.9,0){\circle{4}}\put(27.6,0){\circle*{4}}\put(32.3,0){\circle*{4}}
\put(37,0){\circle{4}}\put(41.7,0){\circle*{4}}
\end{picture}}
\end{document}
```

说明：用画实心圆、圆命令绘制实心圆、圆，设置相等的半径和恰当的定位坐标点可以使圆环环相扣得到奥迪汽车的徽标图，还可以制作奥运会的五环标志。如果把实心圆、圆当作黑球、白球，计算球间隙的正中间位置，插入“|”作为隔板，可以排版数学里排列组合中的分球入盒示例图。

范例 50 用 picture 环境构造点盒子

在盒子一章中介绍过尺寸全为零的点盒子，也可以使用 picture 环境构造点盒子，这种方式构造的点盒子与其他方式构造的点盒子的不同之处在于，这种方式构造的点盒子内嵌了一个直角坐标系，点盒子所在的位置即坐标原点，结合 picture 环境中的定位命令仅用坐标就可以定位对象，与其他方式构造的点盒子相比，不仅简单而且很容易理解。

制作下面框线内的排版效果。

> 各种对象
>
> 我们可以使用点盒子来帮忙，把各种对象装在点盒子里，将这些对象放在任意位置，正如 Word 中的文本框功能。
>
> 我们可以使用点盒子来帮忙，把各种对象装在点盒子里，将这些对象放在任意位置，正如 Word 中的文本框功能。

源代码是：

```
\documentclass{ctexart}
\usepackage{graphpap}
\usepackage[paperheight=4cm,paperwidth=12cm,bottom=0mm,left=2mm,right=2mm,top=15mm]
{geometry}
\pagestyle{empty}
\begin{document}
我们可以使用点盒子来帮忙，把各种对象装在
{\unitlength=1mm
\begin{picture}(0,0)
\put(0,0){\circle*{1}}\qbezier[40](0,0)(5,0)(20,0)
\qbezier[30](20,0)(20,3)(20,10)\put(20,10){\frame{各种对象}}
\end{picture}}%
点盒子里，将这些对象放在任意位置，正如Word中的文本框功能。

我们可以使用点盒子来帮忙，把各种对象装在点盒子里，将这些对象放在任意位置，正如Word中的
文本框功能。
\end{document}
```

说明： 框线内的两段文字内容完全一样，不同的是在第一段中插入了一个用 picture 环境构造的盒子，盒子的宽、高都是零，即为点盒子。picture 环境内嵌一个直角坐标系，此处的坐标系以盒子的基点为坐标原点，为了显示点盒子的位置，在坐标原点处画了一个黑点。在点盒子向右 2 cm、向上 1 cm 即点 (20,10) 处放置带框文本“各种对象”，文本也是盒子，这个盒子的左下角点就在点 (20,10) 处。此外还画了虚线以显示平移路径。在 picture 环境的结束命令后紧跟了一个注释符% 以忽略这行后面的空格，如果不用注释符，那么就会在点盒子所在的位置留下空格。用 picture 环境构造的点盒子机动灵活，常常用它来在版面上放置各种对象，除了放置文本，还可以放置其他对象，如图片、表格和段落等。

范例 51　picture 环境嵌套

picture 环境是可以嵌套的，可制作下面框线内的排版效果。

> 在 LaTeX 中盒子是可以嵌套的，picture 环境构造的是盒子，所以
>
> 内盒子里的对象
>
> 外盒子里的对象
>
> picture 环境也是可以嵌套的。

源代码是：

```
\documentclass{ctexart}
\usepackage{graphpap}
\usepackage[paperheight=4cm,paperwidth=12cm,bottom=0mm,left=2mm,right=2mm,top=2mm]
{geometry}
\pagestyle{empty}
\begin{document}
在\LaTeX 中盒子是可以嵌套的，{\tt picture}环境构造的是盒子，所以{\tt picture}环境也是
可以嵌套的。
{\unitlength=1mm\begin{picture}(80,30)
\put(20,10){\frame{外盒子里的对象}}
\put(30,20){\unitlength=1mm
            \begin{picture}(0,0)
            \put(0,0){\frame{内盒子里的对象}}
            \end{picture}}
\end{picture}}
\end{document}
```

说明： 输完一段文字后在句号右边用 picture 环境构造了一个宽、高分别为 8 cm、3 cm 的盒子，这个盒子的下边线与左侧文本行的基线重合，在盒子内点（20,10）处定位了带框文本“外盒子中的对象”，接着在点（30,20）处定位了一个 picture 环境即内盒子，这个内盒子是个点盒子，点盒子中也有一个坐标系，在它的坐标原点处定位了一个带框文本“内盒子中的对象”。在实际应用中，picture 环境嵌套的意义不大，这是因为在一个 picture 环境可以多次使用定位命令。

以上用诸多范例对绘图环境 picture 进行说明，从中可以看到绘图环境 picture 可以实现很多排版效果，但最具特色的也最有用的是它的定位命令所发挥的定位功能。定位命令可以把任意对象搬运到任意位置。

7.2　绘图语言举例：TikZ 绘图

有些绘图语言与 LaTeX 结合得很好，编写源代码时直接在里面用绘图语言写绘图代码，可以画出复杂而精美的图形。例如使用 TikZ 画太极图（见图 7.1）。

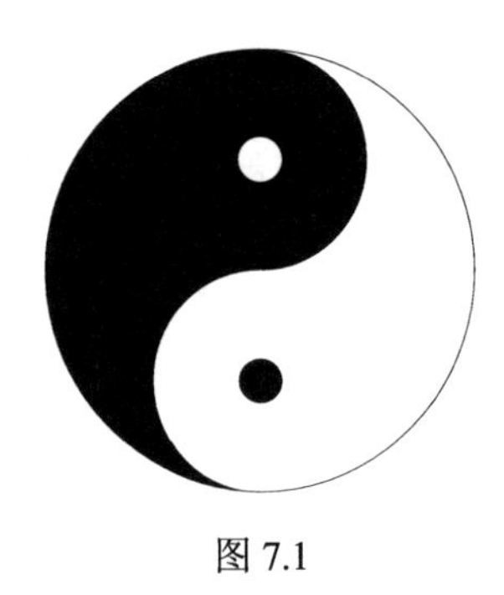

图 7.1

源代码是：

```
\documentclass{ctexart}
\usepackage{tikz}%调用tikz宏包
\usepackage[paperheight=10.5cm,paperwidth=10.5cm,
bottom=0mm,left=0mm,right=0mm,top=1.5mm]{geometry}
\pagestyle{empty}
\begin{document}
\begin{center}
\begin{tikzpicture}[scale=5]%TikZ绘图
   \begin{scope}
   \clip (0,0) circle (1cm);
   \fill[black] (0cm,1cm) rectangle (-1cm, -1cm);
   \end{scope}
\fill[black] (0,0.5) circle (0.5cm);
\fill[white] (0,-0.5) circle (0.5cm);
\fill[white] (0,0.5) circle (0.1cm);
\fill[black] (0,-0.5) circle (0.1cm);
\draw (0,0) circle (1cm);
\end{tikzpicture}
\end{center}
\end{document}
```

和 LaTeX 排版一样，绘图语言 TikZ 绘图也是所想即所得的。读者若有兴趣，可以参考 TikZ 的使用说明书。

7.3 图片的插入

没有一款软件是万能的，每款软件都有自己的特色与不足。LaTeX 在文字处理和公式编辑方面功能强大，但是用 LaTeX 自带的绘图环境 `picture` 只能绘制一些简单的图形，远远不能满足绘图的需要。南京师大附中数学特级教师、几何画板应用专家陶维林先生说过一句非常经典的话："一学科，多平台。"这句话用在这里是说要发挥 LaTeX 的长处，用其他软件的功能来弥补 LaTeX 的短处，可以利用绘图软件绘制图形存储成图片文件，再插入 LaTeX 中。

在 LaTeX 中插入图片，首先需在导言区调用宏包 `graphicx`，然后在源代码中使用宏包中的插图命令，就能很好地把外部图片插入相应的位置。配合使用绘图环境 picture 中的定位命令，可以把图片放到版面上合适的位置。

7.3.1 LaTeX 中的插图格式

LaTeX 可以使用即在源代码中能够调用的图片格式有 EPS、PS、JPG、PNG、PDF。

照片通常是 JPEG 或 JPG 格式的；用截图工具截取所得的图像，常常存为 PNG 格式；用可视化的绘图软件制作的图形，常常存为 PDF 格式。

7.3.2 插图命令

在导言区调用宏包 graphicx 后，才可以在源代码中使用宏包中的插图命令：

```
\includegraphics{图片文件名}
```

若要对图片进行缩放、翻转和旋转，甚至裁剪和扩充，就要用到可选参数，即使用命令：

```
\includegraphics[参数1=选项,参数2=选项,…]{图片文件名}
```

或

```
\includegraphics*[参数1=选项,参数2=选项,…]{图片文件名}
```

带星号的命令与不带星号的命令作用基本相同，不同的是，当使用参数裁剪图片时，若只需显示图片的保留部分，就要用到带星号的命令。

可选参数分为外形参数、裁剪参数和布尔参数三类。多个参数可以同时使用，参数之间必须用半角逗号（即英文输入法下的逗号）隔开。以下是可选参数的使用说明。

1. 外形参数

height　设置插图的高度。如 height=2cm，表示将插图的高度设置为 2 cm。实际上也可以这样理解：把原图在竖直方向上缩放到设置的高度。

totalheight　设置插图的总高度。也就是把原图在竖直方向上缩放到设置的总高度值。

width　设置插图的宽度。把原图在水平方向上缩放到设置的宽度。如果在插图命令中只设置了插图的高度或宽度，那么插图相应的宽度或高度将按原图比例进行缩放。

scale　设置插图的缩放系数。如 scale=2.5，表示将原图放大 2.5 倍后再插入文件中；值可以为负，如 scale=-1.5，表示将原图放大 1.5 倍，同时顺时针旋转 180° 后再插入文件中。

angle　设置插图的旋转角度，正值表示逆时针旋转，负值表示顺时针旋转。如 angle=65，表示将插图逆时针旋转 65° 后再插入文件中。

origin　设置插图旋转点的位置。参考图 5.2，因为图片盒子的深度为 0，B 与 b 等效，故该参数共有 9 个可选值。默认值是插图的基准点即图 5.2 中的 lB 位置。

2. 裁剪参数

viewport　系统把图片当作一个盒子，其基点是左下角顶点且深度为零。使用插图命令时，系统把图片盒子的下边线和左边线分别作为坐标系的横轴和纵轴，基点是坐标原点，盒子右上角点的坐标是（盒宽,盒高）。若觉得原图大小不合适，需要进行裁剪，就要用到这个参数了。viewport 参数由四个尺寸确定，尺寸之间用空格隔开，前两个是左下角点的坐标，而后两个是右上角点的坐标，例如设定 viewport=5cm 8cm 50cm 50cm，表示保留图片中以点 (5,8) 为左下角点、以点 (50,50) 为右上角点的矩形区域，其他部分被裁剪了。使用 viewport 参数时，如果使用不带星号的插图命令就必须写上参数 clip 或 clip=true，这样才能只显示图片的保留部分，否则显示原图。

trim　该参数同样用于设置图形的显示区域，但是用它设定的四个尺寸分别为要从插图的左、下、右、上四个边（逆时针顺序）裁剪或拼接的尺寸，正值表示裁剪，负值表示拼接，四个尺寸之间用空格隔开。例如设定 trim=5mm 10mm 0mm -5mm，表示将图片的左边裁去 5 mm，下边裁去 10 mm，右边不裁剪，上边拼接 5 mm 宽的空白。使用 trim 参数时，带星号的插图命令只显示图片的保留部分，否则显示原图。

3. 布尔参数

keepaspectratio　如果设定的宽度与高度（或总高度）与原图不呈比例，则插图会失真。通过设置 keepaspectratio=true，插图将会按原图的宽高比例缩放到满足所设定的宽度或高度的大小。

clip　若设定 clip=false，即系统默认值，则显示整个插图；若输入 clip 或 clip=true，则使用 viewport 或 trim 参数设定的图片显示区域之外的部分将不显示。

draft　用于设定草稿模式，如果设定 draft=false，即系统默认值，则正常插入图片；如果输入 draft 或 draft=true，则显示的是一个与插图尺寸相同、位置也相同的方框，方框内显示插图名。

范例 52　插入原图

插入原图是指图片保持原来的尺寸插入文档中，如制作下面的排版效果。

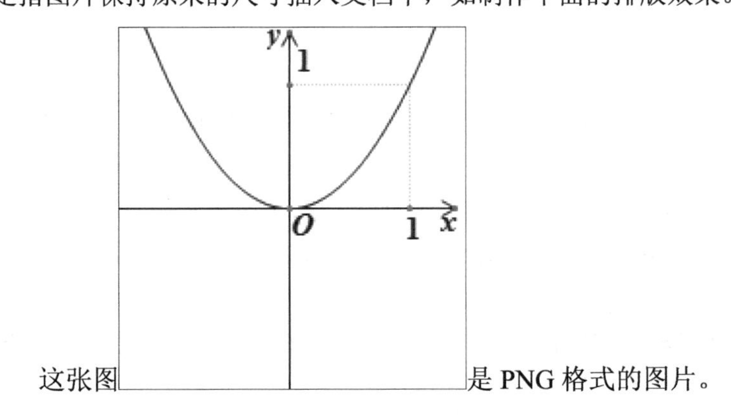

源代码是：

```
\documentclass{ctexart}
\usepackage{graphicx}
\pagestyle{empty}
\begin{document}
```

```
这张图{\fboxsep=0mm\fbox{\includegraphics{18.png}}}是PNG格式的图片。
\end{document}
```

说明：这里的图片文件名是 18.png，没有写入文件路径，那么图片文件必须和 .tex 文件在同一个文件夹中才能调用。系统把插入的图片当作盒子参与字符盒子的排版，插在哪里就在哪里排版。图片盒子的深度为零，它的基点是盒子的左下角点，即盒子的下边线与所在行的基线重合。插图命令 \includegraphics{18.png} 没有添加可选参数，则图片按照原图的尺寸大小插入文档中。

范例 53　等比例缩放插图的两种方式

在范例 52 中插入的图片尺寸太大，与版面很不协调，可在插图命令中添加可选参数使图形保持原有宽高比例缩小以插入文档中，如以下排版效果。

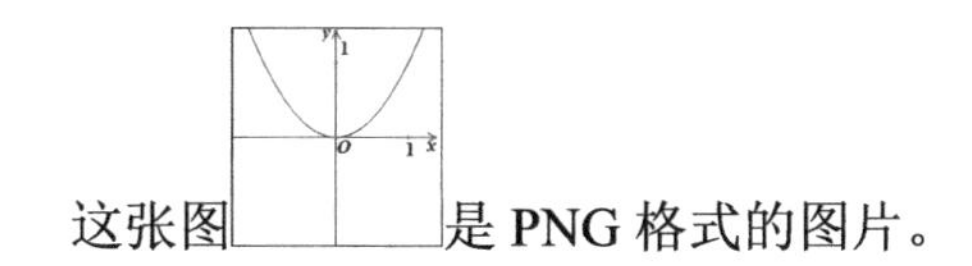

有两种方式得到这样的效果。

第一种：添加缩放参数，即插图命令改为\includegraphics[scale=0.3]{18.png}，方括号中的scale=0.3表示把原图按照原来的宽高比缩小为 30 % 的大小；

第二种：将插图的宽度或高度设置为指定值，插图命令改为

\includegraphics[width=1.42cm]{18.png}（或 \includegraphics[height=1.4cm]{18.png}）

表示把原图的宽度设置为 1.42 cm，高度由系统自动处理，宽高比与原图的宽高比相等（或表示把原图的高度变设置为 1.4 cm，宽度由系统自动处理，宽高比与原图的宽高比相等）。

后一种方式的可选参数只给出宽度或高度中的一个，系统按原图的宽高比放缩，这样做的好处是指定了宽度或高度，且插图与原图相似，图形不失真。例如当版面中只有 3 cm 宽的空白时，用这种做法就比单纯地使用缩放参数要好些。

范例 54　设置宽高值缩放插图

制作下面的排版效果。

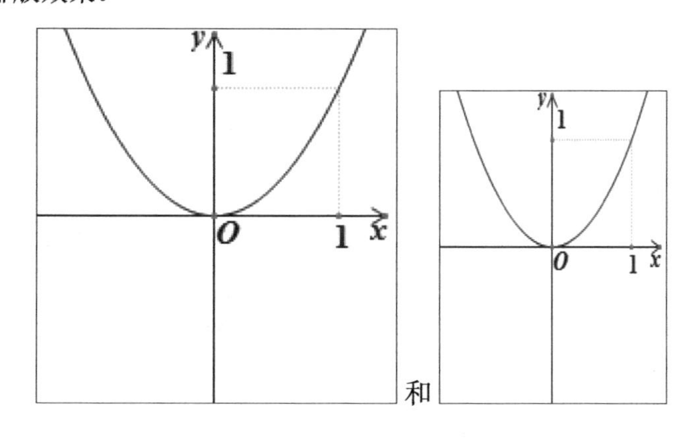

其在正文区的代码是：

```
\includegraphics{18.png}和\includegraphics[width=3cm,height=4cm]{18.png}
```

说明：左图是原图，插图命令中没有可选项。右图的插图命令中添加了两个可选参数，设置一个宽、高分别为 3 cm、4 cm 的盒子，然后把原图塞进这个盒子中，如果宽高比与原图的宽高比不等，则得到的图形变形失真，如果设置的宽高比恰好等于原图的宽高比则图形与原图相似。在数学书籍、论文和试卷排版中，建议在插图命令中设置不失真的可选参数。

范例 55 插图居中

输出一个居中的图形：

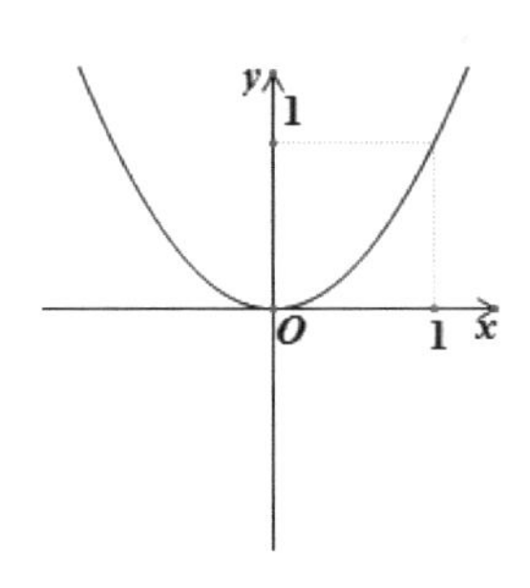

其在正文区的代码是：

```
\begin{center}
\includegraphics{18.png}
\end{center}
```

说明：如果需要较大尺寸的图形，放在段落内不太合适，有必要单独放在一行且居中，那么就把插图命令置于居中环境中。

范例 56 文字和插图左右并排

在学习算法时，常常有文字描述和程序框图，它们左右排列。文字使用小页环境排版，程序框图使用插图命令插入，排版效果如下。

LaTeX 的绘图环境 picture 可以绘制程序框图，但是绘图过程非常烦琐，而在 WPS 中可以轻松地绘制程序框图，单击“插入”选项卡“形状”选项右下角的下拉箭头，出现分类的图形集，选择其中适当的图形可以制作程序框图，再导出为 PDF 格式的图片文件。右边的程序框图原图宽、高分别是 8 cm、11 cm，这个框图用于求解：$1+2+3+\cdots+99+100$。

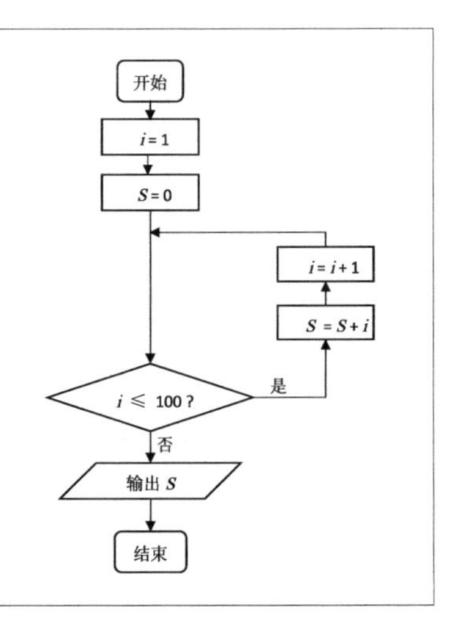

源代码是：

```
\documentclass{ctexart}
\usepackage{graphicx}
\usepackage[paperheight=8cm,paperwidth=12cm,bottom=0mm,left=0mm,right=0mm,top=0.5mm]
{geometry}
\pagestyle{empty}
\begin{document}
\begin{minipage}[b]{4.5cm}
\qquad\LaTeX 的绘图环境{\tt picture}可以绘制程序框图，但是绘图过程非常烦琐，……这个框图
用于求解：$1+2+3+\cdots+99+100$。
\end{minipage}
\qquad\includegraphics[scale=0.65]{liuct.pdf}
\end{document}
```

说明：这里插入的图片文件名为 liuct.pdf，是用 WPS 绘制的程序框图的 PDF 格式文件，插入时缩小为原图的 65%。

范例 57　改变可选参数的顺序对插图的影响

对比以下排版效果。

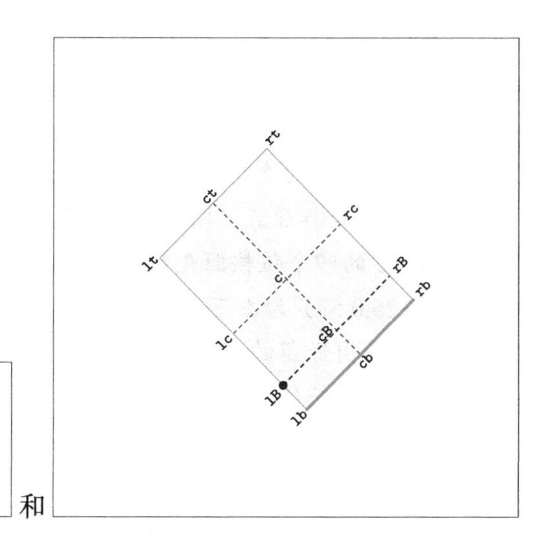

其在正文区的代码是：

```
\fbox{\includegraphics[angle=45,width=2cm]{xzh.pdf}}~和
\fbox{\includegraphics[width=2cm,angle=45]{xzh.pdf}}
```

说明：同样的图片文件、同样的可选参数只是可选参数的顺序交换却有不同的输出结果。系统在编译源代码时，是按从上到下、从左到右的顺序进行的，第一个插图命令先令图片旋转 45° 再使图片盒子的宽度为 2 cm，第二个插图命令先令图片宽度为 2 cm 再令图片盒子旋转 45°，所以输出结果不同。

范例 58　裁剪图片一：裁剪参数 viewport 的应用

对比下面的排版效果。

其在正文区的代码是：

```
\includegraphics{gaodena.pdf}%第一个插图命令
\qquad%
%第二个插图命令
\fbox{\includegraphics[viewport=0.25cm 0.53cm 2.8cm 4cm]{gaodena.pdf}}%
\qquad%
\includegraphics*[viewport=0.25cm 0.53cm 2.8cm 4cm]{gaodena.pdf}%第三个插图命令
\qquad%
%第四个插图命令
\fbox{\includegraphics*[viewport=0.25cm 0.53cm 3.5cm 4.8cm]{gaodena.pdf}}
```

说明：范例中是 TeX 开山鼻祖高德纳的照片，源代码中先后输入了四个插图命令，之间用空白命令生成适当的间距。第一个插图命令输出原图，后面三个命令都以此命令为基准进行修改。第二个插图命令使用了裁剪参数 viewport，当插图命令使用裁剪参数 viewport 时，系统把图片放在一个无形的直角坐标系中，参数的单位是 cm，则坐标系的长度单位也是 cm，图片的基点是坐标原点，图片的下边线和左边线分别是坐标系的横轴和纵轴，裁剪参数 viewport 的四个值按照先后顺序组成点（0.25,0.53）和点（2.8,4），表示保留图片中以点（0.25,0.53）为左下角点、以点（2.8,4）为右上角点的矩形部分，其他的则被裁剪掉。为了看出保留的效果，给保留部分加了边框。由于使用的是不带星号的插图命令，所以被裁剪掉的部分仍然显示，好像盒子中的东西溢出了，而溢出的部分会与上下文本行重叠。第三个插图命令带了星号，只显示保留的部分。第四个插图命令中裁剪参数 viewport 的个别值超出了图片的尺寸，则超出的部分用空白填充。为了显示效果，给输出的图片加了边框。请读者注意此处带星号的插图命令未显示图片已裁剪部分。

范例 59　裁剪图片二：裁剪参数 trim 的应用

对比下面的排版效果。

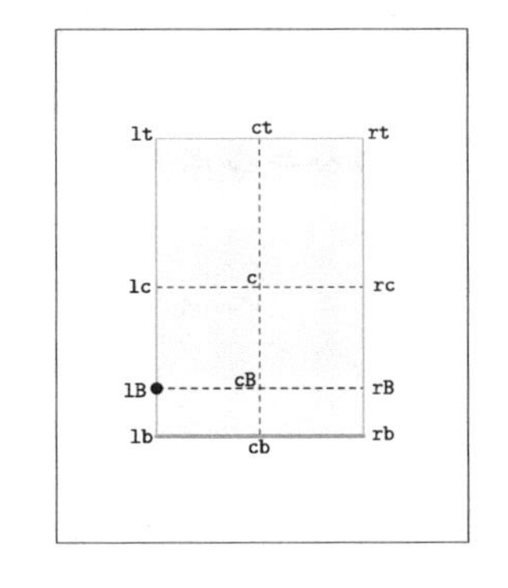

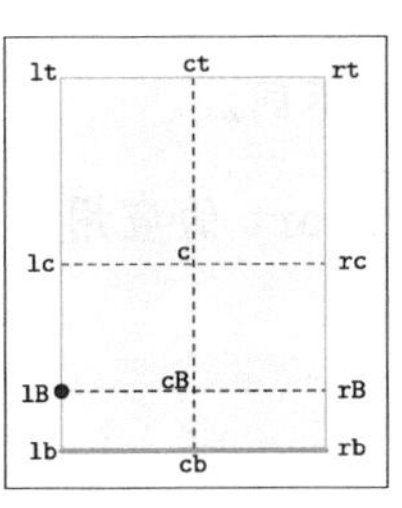

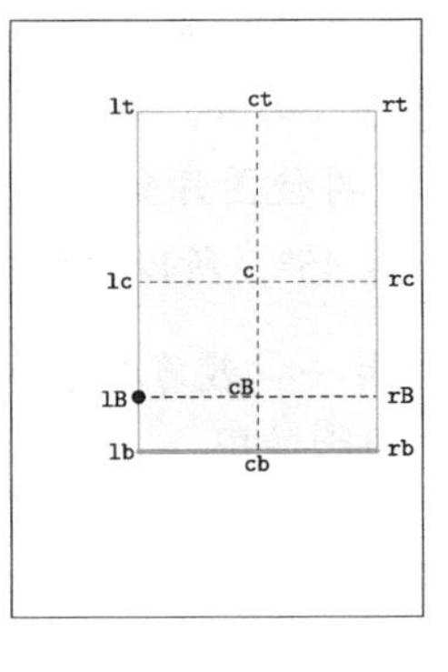

其在正文区的代码是：

```
\fbox{\includegraphics[scale=0.80]{xzh.pdf}}\quad%
\fbox{\includegraphics[trim=6mm 8mm 6mm 8mm,scale=0.80]{xzh.pdf}}\quad%
\fbox{\includegraphics[trim=-1mm -4mm 7mm 3mm,scale=0.80]{xzh.pdf}}
```

说明：插图是用 GeoGebra 绘制的，选择 PDF 格式导出。导出完成后，查看图片发现图片四周的空白较多，想去掉多余的空白，就用到了裁剪参数 trim[①]。裁剪参数 trim 的功能类似于裁剪参数 viewport。输入三个插图命令，其间用空白命令生成适当的间距。第一个插图命令设置缩放系数为 80%；第二个插图命令先使用裁剪参数 trim，将原图的左边裁掉 6 mm，下边裁掉 8 mm，右边裁掉 6 mm，上边裁掉 8 mm，然后设置缩放系数为 80%；第三个插图命令先用裁剪参数 trim，它的具体作用是将原图的左边增加 1 mm 的空白，下边增加 4 mm 的空白，右边裁掉 7 mm，上边裁掉 3 mm，然后设置缩放系数为 80%。为了显示效果，给输出的插图加了边框。

范例 60　草稿模式实例

草稿模式的输出效果如下。

22.jpg

其在正文区的代码是：

```
\includegraphics[draft]{22.jpg}
```

说明：只需在插图命令中添加可选参数 draft 即可得到插图的草稿模式。草稿模式下，插图命令输出的是一个与原图尺寸相同、位置也相同的方框，方框内是文件名。这样做既可加快文件的显示或打印速度，而又不影响整体的排版效果。

4. 插图命令小结

插图命令有它的局限性，一是只能插入图片，即必需参数只能写入图片文件名及其路径，不能是其他对象；二是可选参数的旋转中心只能设定为有限的 12 个点，不能任意设置。如果把插图命令和变换盒子结合起来使用，则排版功能大大增强。因为在旋转盒子、缩放盒子、镜像盒子中的对象可以是任意的 LaTeX 对象，那么把插图命令的输出作为对象则可弥补单纯使用插图命令的不足。

中小学师生绘制图形建议使用 GeoGebra，GeoGebra 可以导出 PDF 格式的图片文件。如果习惯使用几何画板绘制图形，因其暂时没有输出 PDF 格式文件的功能，可以把用几何画板

① 使用 WPS“编辑”菜单下的“裁剪页面”命令裁剪不需要的部分，可省去裁剪参数的设置。

绘制的图形复制粘贴到 Word 2007 及以上版本中，设置适当的页面大小，使图形刚好布满页面，然后在 Word 中选择 PDF 格式保存，这样就得到 PDF 格式的图片文件了。

在几何画板中绘制图形时，要尽可能地使图形的尺寸接近版面中所需的尺寸，包括线的粗细、字号的大小等，也就是说图片插入 LaTeX 中时，避免使用缩放命令，不然很可能导致输出的字母或文字偏小或偏大。

此外，建议先用不带星号的插图命令，不使用可选参数且为图片加上边框，在输出结果中观察图片盒子的大小，再在插图命令中设置合适的裁剪参数，编译几次查看效果，满意后再加上星号并去掉图片边框。最好单独建立一个 LaTeX 文件，专门用来调试图片的大小，满意后再把命令复制粘贴到正式文件中。

7.4 图文绕排

前面所述的插图命令先构造了一个盒子，然后把图片按照设置的参数塞进盒子中。插图命令既不会结束当前行也不会结束当前段，得到的图片盒子排在命令的对应位置。有时需要将图片放在四周都是文字的环境中，即图文绕排。在导言区调用绕排宏包 picinpar，就可以实现图文绕排了。绕排宏包 picinpar 提供了三种绕排环境 window、figwindow 和 tabwindow，这里只介绍绕排环境 window，其结构为：

```
\begin{window}[行数,位置,{绕排对象},{标题}]
绕排文本
\end{window}
```

其中的参数说明如下。

行数	设定绕排于绕排对象上方的文本行数目。
位置	设定绕排对象在版面中的位置，可选值为 l,c,r，分别表示把绕排对象放在版面的左边、中间、右边。
绕排对象	可以是图片、表格或文本。
标题	给绕排对象加标题。标题可以空置，即输出结果中无标题。

范例 61　绕排环境 window 的应用

将莫比乌斯带图形置于版面左侧中间和版面左上角，如以下两个框线内的排版效果。

公元 1858 年，德国数学家莫比乌斯和约翰·李斯丁发现：把一根纸条扭转 180° 后，两头再粘接起来做成的纸带圈，具有魔术般的性质。普通纸带具有两个面（即双侧曲面），一个正面、一个反面，两个面可以涂成不同的颜色；而这样的纸带只有一个面（即单侧曲面），一只小虫可以爬遍整个曲面而不必跨过它的边缘。这种纸带被称为“莫比乌斯带”。

第 6 题图

第 6 题图

公元 1858 年，德国数学家莫比乌斯和约翰·李斯丁发现：把一根纸条扭转 180° 后，两头再粘接起来做成的纸带圈，具有魔术般的性质。普通纸带具有两个面（即双侧曲面），一个正面、一个反面，两个面可以涂成不同的颜色；而这样的纸带只有一个面（即单侧曲面），一只小虫可以爬遍整个曲面而不必跨过它的边缘。这种纸带被称为“莫比乌斯带”。

左框线中的内容在正文区的代码是：

```
\fbox{\begin{minipage}[t]{8cm}
\begin{window}[3,l,{\fbox{\scalebox{0.3}
{\includegraphics{0.png}}}},{\kaishu \hspace{6mm}第6题图}]
公元1858年，德国数学家莫比乌斯和约翰·李斯丁发现：把一根纸条扭转180°后，两头再粘接起来
做成的纸带圈，具有魔术般的性质。普通纸带具有两个面（即双侧曲面），一个正面、一个反面，
两个面可以涂成不同的颜色；而这样的纸带只有一个面（即单侧曲面），一只小虫可以爬遍整个曲面
而不必跨过它的边缘。这种纸带被称为“莫比乌斯带”。
\end{window}
\end{minipage}}
```

要得到右框线内的版面，只需把绕排环境开始命令中的行数改为 0 即可。

读者可以改变参数值，编译后看结果有什么不同。参数标题是给绕排对象加上标题的，标题的字体和字号可以设置，如果不写标题就让花括号内空置。标题文本默认与插图左对齐，若希望标题文本在图片下方居中，需要通过设置适当的空白来实现。

特别要注意的是，绕排环境开始命令与环境中内容的第一行之间不要留空行，否则编译出错。

7.5　页面底纹和水印

有时为了使页面美观或使页面风格个性化，有时为了防盗版，需要对页面背景进行装饰，并且不喧宾夺主影响页面内容，例如制作封面的底纹、页面的水印等。在导言区调用墙纸宏包 wallpaper，使用宏包中的墙纸命令即可生成页面底纹、水印等背景。宏包 wallpaper 只能把图片作为背景，不能直接把文字作为背景。

墙纸宏包 wallpaper 中有很多实用的命令，此处介绍其中几个常用的命令。

`\CenterWallPaper{缩放系数}{图片名}`　将图片放在每页的中心，缩放系数对图片进行缩放。

`\ThisCenterWallPaper{缩放系数}{图片名}`　与上一个命令的参数相同，功能也相同，但只在当前页生成背景。

`\ClearWallPaper`　原先设置了背景，而现在不需要了，就用这个命令清除背景设置。

范例 62　制作页面背景

作者计算机中有一个莫比乌斯带图片文件，名为 0.png，以莫比乌斯带作为页面背景，效果如下。

> 公元 1858 年，德国数学家莫比乌斯和约翰·李斯丁发现：把一根纸条扭转 180° 后，两头再粘接起来做成的纸带圈，具有魔术般的性质。普通纸带具有两个面（即双侧曲面），一个正面、一个反面，　两个面可以涂成不同的颜色；而这样的纸带只有一个面（即单侧曲面），一只小虫可以爬遍整个曲面而不必跨过它的边缘。这种纸带被称为“莫比乌斯带”。

源代码是：

```
\documentclass{ctexart}
\usepackage{wallpaper,graphicx}
\usepackage[paperheight=4cm,paperwidth=10cm,text={9.9cm,3.9cm}]{geometry}
\begin{document}
公元1858年，德国数学家莫比乌斯和约翰·李斯丁发现：把一根纸条扭转180°后，两头再粘接起来
做成的纸带圈，具有魔术般的性质。普通纸带具有两个面（即双侧曲面），一个正面、一个反面，
\ThisCenterWallPaper{0.5}{0.png}两个面可以涂成不同的颜色；而这样的纸带只有一个面（即
单侧曲面），一只小虫可以爬遍整个曲面而不必跨过它的边缘。这种纸带被称为“莫比乌斯带”。
\end{document}
```

说明： 在导言区调用墙纸宏包 wallpaper,在当前页源代码的某处使用命令 \ThisCenterWallPaper{0.5}{0.png} 可以让莫比乌斯带图片置于当前页正中间的底层作为页面背景。如果读者想以母校的校园景观图作为背景，只需把图片名换成校园景观图的文件名即可。注意，不带路径时，图片文件须与 .tex 文件在同一文件夹中。

范例 63 制作文字水印

制作下面框线内的 .pdf 文件用于制作水印。

源代码是：

```
\documentclass{ctexart}
\usepackage{graphicx,xcolor}
\usepackage[paperwidth=9cm,paperheight=8cm,text={9cm,8cm}]{geometry}
\begin{document}
\scalebox{10}{\rotatebox{45}{\color[gray]{0.65}{草稿}}}
\end{document}
```

说明： 系统执行源代码命令时，先把“草稿”二字做灰度处理，然后旋转 45°，使其有斜跨页面的效果，最后放大为原来的 10 倍，将其保存并命名为 cg.pdf，那么可以使用插图命令\includegraphics{cg.pdf}把它作为图片文件插入其他的 .tex 文档中作为水印。如果要制作以“正版”二字显示的水印且不想斜跨页面，那么在制作时使用命令：\scalebox{10}{{\color[gray]{0.65}{正版}}} 实现。

制作如下框线内的文字水印排版效果。

公元 1858 年，德国数学家莫比乌斯和约翰·李斯丁发现：把一根纸条扭转 180° 后，两头再粘接起来做成的纸带圈，具有魔术般的性质。普通纸带具有两个面（即双侧曲面），一个正面、一个反面，　两个面可以涂成不同的颜色；而这样的纸带只有一个面（即单侧曲面），一只小虫可以爬遍整个曲面而不必跨过它的边缘。这种纸带被称为“莫比乌斯带”。

源代码是：

```
\documentclass{ctexart}
\usepackage{wallpaper,graphicx}
\usepackage[paperheight=4cm,paperwidth=10cm,text={9.9cm,3.9cm}]{geometry}
\begin{document}
公元1858年，德国数学家莫比乌斯和约翰·李斯丁发现：把一根纸条扭转180°后，两头再粘接起来
做成的纸带圈，具有魔术般的性质。普通纸带具有两个面（即双侧曲面），一个正面、一个反面，
\CenterWallPaper{0.91}{cg.pdf}两个面可以涂成不同的颜色；而这样的纸带只有一个面
（即单侧曲面），一只小虫可以爬遍整个曲面而不必跨过它的边缘。这种纸带被称为“莫比乌斯带”。
\end{document}
```

说明： 因为原图较大，所以设置缩放参数为 0.91，使水印不超出版心范围。使用上述方法可以把文字设置适当的灰度作为背景，得到水印效果。

第 8 章　表　　格

对于习惯了使用可视化工具制作电子表格的用户来说，改用 LaTeX 制作表格如同梦魇。在 LaTeX 中，所有的排版操作都要通过编写代码实现，而表格与其他的版面元素相比有更多更复杂的要求：有行列之分，每一列有对齐方式的选择；单元格的尺寸要控制；有时需要合并单元格，有时要在单元格中画对角线；表格很长时还要设置跨页方式等。表格的细节太多，编写的代码非常复杂，在实践中稍不留神就会编译出错，而出错信息又是英文的。初学者往往在学习编辑表格时伤透脑筋。要想熟练地使用 LaTeX 制作表格，最好的方法是实践，反复实践。

为了使读者较快地掌握使用 LaTeX 制作表格的方法，本章首先简单地介绍 LaTeX 中的表格环境，然后通过通讯录的制作引出在 LaTeX 中制作表格的基本操作，最后具体介绍了四种表格的制作方法和技巧，这四种表格是：

①登分册（花名册）；②选择题答题表；③学籍管理表；④个人简历。

8.1　宏包 array 中的表格环境

在导言区调用宏包 array，使用表格环境 tabular 和 array 编辑表格。

8.1.1　表格环境 tabular

表格环境 tabular 的代码结构为：

```
\begin{tabular}[外部位置]{列格式}
第1行第1列对象 & 第1行第2列对象 & …… & 第1行第n列对象\\
第2行第1列对象 & 第2行第2列对象 & …… & 第2行第n列对象\\
                        ……                              \\
第m行第1列对象 & 第m行第2列对象 & …… & 第m行第n列对象
\end{tabular}
```

环境中的参数及对应可选值说明如下。

外部位置　为可选参数。因为表格环境生成一个小页盒子，正如小页环境一样，这个参数设定了表格与表格外文本行的基线的对齐方式，有三个可选值：

- t　表格的顶行基线与外部当前文本行的基线对齐；
- c　默认值，表格的水平中线与外部当前文本行的基线对齐；
- b　表格的底行基线与外部当前文本行的基线对齐。

列格式　列格式由设置每列对象的对齐方式、字体，列之间的竖直表格线或其他分隔符，列的宽度及附加标记等列的格式的参数组成，组成参数有下列可选值：

- l　设置位于该列的所有对象左对齐；
- c　设置位于该列的所有对象居中对齐；
- r　设置位于该列的所有对象右对齐。
- |　在所处位置画一条长度等于表格总高度的竖直线；

|| 在所处位置画两条长度等于表格总高度的竖直线，它们相距很近。

@{文本} @即 @，该选项称为 @–表达式。默认状态下，表格列对象的左右两侧都预留了一定宽度的空白，@{文本}不仅将它所处位置处左右两列间的空白删除，而且从上到下用花括号中的文本输出。若无文本，即输入的是@{}，则表示把相应位置左右两边的单元格边距设置为零。@{文本} 删除了列间的空白，并改为输出文本，而文本与左右列中的对象间距为零，这种输出效果很不美观，可以为 @{文本} 的文本中加上空白命令，如 \hspace{} 等。

p{宽度} 一般情况下，在表格的输出结果中单元格内容是不会自动换行的。但有时列中单元格的内容较多，需要让这些内容形成段落样式，就要用到这个参数。该参数中字母 p 表示段落，花括号中的宽度用于设置对应列的宽度，当内容的宽度达到或接近宽度值时就会自动换行。设置该参数时其对应列对象在水平方向上左对齐，在垂直方向上与相邻列对象顶端对齐。

m{宽度} 与上一个参数的作用基本相同，唯一不同的是列中对象在垂直方向上与相邻列对象中心对齐。

b{宽度} 与上一个参数的作用基本相同，唯一不同的是列中对象在垂直方向上与相邻列对象底端对齐。

>{声明} 用在列格式选项 l、c、r、p、m 或 b 之前。如 >{\ttfamily}c，表示该列内容居中且该列英文为打字机字体；又如 >{\centering}m{4cm}，表示该列列宽为 4cm，内容不仅垂直居中而且水平居中，对含有图形的表格非常有用。

*{n}{每列格式} 可以对列格式相同的连续 n 列使用这种简写进行设置。

由表格环境的代码结构可知，环境的开始命令中只对列进行设置，环境内部才对行进行设置。表格中每一行的列与列之间用列间隔符 & 隔开，列间隔符间可以空着。当一行结束后，末尾必须输入换行符 \\ 才能开始下一行的输入，末行结束后可以不输入换行符。在表格环境代码中还可以使用以下命令得到一些效果。

\hline 该命令用于画表格的横线，长度与表格宽度相等，且只能在首行代码之前或紧跟着换行符输入，如果连续使用两次该命令，则画出间距很小的两条横线。

\vline 不同于表格环境开始命令的列格式中的竖线可画出贯穿整个表格的竖直线，该命令仅仅画出等于所在行行高的竖直线。该命令常常用于横向拆分单元格。

\cline{i-j} 该命令必须紧跟换行符，它表示从刚结束的行的第 i 列的开始位置画一条水平横线到第 j 列的结束位置，可以多次出现。如命令 \cline{2-4}\cline{6-9}表示在刚结束的行的下面画两条横线，一条贯穿第 2～4 列，另一条贯穿第 6～9 列。如果表格共有 x 列，那么命令 \cline{1-x} 与 \hline 等效。

LaTeX 把表格当作小页环境式的盒子进行处理，即表格环境就是创建一个小页盒子，既然是盒子，那么表格就要按照盒子序列从左到右、从上到下地排版。如果想要表格独占一行且居中，就把表格放在居中环境里。

8.1.2　表格环境 array

表格环境 array 与表格环境 tabular 的代码结构相同，它们的参数设置也完全一致。不同的是，表格环境 array 只能用在数学模式中，在后续的第 9 章中有专门介绍。

8.2 制作表格的基本操作

8.2.1 最简单的表格——通讯录

表格中的单元格是组成表格的基本元素，在单元格中可以输入数据、文本等对象，单元格不仅可以合并也可以拆分。以下从制作最简单的表格——通讯录出发，讲解制作表格的基本操作。

范例 64 无表格线的表格

制作以下无表格线的通讯录。

姓名	住址	电话
李融珏	中山路 8 号	1234567
黄依玲	文峰中学 6 号楼	7654321
郭雄杰	笔架山中学 9 号楼	7778777

源代码是：

```
 1 \documentclass{ctexart}
 2 \usepackage{array} %调用宏包array，否则不能使用表格环境
 3 \begin{document}
 4 \begin{tabular}{lll} %开始使用表格环境创建表格，列格式为lll，要求表格共有3列且列中的
 5                      %对象都是左对齐
 6 姓名&住址&电话\\ %输入表格第1行，最后输入\\结束第1行的输入
 7 李融珏&中山路8号&1234567\\
 8 黄依玲&文峰中学6号楼&7654321\\
 9 郭雄杰&笔架山中学9号楼&7778777 %末行结束时可以不输入\\
10 \end{tabular} %结束表格环境
11 \end{document}
```

说明：该表格有 4 行 3 列，共有 12 个单元格。请读者把列格式改为 rlc，观察输出结果。

范例 65 三线表

给范例 64 的表格加三条水平的表格线：

姓名	住址	电话
李融珏	中山路 8 号	1234567
黄依玲	文峰中学 6 号楼	7654321
郭雄杰	笔架山中学 9 号楼	7778777

其在正文区的代码是：

```
1 \begin{tabular}{lll}
2 \hline
3 姓名&住址&电话\\\hline
```

```
4 李融珏&中山路8号&1234567\\
5 黄依玲&文峰中学6号楼&7654321\\
6 郭雄杰&笔架山中学9号楼&7778777\\\hline
7 \end{tabular}
```

说明：给表格加三条水平的表格线，使得表格层次分明。这三条线分别位于第 1 行前、第 1 行与第 2 行之间、末行后，在三个对应的位置输入命令 \hline 即可实现绘制。要注意的是，此时末行后面不能省略换行符 \\。

如果在第 1 行代码中的换行符后连续输入两个命令 \hline，则得到以下输出：

姓名	住址	电话
李融珏	中山路 8 号	1234567
黄依玲	文峰中学 6 号楼	7654321
郭雄杰	笔架山中学 9 号楼	7778777

说明：连续输入两个命令 \hline，得到的是两条相邻的等长且间距很近的水平线。

范例 66 有完整表格线的表格

给表格加上完整的表格线，效果如下。

姓名	住址	电话
李融珏	中山路 8 号	1234567
黄依玲	文峰中学 6 号楼	7654321
郭雄杰	笔架山中学 9 号楼	7778777

其在正文区的代码是：

```
\begin{tabular}{|l|l|l|} %在每列格式参数旁输入"|"即可绘制竖直表格线
\hline %绘制水平表格线
姓名&住址&电话\\\hline
李融珏&中山路8号&1234567\\\hline
黄依玲&文峰中学6号楼&7654321\\\hline
郭雄杰&笔架山中学9号楼&7778777\\\hline
\end{tabular}
```

如果把"|"改为"||"，如把列格式改为|l||l|l|，则得到以下输出：

姓名	住址	电话
李融珏	中山路 8 号	1234567
黄依玲	文峰中学 6 号楼	7654321
郭雄杰	笔架山中学 9 号楼	7778777

说明：连续输入两个符号"|"，得到的是两条相邻的竖直表格线，等长且靠得很近。

如果把第 2 列文本改为楷体，第 3 列文本右对齐，不需要逐个设置，只需要把列格式改为|l|>{\kaishu}l|r| 即可，结果如下：

姓名	住址	电话
李融珏	中山路 8 号	1234567
黄依玲	文峰中学 6 号楼	7654321
郭雄杰	笔架山中学 9 号楼	7778777

说明：在第 2 列的列格式前添加声明 >{\kaishu}，表示把第 2 列所有文本设置为楷体。

8.2.2 单元格中的对齐

1. 文本对齐

8.2.1 节中的通讯录表格每列都是同样的对齐方式，如果让第 1 行即每列的第 1 个单元格文本作为列标题，列标题居中且为黑体，又怎么设置呢？

范例 67 单元格文本居中

表格第 1 行文本居中且字体为黑体的效果如下。

姓名	**住址**	**电话**
李融珏	中山路 8 号	1234567
黄依玲	文峰中学 6 号楼	7654321
郭雄杰	笔架山中学 9 号楼	7778777

其在正文区的代码是：

```
\begin{tabular}{|l|l|l|}
\hline
\mbox{}\hfill{\heiti 姓名}\hfill\mbox{}&\mbox{}\hfill{\heiti 住址}\hfill\mbox{}
&\mbox{}\hfill{\heiti 电话}\hfill\mbox{}\\\hline
李融珏&中山路8号&1234567\\\hline
黄依玲&文峰中学6号楼&7654321\\\hline
郭雄杰&笔架山中学9号楼&7778777\\\hline
\end{tabular}
```

说明：表格的列格式设置为每列都是左对齐，为了使第 1 行单元格中的文本对齐方式为居中，就在单元格文本左右各输入零宽度的空盒子命令\mbox{}和弹性水平空白命令\hfill，如 \mbox{}\hfill{\heiti 住址}\hfill\mbox{}，可以形象地认为：为了使“住址”居中，就在它的左右两边各放置长度相等、弹性相同的弹簧，弹簧的外侧用零宽度的空盒子抵住，左右支撑着文本使其处在单元格的正中间。如果还调用了宏包 colortbl，就可以去掉零宽度的空盒子命令。用这种方法可以使任何一个单元格中的对象居中。受此启发，如果需要单元格中的文本右对齐，则在文本的左边放置一个“弹簧”，即添加命令 \hfill。无论表格环境开始命令中的列格式如何设置，使用弹性水平空白命令都可以调整单元格中文本的对齐方式。

如果表格中的某列的某个单元格的文本较长需要换行，并且该单元格文本与相邻列文本在垂直方向上中心对齐，效果如下。

姓名	住址	电话
李融珏	石首市绣林办事处中山路 8 号	1234567
黄依玲	文峰中学 6 号楼	7654321
郭雄杰	笔架山中学 9 号楼	7778777

其在正文区的代码是：

```
\begin{tabular}{|c|m{9em}|c|}
\hline
{\heiti 姓名}&\mbox{}\hfill{\heiti 住址}\hfill\mbox{}&{\heiti 电话}\\\hline
李融珏&石首市绣林办事处中山路8号 &1234567\\\hline
黄依玲&文峰中学6号楼&7654321\\\hline
郭雄杰&笔架山中学9号楼&7778777\\\hline
\end{tabular}
```

说明：因为表格第 2 行第 2 列的单元格文本较长，需要换行，并且要与左右两列的文本在垂直方向上中心对齐，所以在第 2 列使用了列格式参数 m{宽度}。其使换行文本在水平方向上左对齐，如果需要改为中心对齐，就把第 2 列的列格式参数改为 >{\centering }m{9em}，具体可以参考 8.1.1 节中对 >{声明}的介绍。

2. 小数点对齐

在涉及带小数点数值的表格（如财务表、工资表）时，为了便于比较数值大小，要求在小数点处对齐。制作小数点对齐的表格有两种方法：一是使用 @{.}；二是调用宏包 dcolumn，使用其中专用于小数点对齐或其他标点符号对齐的列格式选项。

范例 68　小数点对齐的表格

如下所示的工资表，数字的小数点在垂直方向上对齐。

姓　名	工资/元
李国毅	845.604987
李紫琴	4005.989

代码是：

```
\begin{tabular}{|c|r@{.}l|}
\hline
%下面使用了合并单元格命令，见8.2.3节
姓\quad 名&\multicolumn{2}{c|}{工资/元}\\\hline
李国毅&845&604987\\\hline
李紫琴&4005&989\\\hline
\end{tabular}
```

如果把小数点改成逗号，则把列格式中的 @{.} 改为 @{,}，结果为：

姓　名	工资/元
李国毅	845,604987
李紫琴	4005,989

使用 @{.} 可以让单元格中的小数点对齐，在导言区调用宏包 dcolumn，使用相关的命令也可以让小数点对齐。实际应用中，并不需要过多地掌握宏包 dcolumn 中的列格式选项的用法，为了简单地使用小数点对齐选项，在此新定义一个选项：

```
\newcolumntype{d}[1]{D{.}{.}{#1}} %须调用宏包 dcolumn
```

然后就可以在表格环境开始命令的列格式中使用参数 d{小数位数}设置小数点对齐了，例如在某列中出现的小数位数最多为 6 位，则在该列的列格式使用参数 d{6}，具体如下：

```
\begin{tabular}{|c|d{6}|}
\hline
姓\quad 名&\multicolumn{1}{c|}{工资/元}\\\hline
李国毅&845.604987\\\hline
李紫琴&4005.989\\\hline
\end{tabular}
```

8.2.3 单元格的合并与拆分

表格中，由行和列交叉而成的位置称为单元格，制作一些复杂的表格时需要把某些单元格合并为一个单元格，就要用到合并单元格命令。合并单元格命令分为横向合并单元格命令和纵向合并单元格命令。

`\multicolumn{n}{列格式}{文本}` 为横向合并单元格命令，其中 n 是要合并的列数，即把接下来的 n 个列相邻的单元格合并为一个单元格。列格式可以是 l、c 或 r，也可以含有 @{文本} 和画垂直表格线的符号 | 等。特别地，当指定的列数 n 是 1 时，该命令可以改变当前单元格的对齐方式。

`\multirow{n}*{文本}` 为纵向合并单元格命令。须在导言区调用宏包 multirow 才能使用该命令，其中 n 是要合并的行数，即把接下来的 n 个行相邻的单元格合并为一个单元格。

`\multirow{n}{列宽度}{文本}` 与上个命令作用和前提相同，只是可以用列宽度来设置列的宽度。

---

1. 横向合并单元格

范例 69 横向合并单元格制作表格标题

观察下面的 5×3 表格。

通讯录		
姓名	**住址**	**电话**
李融珏	中山路 8 号	1234567
黄依玲	文峰中学 6 号楼	7654321
郭雄杰	笔架山中学 9 号楼	7778777

第 1 行中后两个单元格空着，想把“通讯录”三个字作为表格的标题，居中且为黑体字，字号也要大一些，同时要与表格的第 2 行有明显的垂直距离且取消表格线，此外列标题的字距也要大一些。要达到以上目的，就要使用横向合并单元格命令 `\multicolumn{n}{列格式}{文本}`。

修改后的表格如下。

通　讯　录		
姓　名	住　址	电　话
李融珏	中山路 8 号	1234567
黄依玲	文峰中学 6 号楼	7654321
郭雄杰	笔架山中学 9 号楼	7778777

其在正文区的代码是：

```
 1 \begin{tabular}{|l|l|l|}
 2 \multicolumn{3}{c}{\zihao{4}\heiti 通\quad 讯\quad 录 } \\[3mm]
 3 \hline
 4 \hfill{\heiti 姓\quad 名}\hfill&
 5 \hfill{\heiti 住\quad 址}\hfill&
 6 \hfill{\heiti 电\quad 话}\hfill\\\hline
 7 李融珏&中山路8号&1234567\\\hline
 8 黄依玲&文峰中学6号楼&7654321\\\hline
 9 郭雄杰&笔架山中学9号楼&7778777\\\hline
10 \end{tabular}
```

说明：表格环境开始命令后的第 1 行使用了横向合并单元格命令制作表格标题，具体是把表格的第 1 行的三列合并为一个单元格，输入列格式为 c 使“通讯录”三字居中，字号设置为四号，字体为黑体，字间用空白命令 \quad 生成一个字符宽度的空白。为了使标题与表格有一定的距离，就在换行符 \\ 的后面设置了 3 mm 行距。列标题的字间也使用了空白命令 \quad 。

该范例把标题作为表格的一个单元格，使标题和表格融为一体。还可以在表格环境开始前使用居中命令或居中环境制作标题，或者在表格环境内使用标题命令 \caption 让系统自动生成标题。

范例 69 中的两个表格是紧密联系着的，前一个表格是最简单的表格，它没有对单元格做任何的合并或拆分处理，后一个表格在前一个的基础上横向合并了单元格，本书称前一个表格为母表格，后一个是子表格。对于复杂表格，如果追溯其母表格则可以轻松地制作出来。

2. 横向合并单元格的特殊应用

在范例 69 中使用了弹性空白命令让单元格中的文本居中，用 n 为 1 的横向合并单元格命令 \multicolumn{1}{列格式}{文本} 也可以实现，如要让第 1 行第 1 列的单元格中的文本居中，就把这个单元格中的代码换成 \multicolumn{1}{|c|}{\heiti 姓名}，表示把接下来的当前行的一列合并为一个单元格进行单独处理，这个单元格的列格式是文本居中，左右各画一条竖直表格线，单元格中放置的文本是“姓名”，且为黑体。

3. 纵向合并单元格

范例 70　纵向合并单元格

如果要制作如下表格：

姓　名	联　系　方　式	
	住　　址	电　话
李融珏	中山路 8 号	1234567
黄依玲	文峰中学 6 号楼	7654321
郭雄杰	笔架山中学 9 号楼	7778777

表头部分较为复杂，如何确定这个表格是几行几列呢？

下面先要追溯其母表格然后讲解该表格的生成。母表格是最简单的表格，为 m 行 n 列的形式，共有 $m×n$ 个单元格。任何复杂的表格都源自其母表格，那么上述表格的母表格是什么样呢？在表格中有两条线段：从上往下数第二条水平线段和从左往右数第三条竖直线段，把这两条线段延长与表格的边框线相交，则得到其母表格：

姓　名	联　系　方	式
	住　　址	电　话
李融珏	中山路 8 号	1234567
黄依玲	文峰中学 6 号楼	7654321
郭雄杰	笔架山中学 9 号楼	7778777

这个母表格为 5×3 的形式，共有 15 个单元格。要得到目标表格需要把母表格第 1 列的前两行纵向合并，把第 1 行的后两列横向合并。在导言区调用宏包 multirow 后，使用纵向合并单元格命令 \multirow{n}*{文本} 实现，其中 n 是要合并的行数。

其在正文区的代码是：

```
\begin{tabular}{|l|l|l|}
\hline
\multirow{2}*{\heiti 姓\quad 名}&
\multicolumn{2}{c|}{\heiti 联\quad 系\quad 方\quad 式 }\\\cline{2-3}
&\hfill{\heiti 住\qquad 址}\hfill&\hfill{\heiti 电\quad 话}\hfill\\\hline
李融珏&中山路8号&1234567\\\hline
黄依玲&文峰中学6号楼&7654321\\\hline
郭雄杰&笔架山中学9号楼&7778777\\\hline
\end{tabular}
```

说明： 命令 \multirow{2}*{\heiti 姓\quad 名} 在所处的位置把接下来的纵向的两个单元格合并为一个单元格，写入内容“姓名”，且内容放在新单元格的正中间。命令 \multicolumn{2}{c|}{\heiti 联\quad 系\quad 方\quad 式} 在所处的位置把接下来的横向的两个单元格合并为一个单元格，写入内容“联系方式”，列格式 c| 表示把内容放在新单元格的正中间且在右侧画一条竖直表格线。命令 \cline{2-3} 表示在当前位置画一条贯穿第 2 列、第 3 列的水平表格线。

如果需要对纵向合并单元格命令中的文本做换行或对齐处理，请参看宏包 multirow 的说明文档。

4. 横向拆分单元格

除可以合并单元格外，还可以对其进行拆分。横向拆分单元格是把单元格从左到右拆分成多个部分，可使用命令 `\vline` 实现，该命令表示在当前位置画出等于行高的竖线。一条竖线可以把一个单元格分割成两部分，如果需要分成三个部分就使用两次命令 `\vline`。

范例 71　横向拆分单元格

对如下表格中第 2 行第 1 列的单元格进行拆分。

单元格 1	单元格 2
拆分单元格	单元格 4

使之成为

单元格 1	单元格 2
拆分│单元格	单元格 4

但是效果不是很好，拆分后的文本靠得太近，下面的更漂亮。

单元格 1	单元格 2
拆分 │ 单元格	单元格 4

其在正文区的代码是：

```
\begin{tabular}{|c|c|}
\hline
单元格1&单元格2 \\\hline
拆分~\vlinc~单元格&单元格4 \\\hline
\end{tabular}
```

说明：横向拆分单元格不就是在单元格中画一条竖线吗？命令 `\vline` 正好可以做到。拆分后的文本靠得太近，可以使用空白命令去调整，在 `\vline` 的左右两边输入 ~ 即可。

5. 纵向拆分单元格

使用命令 `\vline` 在单元格里画竖线，可以实现横向拆分单元格的效果，但如果是纵向拆分单元格，就没有那么容易了。因为没有类似 `\vline` 的命令可以只在一个单元格内随意地画水平线。但有以下方法可以实现纵向拆分单元格的效果：一是在需要画水平线的位置使用 picture 环境创建一个点盒子，然后用画线段命令画水平线段，水平线段的具体尺寸需要多次编译调试；二是在规划表格时若想把某个单元格纵向拆分为两部分，就把这个单元格作为两个单元格处理，再寻找它的母表格即可。

8.2.4　绘制单元格斜线

有时需要在表格的左上角单元格内画斜线，把单元格分成几个区域，以在各区域中写上文本，如下面的课程表。

日期 \ 节次	星期一
1	语文
2	化学
3	物理

科目 \ 日期 \ 节次	星期一
1	语文
2	化学
3	物理

它们在正文区的代码分别是：

```
\begin{tabular}{|c|c|}
\hline
\diagbox{节次}{日期}&星期一\\\hline
1&语文\\\hline
2&化学\\\hline
3&物理\\\hline
\end{tabular}
```

```
\begin{tabular}{|c|c|}
\hline
\diagbox{节次}{科目}{日期}&星期一\\\hline
1&语文\\\hline
2&化学\\\hline
3&物理\\\hline
\end{tabular}
```

在导言区调用画斜线宏包 diagbox，使用命令 \diagbox{文本1}{文本2} 可画一条对角线把单元格分成左下和右上两部分，该命令可以放在任何一个单元格中。如果想画两条斜线把单元格分成三部分，只需把命令 \diagbox{文本1}{文本2} 改为 \diagbox{文本1}{文本2}{文本3}。

宏包 diagbox 还有更多的选项来满足更多的需求，具体内容见该宏包的介绍。

8.2.5 改变表格行高与列宽

系统在处理表格尺寸时，检测同一行单元格中的盒子高度，根据盒高的最大值和单元格上下边距设置行高；检测同一列单元格中的盒子宽度，根据盒宽的最大值和单元格左右边距设置列宽。系统默认设置一定的单元格边距，结合上述处理方式使表格中的文本不会重叠。

1. 改变表格行高

在默认情况下，表格的行高系数为 1，如果想要扩大行高为原来的 1.5 倍，就可以使用重定义行高系数命令 \renewcommand{\arraystretch}{1.5}实现。中文表格一般是重定义行高系数为 1.5 或 1.6，有时候可能更大一些。

范例 72 改变表格行高

将表格行高扩大为默认的 1.5 倍，效果如下。

姓名	住址	电话
李融珏	中山路 8 号	1234567
黄依玲	文峰中学 6 号楼	7654321
郭雄杰	笔架山中学 9 号楼	7778777

其在正文区的代码是：

```
{\renewcommand{\arraystretch}{1.5}
\begin{tabular}{|l|l|l|}
\hline
姓名&住址&电话\\\hline
李融珏&中山路8号&1234567\\\hline
黄依玲&文峰中学6号楼&7654321\\\hline
郭雄杰&笔架山中学9号楼&7778777\\\hline
```

```
\end{tabular}}
```

说明：改变重定义命令的设置值即可在默认的基础上改变表格的行高，若设置值小于 1，则减少行高。

2. 改变表格列宽

改变表格单元格左右边距可以改变表格列宽，系统默认的单元格左右边距为 12 pt，若想改变边距值，可以使用长度赋值命令 \tabcolsep=尺寸进行设置。当设置单元格左右边距为零即 \tabcolsep=0pt 时，有特殊的作用，如可将单元格左右边距为零的表格嵌入其他表格中，效果比较美观。

范例 73　改变表格单元格左右边距

减少单元格左右边距的效果如下。

姓名	住址	电话
李融珏	中山路 8 号	1234567
黄依玲	文峰中学 6 号楼	7654321
郭雄杰	笔架山中学 9 号楼	7778777

其在正文区的代码是：

```
{\tabcolsep=2pt
\begin{tabular}{|l|l|l|}
\hline
姓名&住址&电话\\
\hline
李融珏&中山路8号&1234567\\\hline
黄依玲&文峰中学6号楼&7654321\\\hline
郭雄杰&笔架山中学9号楼&7778777\\\hline
\end{tabular}}
```

如果设置单元格左右边距为零，即令 \tabcolsep=0pt，则得到如下表格：

姓名	住址	电话
李融珏	中山路 8 号	1234567
黄依玲	文峰中学 6 号楼	7654321
郭雄杰	笔架山中学 9 号楼	7778777

命令 \renewcommand{\arraystretch}{系数} 和 \tabcolsep=尺寸要放在表格环境之前，如果仅仅需要改变某个表格的行距和列宽，应把命令和表格环境整体用花括号括起来构成分组，使命令仅在分组内有效，否则命令对后面的所有表格环境都有效，直到遇到新的重定义命令为止。

3. 改变表格局部行高

通过重定义行高命令能够改变行高，使得表格的所有行高都变为同样的大小，而有时只想改变某行的行高，一个最简单的解决方法就是把可生成一定的高度而宽度为零的标尺盒子命令 \rule[升降值]{水平宽度}{竖直高度} 放在该行的某个单元格代码中，形成一个无形的垂直支撑，从而改变行高。

范例 74　改变表格局部行高

改变通讯录第 2 行行高，效果如下。

姓名	住址	电话
李融珏	中山路 8 号	1234567
黄依玲	文峰中学 6 号楼	7654321
郭雄杰	笔架山中学 9 号楼	7778777

其在正文区的代码是：

```
\begin{tabular}{|l|l|l|}
\hline
\hfill{\heiti 姓名}\hfill&\hfill{\heiti 住址}\hfill&\hfill{\heiti 电话}\hfill\\
\hline
李融珏&中山路8号\rule[-6mm]{0mm}{15mm} &1234567\\\hline
黄依玲&文峰中学6号楼&7654321\\\hline
郭雄杰&笔架山中学9号楼&7778777\\\hline
\end{tabular}
```

说明：表格第 2 行行高变大是因为在第 2 行第 2 列的单元格代码中添加了标尺盒子命令 \rule[-6mm]{0mm}{15mm}，使用无形支柱撑大了第 2 行，设置适当的升降值和竖直高度值可以让单元格中的文本垂直居中。这个命令放在第 2 行的任何一个单元格代码中效果都是一样的。请读者把标尺盒子命令中的宽度参数改为 2 mm，编译后看效果。

4. 改变表格局部列宽

改变列宽也可以使用标尺盒子：把有一定的宽度而高度为零的标尺盒子放在某列中的某个单元格中，形成一个无形的水平支撑，从而改变列宽；也可以使用命令 \hspace*{尺寸} 生成水平空白。

范例 75　改变表格局部列宽

改变通讯录第 1 列列宽，效果如下。

姓名	住址	电话
李融珏	中山路 8 号	1234567
黄依玲	文峰中学 6 号楼	7654321
郭雄杰	笔架山中学 9 号楼	7778777

其源代码是在原通讯录源代码中第 2 行第 1 列单元格文本的右边添加了命令 \rule{8mm}{0mm}，若要使文本“李融珏”水平居中，就在它的左右两边添加命令 \rule{4mm}{0mm}，效果如下：

姓名	住址	电话
李融珏	中山路 8 号	1234567
黄依玲	文峰中学 6 号楼	7654321
郭雄杰	笔架山中学 9 号楼	7778777

8.2.6　设置表格背景色

有时为了突出某行、某列或某个单元格，需要对它们设置背景色。调用宏包 colortbl，可以使用其中的相关命令为表格设置背景色。由于通常使用黑白打印，所以在此仅介绍灰度背景色的设置。

1. 设置行的灰度背景色

行的灰度背景色设置命令是：\rowcolor[gray]{*灰度值*}[*左伸宽度*][*右伸宽度*]，用于设置表格中某一行的灰度背景色，该命令必须放置在一行的起始位置。其中各参数的使用说明如下。

灰度值 必需参数，可设为 0～1 之间的任一数字。
左伸宽度 可选参数，行背景色向左侧空白延伸的宽度，默认为充满左侧空白。
右伸宽度 可选参数，行背景色向右侧空白延伸的宽度，默认为充满右侧空白。

如给一个 2×2 的表格的两行设置不同的灰度背景色。

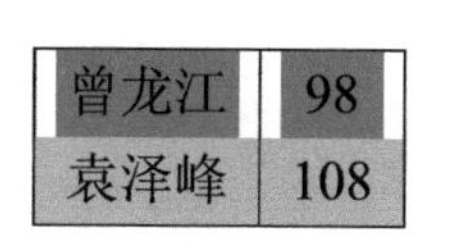

对应代码是：

```
\begin{tabular}{|c|c|}
\hline
\rowcolor[gray]{0.5}[2pt][2pt] 曾龙江& 98 \\
\rowcolor[gray]{0.8} 袁泽峰& 108 \\
\hline
\end{tabular}
```

2. 设置列的灰度背景色

列的灰度背景色设置命令是：\columncolor[gray]{*灰度值*}[*左伸宽度*][*右伸宽度*]，用于设置表格中某一列的灰度背景色，它必须放置在表格环境开始命令的列格式中。其中各参数的使用说明同表格行的灰度背景色设置命令。

如给一个 2×2 的表格的两列设置不同的灰度背景色。

曾龙江	98
袁泽峰	108

对应代码是：

```
\begin{tabular}
{|>{\columncolor[gray]{0.8}}c|
>{\columncolor[gray]{0.5}}c|}
\hline
曾龙江& 98 \\
袁泽峰& 108 \\
\hline
\end{tabular}
```

当某行与某列都设置了灰度背景色，那么行列交叉处的单元格的背景色灰度值服从行的灰度值设置。当横向合并单元格命令中的列格式使用了行的灰度背景色设置命令时，那么合并后的单元格灰度背景色服从这个命令的设置，所在行或列的灰度设置值对其失效。

3. 设置单元格的灰度背景色

单元格的灰度背景色设置命令是：\cellcolor[gray]{灰度值}，其中灰度值可设为 0～1 之间的任一数字。

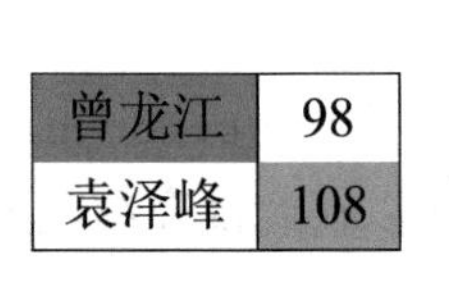

曾龙江	98
袁泽峰	108

对应代码是：

```
\begin{tabular}{|c|c|}
\hline
\cellcolor[gray]{0.5}曾龙江& 98 \\
袁泽峰& \cellcolor[gray]{0.7}108 \\
\hline
\end{tabular}
```

当某个单元格同时设置了行、列、单元格的灰度背景色时，服从单元格的背景色灰度值设置。

8.2.7 表格嵌套

在 LaTeX 的表格中，单元格中可以放置表格，即表格可以嵌套。表格嵌套并不麻烦，需要学习的是如何控制内表格[①]的表格线与所在单元格的表格线的间距。下面是一个 2×2 的表格：

单元格 1	单元格 2
单元格 3	单元格 4

如果要在表格的第 2 行第 1 列单元格中嵌套表格，则输入：

```
\begin{tabular}{|c|c|}
\hline
单元格1 &单元格2 \\\hline
\begin{tabular}{|c|c|}
\hline
单元格1&单元格2\\\hline
单元格3&单元格4\\\hline
\end{tabular} & 单元格4 \\\hline
\end{tabular}
```

输出：

<table>
<tr><td>单元格 1</td><td>单元格 2</td></tr>
<tr><td><table><tr><td>单元格 1</td><td>单元格 2</td></tr><tr><td>单元格 3</td><td>单元格 4</td></tr></table></td><td>单元格 4</td></tr>
</table>

这是默认情况下的输出结果，内表格的表格顶线和底线紧贴着所在单元格的上下表格线，即内表格在垂直方向上充满所在的单元格，不太美观。为了使内表格的表格顶线和底线与所

① 本书将嵌套在表格中的表格称为内表格。

在单元格的上下表格线有明显的间隔，在内表格的首行代码之前使用命令 \firsthline，末行代码之后使用命令 \lasthline 来替代命令 \hline，其他位置还是使用命令 \hline 画水平表格线，即输入：

```
\begin{tabular}{|c|c|}
\hline
单元格1 &单元格2\\\hline
\begin{tabular}{|c|c|}
\firsthline
单元格1&单元格2 \\\hline
单元格3&单元格4 \\\lasthline
\end{tabular} & 单元格4 \\\hline
\end{tabular}
```

输出：

<table>
<tr><td>单元格 1</td><td>单元格 2</td></tr>
<tr><td><table><tr><td>单元格 1</td><td>单元格 2</td></tr><tr><td>单元格 3</td><td>单元格 4</td></tr></table></td><td>单元格 4</td></tr>
</table>

这样的效果是因为使用命令 \firsthline 和命令 \lasthline 时，表格的顶线和底线与上下对象默认有 2 pt 的垂直空白，这个空白的高度用命令 \extratabsurround=尺寸 来控制，如想让垂直空白的高度为 4 pt，则输入：

```
\begin{tabular}{|c|c|}
\hline
单元格1 &单元格2 \\\hline
{\extratabsurround=4pt\begin{tabular}{|c|c|}
\firsthline
单元格1&单元格2 \\\hline
单元格3&单元格4 \\\lasthline
\end{tabular}}& 单元格4 \\\hline
\end{tabular}
```

输出：

<table>
<tr><td>单元格 1</td><td>单元格 2</td></tr>
<tr><td><table><tr><td>单元格 1</td><td>单元格 2</td></tr><tr><td>单元格 3</td><td>单元格 4</td></tr></table></td><td>单元格 4</td></tr>
</table>

8.2.8　表格跨页

前面介绍的表格环境 tabular 生成的表格是不可分割的盒子，如果一个表格行数较多，超过一页，如全校教职工的工资表、某年级学生成绩册等，就要在导言区调用宏包 longtable，使用 longtable 环境制作跨页表格。longtable 环境功能强大，选项很多，限于篇幅本书不一一介绍。跨页表格 longtable 环境的代码结构为：

```
\begin{longtable}[外部位置]{列格式}
表格行
……
\end{longtable}
```

它与 tabular 环境的参数相比只是外部位置的作用不同，列格式和表格行的设置和作用则完全相同。tabular 环境的外部位置参数设置表格与外部文本行的基线在垂直方向上的对齐方式，而 longtable 环境生成的表格单独成为一个段落，外部位置参数设置表格与其上、下段落的对齐方式。外部位置参数说明如下。

l	表格左对齐；
c	表格居中，不是默认值；
r	表格右对齐。

若省略外部位置参数，此时表格的左右边线与版心边栏的距离由长度数据命令 \LTleft 和 \LTright 定义。

1. 制作跨页表格

使用 longtable 环境制作表格，当表格很长，一页排不下时，余下的可以自动排在下一页，效果如下：

序号	姓　名	分　　数				
…	…	…	…	…	…	…
4	赵芷珊					
5	虢芷璇					
6	李芷萱					
…	…	…	…	…	…	…
…	…	…	…	…	…	…
…	…	…	…	…	…	…
…	…	…	…	…	…	…
…	…	…	…	…	…	…
…	…	…	…	…	…	…
…	…	…	…	…	…	…
…	…	…	…	…	…	…

…	…	…	…	…	…	…
…	…	…	…	…	…	…
…	…	…	…	…	…	…
…	…	…	…	…	…	…
…	…	…	…	…	…	…
…	…	…	…	…	…	…
…	…	…	…	…	…	…
…	…	…	…	…	…	…

源代码是：

```
\documentclass{ctexart}
\usepackage{longtable}
\usepackage[paperheight=9cm,paperwidth=7.5cm,text={7.3cm,8.6cm}]{geometry}
\begin{document}
\begin{longtable}[c]{|c|c|p{4.5mm}|p{4.5mm}|p{4.5mm}|p{4.5mm}|p{4.5mm}|}
\hline
序号 & 姓\quad 名 &\multicolumn{5}{c|}{分\qquad 数}\\ \hline
… &   … & … & … & … & … & …\\\hline
4  &赵芷珊 &    &    &    &    & \\ \hline
5  &虢芷璇 &    &    &    &    & \\ \hline
```

```
6  &李芷萱 &    &    &    &    &  \\ \hline
… &   …   & … & … & … & … & …\\\hline
… &   …   & … & … & … & … & …\\\hline
… &   …   & … & … & … & … & …\\\hline
… &   …   & … & … & … & … & …\\\hline
… &   …   & … & … & … & … & …\\\hline
… &   …   & … & … & … & … & …\\\hline
… &   …   & … & … & … & … & …\\\hline
… &   …   & … & … & … & … & …\\\hline
… &   …   & … & … & … & … & …\\\hline
… &   …   & … & … & … & … & …\\\hline
… &   …   & … & … & … & … & …\\\hline
… &   …   & … & … & … & … & …\\\hline
… &   …   & … & … & … & … & …\\\hline
… &   …   & … & … & … & … & …\\\hline
… &   …   & … & … & … & … & …\\\hline
… &   …   & … & … & … & … & …\\\hline
\end{longtable}
```

说明：用 longtable 环境编辑的表格需要连续编译两三次才能获得正确结果。

2. 跨页表格位置设置

如外部位置参数设置为 l，即输入：

```
\begin{longtable}[l]{|c|c|p{4.5mm}|p{4.5mm}|p{4.5mm}|p{4.5mm}|p{4.5mm}|}
\hline
序号 & 姓\quad 名 &\multicolumn{5}{c|}{分\qquad 数} \\ \hline
 …  &   …     &…&…&…&…&…\\\hline
4    & 赵芷珊     &  &  &  &  & \\ \hline
5    & 虢芷璇     &  &  &  &  &  \\ \hline
\end{longtable}
```

则表格左对齐输出：

序号	姓　名	分　　数				
…	…	…	…	…	…	…
4	赵芷珊					
5	虢芷璇					

设置外部位置参数为 c，则表格居中输出：

序号	姓　名	分　　数				
…	…	…	…	…	…	…
4	赵芷珊					
5	虢芷璇					

设置外部位置参数为 r，则表格右对齐输出：

序号	姓　名	分　　数				
…	…	…	…	…	…	…
4	赵芷珊					
5	虢芷璇					

若省略外部位置参数，则输出：

序号	姓　名	分　　数				
…	…	…	…	…	…	…
4	赵芷珊					
5	虢芷璇					

上述示例容易造成误会，好像省略外部位置参数默认为 c，其实不然。省略外部位置参数时，longtable 环境下的表格位置由下面两个长度数据命令控制。

\LTleft	设置表格左边线与版心左栏的距离，默认值是 \fill。\fill 为弹性长度命令，输出 0 到任意长。
\LTright	设置表格右边线与版心右栏的距离，默认值是\fill。该命令服从 \LTleft 的设置。

省略外部位置参数，设置表格左、右边距分别为 2 cm、5 cm，即输入：

```
\LTleft=2cm \LTright=5cm
\begin{longtable}{|c|c|p{4.5mm}|p{4.5mm}|p{4.5mm}|p{4.5mm}|p{4.5mm}|}
\hline
序号 & 姓\quad 名 &\multicolumn{5}{c|}{分\qquad 数} \\ \hline
 …   & …         & … & … & … & … & …\\\hline
 4   & 赵芷珊     &    &    &    &    & \\ \hline
 5   & 虢芷璇     &    &    &    &    &  \\ \hline
\end{longtable}
```

输出：

序号	姓　名	分　　数				
…	…	…	…	…	…	…
4	赵芷珊					
5	虢芷璇					

8.3 登分册（花名册）

范例 76　单科登分册

常见的登分册，也可作为花名册，如下所示：

高一（15）班登分册

科目：________

序号	姓　名	分　　数				
1	朱　露					
2	文　青					

序号	姓　名	分　　数				
3	赵芷珊					
4	虢芷璇					

其在正文区的代码是：

```
\begin{center}
{\zihao{4}\heiti 高一(15)班登分册}\end{center}\vspace{-4mm}%用居中环境放置表格标题
{\raggedright 科目: \underline{\qquad\qquad}}%用左对齐命令排版科目及填空
\begin{center}
\begin{tabular}{|c|c|p{4.5mm}|p{4.5mm}|p{4.5mm}|p{4.5mm}|p{4.5mm}|}
\hline
序号 & 姓\quad 名 &\multicolumn{5}{c|}{分\qquad 数} \\ \hline
1  & 朱\quad 露 &  &  &  &  & \\ \hline
2  & 文\quad 青 &  &  &  &  &  \\ \hline
\end{tabular}
\begin{tabular}{|c|c|p{4.5mm}|p{4.5mm}|p{4.5mm}|p{4.5mm}|p{4.5mm}|}
\hline
序号 & 姓\quad 名 &\multicolumn{5}{c|}{分\qquad 数} \\ \hline
3  & 赵芷珊  &  &  &  &  & \\ \hline
4  & 虢芷璇  &  &  &  &  &  \\ \hline
\end{tabular}
\end{center}
```

说明：把两个结构相同的表格环境并列放在居中环境中，横排。表格中后面5列是分数格，必须等列宽，所以使用了列格式 p{4.5mm} 把填写分数的单元格宽度设置为4.5 mm，然后在环境内部使用了横向合并单元格命令，把第1行的后5个单元格合并为1个。

范例 77　全科登分册

范例76表格是单科登分册，下面是全科登分册。

序号	姓　名	单　科　分　数						总分	本班名次	年级名次
		语文	数学	英语	物理	化学	生物			
1	李融珏									

其在正文区的代码是：

```
\begin{tabular}{|c|c|c|c|c|c|c|c|c|c|c|}
\hline
\multirow{2}*{序号}&\multirow{2}*{姓\quad 名}&
\multicolumn{6}{c|}{单\quad 科\quad 分\quad 数}&
\multirow{2}*{\parbox{4.5mm}{总\\分}}&
\multirow{2}*{\parbox{9mm}{本班\\名次}}&
\multirow{2}*{\parbox{9mm}{年级\\名次}}\\\cline{3-8}
```

```
& &语文&数学&英语&物理&化学&生物& & &\\\hline
1&李融珏& & & & & & & & & \\\hline
\end{tabular}
```

说明：这是一个较为复杂的表格，首先追溯其母表格，然后使用纵向合并单元格和横向合并单元格命令制作。为了能使单元格中的文本换行，在单元格中使用了段落盒子，注意段落盒子的宽度要设置适当。

8.4 选择题答题表

数学试卷的选择题一般是 12 个，选择题答题表有横向和纵向的。

范例 78 横向的选择题答题表

横向的选择题答题表如下。

题号	1	2	3	4	5	6	7	8	9	10	11	12
选项												

其在正文区的代码是：

```
\begin{tabular}{|*{13}{c|}}
\hline
题号&1&2&3&4&5&6&7&8&9&10&11&12\\\hline
选项&&&&&&&&&&&&\\\hline
\end{tabular}
```

这个表格乍一看很漂亮，但是仔细观察发现有点不尽如人意：表格的列宽不相等。在默认情况下，系统读取表格环境代码时会根据列中内容的多少自动设置列宽，由于“9”和“10”宽度不等，题号为 9 和题号为 10 的列宽就不等。为了使题号列的列宽相等，可以使用列格式 p{宽度} 设置，如输入：

```
\begin{tabular}{|c|*{12}{p{3.5mm}|}}
\hline
题号&1&2&3&4&5&6&7&8&9&10&11&12\\\hline
选项&&&&&&&&&&&&\\\hline
\end{tabular}
```

得到：

题号	1	2	3	4	5	6	7	8	9	10	11	12
选项												

列格式 p{3.5mm} 使得题号列的宽度都是 3.5 mm，但是列格式 p{宽度} 默认使列内的文本左对齐，所以造成表格中的题号偏左，如题号 1～9。系统提供了改变默认对齐方式的命令 \centering、\raggedleft、\raggedright，它们分别用于设置居中、右对齐、左对齐。所以在 p{3.5mm} 左边添加列格式的声明 >{\centering\arraybackslash} 既能使列宽相等又能使列内文本居中，即输入：

```
\begin{tabular}{|c|*{12}{>{\centering\arraybackslash}p{3.5mm}|}}
\hline
题号&1&2&3&4&5&6&7&8&9&10&11&12\\\hline
选项&&&&&&&&&&&&\\\hline
\end{tabular}
```

得到如下漂亮的表格：

题号	1	2	3	4	5	6	7	8	9	10	11	12
选项												

还有一种方法既能使列宽相等又能使列内的文本居中，请参看第 5 章盒子中介绍的测量盒子尺寸的内容。应用在这里，测量出数字 9 的宽度为 5.475 pt，然后对单元格的对象进行设置。为了让读者弄明白，只输入两列的表格：

9	11

对应代码是：

```
\begin{tabular}{|c|c|}
\hline
9&\makebox[5.475pt]{11}\\\hline
\end{tabular}
```

说明：命令 \makebox[5.475pt]{11}表示创建一个宽度等于数字 9 的宽度的盒子，盒子中放置的对象是数字 11，且对象在盒子里居中。

范例 79　纵向的选择题答题表

纵向的选择题答题表及其对应代码如下。

题号	选项
1	
2	
…	
12	

对应代码是：

```
\begin{tabular}
{|*{2}{>{\centering\arraybackslash}p{1em}|}}
\hline
\parbox[c][1cm][c]{1em}{题\\[-2.3mm]号}&
\parbox[c][1cm][c]{1em}{选\\[-2.3mm]项}\\\hline
1 &\\\hline
2 &\\\hline
…&\\\hline
12&\\\hline
\end{tabular}
```

8.5　学籍管理表

有些更为复杂的表格，不仅要合并单元格，而且少数单元格中还有多列竖排文本，如下面的学籍管理表。

湖北省普通高级中学学生学籍管理表

省编学号：

姓 名		性 别		贴照片	
出生年月					
民 族		籍 贯			
父亲姓名		工作单位			
母亲姓名		工作单位			
家庭住址					
初中毕业学校	市（州） 县（市） 学校			中考总分	
高中录取学校	市（州） 县（市） 学校			升入高中时 间	
学籍异动情况	转学日期及原因	年 月 日因		年 月 日因	
		由 学校		由 学校	
		转入 学校		转入 学校	
		审批单位（章）		审批单位（章）	
	休学复学日期及原因	年 月 日 因		年 月 日因	
		于 年 学期休养		复学年级 学期	
		审批单位（章）		审批单位（章）	
	留级退学日期及原因	年 月 日 因		年 月 日因	
		留级于高中 年级		退学（开除）	
		审批单位（章）		审批单位（章）	
毕（结）业学校		毕（结）业时间		毕（结）业证号	

制作这个复杂的表格，首先追溯其母表格，延长表格的横线和纵线后知道其母表格有 19 行 6 列，需要在多处横向合并单元格和纵向合并单元格。横向合并单元格成一个单元格后还要左右拆分，使用命令 `\vline` 画单元格内的垂直竖线。这个表格的源代码很复杂，这里暂不给出，请读者先学习如何留照片位，如何排版竖、横排文本。

1. 照片位

表格中要求的照片通常是 2 英寸的登记照，照片位一般处于表格的右上角，2 英寸照片宽 3.5 cm、高 5 cm，所以在表格的右上角留出宽 3.5 cm、高 5 cm 的位置，可是纵向合并单元格得到的单元格的宽是合并前的单元格宽，高是被合并的纵向单元格的高之和，所以纵向合并单元格后新的单元格尺寸不一定正好符合 2 英寸登记照的大小。因此，必须调整表格的行高。调整表格的行高有两种方法：一是在表格环境开始命令前重定义行高系数，按照中文的应用习惯设置系数为 1.5 或 1.6，但这样就把整个表格的行高都改变了；二是在需要加大行高的某个单元格中使用零宽度的标尺盒子来对表格行做无形的支撑。建议使用后者。贴照片处可以做一个宽 3.5 cm、高 5 cm 存储盒子放入，随时调用，如何自定义存储盒子请参阅本书 10.3 节。

有两种留照片位的方法供参考：一是在表格的最后一列使用纵向合并单元格命令 \multirow，二是使用局部画表格水平线命令 \cline{i-j} 。以如下表格为例。

<table>
<tr><td>姓　　名</td><td></td><td>性　　别</td><td></td><td rowspan="3">贴照片</td></tr>
<tr><td>出生年月</td><td colspan="3"></td></tr>
<tr><td>民　　族</td><td></td><td>籍　　贯</td><td></td></tr>
<tr><td>父亲姓名</td><td></td><td>工作单位</td><td colspan="2"></td></tr>
</table>

其在正文区的代码是：

```
{\renewcommand{\arraystretch}{1.5}
\begin{tabular}{|c|c|c|c|c|c|}
\hline
\multicolumn{2}{|c|}{姓\qquad名}&\hspace*{3.5cm}&
性\rule[-7mm]{0pt}{16mm}\qquad别&\hspace*{2cm}&
\multirow{3}*{\hspace*{9mm}\raisebox{-11mm}{贴照片}\hspace*{9mm}}\\\cline{1-5}

\multicolumn{2}{|c|}{出生年月\rule[-7mm]{0pt}{16mm}}&
\multicolumn{3}{c|}{}&\\\cline{1-5}

\multicolumn{2}{|c|}{民\rule[-7mm]{0pt}{16mm}\qquad族}&&籍\qquad贯&&\\\hline

\multicolumn{2}{|c|}{父亲姓名}&&工作单位&\multicolumn{2}{c|}{}\\\hline
\end{tabular}}
```

说明： 在表格的前三行都使用了零宽度的标尺盒子命令 \rule[-7mm]{0pt}{16mm} 以增大行高，标尺盒子的升降值 -7mm 是经过编译调试才确定的，目的是让同单元格中的文本处于单元格的正中间。调试的方法是将标尺盒子的宽度设置为 1 pt，编译看输出结果，根据标尺盒子和相邻的文本的相对位置进行增减设置，多次调试才能达到好的效果。照片位使用了纵向合并单元格命令 \multirow{3}*{\hspace*{9mm}\raisebox{-11mm}{贴照片}\hspace*{9mm}}，为了让"贴照片"三个字居中，其中使用了升降盒子命令，升降值也是经多次编译调试才确定的。

也可以不使用纵向合并单元格命令而将其替换为 \rule{3.5cm}{0pt}，再配合贯穿第 1～5 列的画表格水平线命令 \cline{1-5} 制作照片位，同时在第 2 行的最后一列中输入"贴照片"三字，这样不仅输入简单而且输出美观，"贴照片"三字自动地位于单元格正中间，得到：

姓　　名		性　　别		贴照片
出生年月				
民　　族		籍　　贯		
父亲姓名		工作单位		

其在正文区的代码是：

```
{\renewcommand{\arraystretch}{1.5}
\begin{tabular}{|c|c|c|c|c|c|}
\hline
\multicolumn{2}{|c|}{姓\qquad名}&\hspace*{3.5cm}&
性\rule[-7mm]{0pt}{16mm}\qquad别&\hspace*{2cm}&
\rule{3.5cm}{0pt}\\\cline{1-5}

\multicolumn{2}{|c|}{出生年月\rule[-7mm]{0pt}{16mm}}&
\multicolumn{3}{c|}{}&贴照片\\\cline{1-5}

\multicolumn{2}{|c|}{民\rule[-7mm]{0pt}{16mm}\qquad族}&&籍\qquad贯&&\\\hline

\multicolumn{2}{|c|}{父亲姓名}&&工作单位&\multicolumn{2}{c|}{}\\\hline
\end{tabular}}
```

综合比较上述代码，当照片占据 3 行（或奇数行）时建议读者使用后一种方式制作。

如果照片位在垂直方向占据 4 行，那么做支撑的标尺盒子的竖直高度和升降值要反复调试才能达到目标效果。以如下表格为例：

姓　名		性　别		出生年月		贴照片
民　族		政治面貌		身　高		
学　制		学　历		户　籍		
专　业		毕业学校				
个　人　履　历						

其在正文区的代码是：

```
{\renewcommand{\arraystretch}{1.6}
\begin{tabular}{|c|c|c|c|c|c|c|}
```

```
\hline
姓\quad 名\rule[-4.5mm]{0pt}{11.9mm}& \hspace*{1.8cm} & 性\quad 别 &
\hspace*{1.2cm}&出生年月&\hspace*{2.cm} & \hspace*{3.1cm}\\\cline{1-6}

民\quad 族\rule[-4.5mm]{0pt}{11.9mm} & & 政治面貌 & & 身\quad 高 &&
\raisebox{-6mm}[0mm][0mm]{\makebox[0mm][c]{贴照片}} \\\cline{1-6}

学\quad 制 \rule[-4.5mm]{0pt}{11.9mm}& & 学\quad 历 & & 户\quad 籍 &&\\\cline{1-6}

专\quad 业\rule[-4.5mm]{0pt}{11.9mm}&&\multicolumn{2}{c|}{毕业学校}&\multicolumn{2}
{c|}{}&\\\cline{1-7}

\multicolumn{7}{|c|}{\heiti 个\quad 人\quad 履\quad 历}\\\cline{1-7}
\end{tabular}}
```

说明： 表格前 4 行都使用了零宽度的标尺盒子命令 \rule[-4.5mm]{0pt}{11.9mm} 来加大行高，经过调试确定了升降值 -4.5 mm 和盒子竖直高度 11.9 mm，使得 4 行等高且行内的文本居中。在第 2 行最后一列的单元格代码中使用了第 5 章中介绍的升降盒子命令 \raisebox{-6mm}[0mm][0mm]{贴照片}，设置盒高、盒深均为零，调试了几次升降值使得“贴照片”三字处于单元格正中间。

制作照片位，一是要清楚照片占据三行还是四行，二是要把“贴照片”三字放在单元格正中间。请读者仔细阅读源代码，如果想省事，也可以把上述的源代码作为模板使用。

2. 多列的竖排文本

学籍管理表中有几处竖排文本，使用了命令\shortstack{ }，花括号内输入可分行的文本，用换行符 \\换行。当两列竖排文本的字数相等时使用此命令效果最佳，例如排版竖排的五言或七言诗。在字数不相等时就要用到微调工具。观察下面三组竖排文本。

转　　转　　转及
学及　学 及　学原
日原　日 原　日
期因　期 因　期因

它们在正文区的代码是：

```
\shortstack{转\\学\\日\\期}\shortstack{及\\原\\因}%
\qquad\shortstack{转\\学\\日\\期}\hspace{0.5em}\shortstack{及\\原\\因}%
\qquad\fbox{\shortstack{转\\学\\日\\期}}%
\fbox{\shortstack{及\\[2.38mm]原\\[2.38mm]因}}
```

竖排文本的第 2 列只有三个字，为了使得这三字占据与四字相等的高度，实现第三组的效果，先给两列文字都加边框，再在三字文本中的换行符后输入加大行距的长度值然后反复编译调试，直到边框高度相等为止，最后去掉边框命令。

3. 多行的横排文本

在学籍管理表中有两行横排文字： 升入高中
时　间 ，其代码是：

```
\parbox{42.15747pt}{\shortstack{升入高中\\时\quad 间}}
```

说明：使用系统中的测量命令测出字符串“升入高中”的宽度值为42.15747pt，再把这个值作为段落盒子的宽度，使得这两行横排文字所在单元格的左右竖线与上一行对应单元格的竖线对齐。

4. 学籍管理表的源代码

为了便于读者阅读源代码，把表格每行的代码集在一起，行与行之间用空行隔开。

```
\begin{tabular}{|c|c|c|c|c|c|}
\multicolumn{6}{c}{\heiti
\zihao{2}湖北省普通高级中学学生学籍管理表}\\[6mm]

\multicolumn{6}{c}{ \hspace*{3.1cm}\zihao{4}省编学号: }\\\hline

\multicolumn{2}{|c|}{姓\qquad 名}&\hspace*{3.5cm}&            %对应表格第1行
性\rule[-7mm]{0pt}{16mm}\qquad 别&\hspace*{2cm}&\rule{3.5cm}{0pt}\\\cline{1-5}

\multicolumn{2}{|c|}{出生年月\rule[-7mm]{0pt}{16mm}}&          %对应表格第2行
\multicolumn{3}{c|}{}&贴照片\\\cline{1-5}

\multicolumn{2}{|c|}{民\rule[-7mm]{0pt}{16mm}\qquad 族}&        %对应表格第3行
&籍\qquad 贯&&\\\hline

\multicolumn{2}{|c|}{父亲姓名\rule[-3.5mm]{0pt}{10mm}}&         %对应表格第4行
&工作单位&\multicolumn{2}{c|}{}\\\hline

\multicolumn{2}{|c|}{母亲姓名\rule[-3.5mm]{0pt}{10mm}}&         %对应表格第5行
&工作单位&\multicolumn{2}{c|}{}\\\hline

\multicolumn{2}{|c|}{家庭住址\rule[-3.5mm]{0pt}{10mm}}&         %对应表格第6行
\multicolumn{4}{c|}{}\\\hline

\multicolumn{2}{|c|}{初中毕业学校\rule[-3.5mm]{0pt}{10mm}}&     %对应表格第7行
\multicolumn{4}{c|}{\hspace*{1.5cm}市（州）\hspace*{1.5cm}县（市）
\hspace*{1.5cm}学校\,\,\vline\,\,中考总分\,\,\vline\hspace*{1.5cm}}\\\hline

\multicolumn{2}{|c|}{高中录取学校\rule[-3.5mm]{0pt}{10mm}}&     %对应表格第8行
\multicolumn{4}{c|}{\hspace*{1.5cm}市（州）\hspace*{1.5cm}县（市）
\hspace*{1.5cm}学校\,\,\vline\,\,
\parbox{42.15747pt}{\shortstack{升入高中\\ 时\quad 间}}\,\,\vline
```

```
\hspace*{1.5cm}}\\\hline

\multirow{10}*{\raisebox{-61mm}                              %对应表格第9行
{\shortstack{学\\[2mm]籍\\[2mm]异\\[2mm]动\\[2mm]情\\[2mm]况}}}&
\multirow{4}*{\raisebox{-21.3mm}{\shortstack{转\\学\\日\\期}%
\shortstack{及\\[2.2mm]原\\[2.2mm]因}}}&\multicolumn{2}{c|}
{\hspace*{1.5cm}年\hspace*{7mm}月\hspace*{7mm}日因\hspace*{7mm}}&
\multicolumn{2}{c|}{\hspace*{1.5cm}年\hspace*{7mm}
\rule[-3.5mm]{0pt}{10mm} 月\hspace*{7mm}日因\hspace*{7mm}}\\\cline{3-6}

&&\multicolumn{2}{c|}                                          %对应表格第10行
{由\hspace{4.5cm}\rule[-3.5mm]{0pt}{10mm}学校}&
\multicolumn{2}{c|}{由\hspace{4.5cm}学校}\\\cline{3-6}

&&\multicolumn{2}{c|}{转入\hfill\rule[-3.5mm]{0pt}{10mm}学校}& %对应表格第11行
\multicolumn{2}{c|}{转入\hfill学校}\\\cline{3-6}

&&\multicolumn{2}{c|}                                          %对应表格第12行
{~\hfill审批单位\rule[-3.5mm]{0pt}{10mm}（章）}&
\multicolumn{2}{c|}{~\hfill审批单位（章）}\\\cline{2-6}

&\multirow{3}*{\raisebox{-9mm}{\parbox[c][2cm][c]{0.8cm}      %对应表格第13行
{\shortstack{休\\学\\复\\学\\日}\shortstack{期\\及\\原\\因\\\vspace{0.9mm}}}}}&
\multicolumn{2}{c|}{\hspace*{1.5cm}年\hspace*{7mm}月\hspace*{7mm}日
\rule[-3.5mm]{0pt}{10mm}因\hspace*{7mm}}&\multicolumn{2}{c|}
{\hspace*{1.5cm}年\hspace*{7mm}月\hspace*{7mm}日因\hspace*{7mm}}\\\cline{3-6}

&&\multicolumn{2}{c|}{\hspace*{1.2cm}于\hspace*{1.2cm}年      %对应表格第14行
\rule[-3.5mm]{0pt}{10mm}\hfill学期休养}&
\multicolumn{2}{c|}{\hspace*{1.6cm}复学年级\hfill 学期}\\\cline{3-6}

&&\multicolumn{2}{c|}                                          %对应表格第15行
{~\hfill审批单位（章）\rule[-3.5mm]{0pt}{10mm}}&
\multicolumn{2}{c|}{~\hfill审批单位（章）}\\\cline{2-6}

&\multirow{3}*{\raisebox{-9mm}{\parbox[c][2cm][c]{0.8cm}      %对应表格第16行
{\shortstack{留\\级\\退\\学\\日}\shortstack{期\\及\\原\\因\\
\vspace{0.9mm}}}}}&
\multicolumn{2}{c|}{\hspace*{1.5cm}年\hspace*{7mm}月\hspace*{7mm}日
\rule[-3.5mm]{0pt}{10mm}因\hspace*{7mm}}&\multicolumn{2}{c|}
{\hspace*{1.5cm}年\hspace*{7mm}月\hspace*{7mm}日因\hspace*{7mm}}\\\cline{3-6}

&&\multicolumn{2}{c|}{\hspace*{2.3cm}留级于高中                  %对应表格第17行
\rule[-3.5mm]{0pt}{10mm}\hfill年级}&
```

```
\multicolumn{2}{c|}{~\hfill 退学（开除）}\\\cline{3-6}

&&\multicolumn{2}{c|}{~\hfill审批单位（章）                    %对应表格第18行
\rule[-3.5mm]{0pt}{10mm}}&\multicolumn{2}{c|}{~\hfill审批单位（章）}\\
\cline{1-6}

\multicolumn{2}{|c|}                                            %对应表格第19行
{毕（结）业学校}&\multicolumn{2}{r|}{\vline\,\,毕（结）业
\rule[-3.5mm]{0pt}{10mm}时间\,\,}&\multicolumn{2}{c|}
{\hfil\vline\,\,毕（结）业证号\,\,\vline\hfil}\\\hline

\end{tabular}
```

说明： 横向合并单元格对列分隔符 & 的数量是有影响的，横向合并 n 个单元格则在此行相应减少 $n-1$ 个列分隔符；纵向合并单元格不影响列分隔符的数量，如学籍管理表的第 10 行，尽管该行前两列连续两次纵向合并单元格，但仍然要输入两个列分隔符 & 才能继续往后正常输入行中的内容。这个细节请读者注意，否则编译时会出错。

8.6 个人简历

个人简历是社会生活中很常见的一种表格，样式如下。

个 人 简 历

姓 名		性 别		出生年月		贴照片
民 族		政治面貌		身 高		
学 制		学 历		户 籍		
专 业		毕业学校				
个 人 履 历						
时 间	单 位		经 历			
联 系 方 式						
通信地址				联系电话		
E-mail				邮 编		
自 我 评 价						

其在正文区的代码是：

```
{\renewcommand{\arraystretch}{1.6}
\begin{tabular}{|c|c|c|c|c|c|c|}
\multicolumn{7}{c}{\zihao{2}\heiti 个\quad 人\quad 简\quad 历} \\[4mm]
\hline
姓\quad 名 \rule[-4.5mm]{0pt}{11.9mm}& \hspace*{1.8cm} & 性\quad 别 &
\hspace*{1.2cm}&出生年月&\hspace*{2.cm} & \hspace*{3.1cm}\\\cline{1-6}

民\quad 族\rule[-4.5mm]{0pt}{11.9mm} & & 政治面貌 & & 身\quad 高 & &
\raisebox{-6mm}[0mm][0mm]{贴照片}\\\cline{1-6}%

学\quad 制 \rule[-4.5mm]{0pt}{11.9mm}& & 学\quad 历 & & 户\quad 籍 &&\\\cline{1-6}

专\quad 业 \rule[-4.5mm]{0pt}{11.9mm}& &\multicolumn{2}{c|}{毕业学校}&
\multicolumn{2}{c|}{} & \\\cline{1-7}

\multicolumn{7}{|c|}{\heiti 个\quad 人\quad 履\quad 历}\\\cline{1-7}
时\quad 间 &\multicolumn{2}{c|}{单\qquad 位} &
\multicolumn{4}{c|}{经\qquad 历 }\\\cline{1-7}
& \multicolumn{2}{c|}{} & \multicolumn{4}{c|}{} \\\cline{1-7}
& \multicolumn{2}{c|}{} & \multicolumn{4}{c|}{} \\\cline{1-7}
& \multicolumn{2}{c|}{} & \multicolumn{4}{c|}{} \\\cline{1-7}
\multicolumn{7}{|c|}{\heiti 联\quad 系\quad 方\quad 式} \\\cline{1-7}
通信地址 & \multicolumn{3}{c|}{ } & 联系电话 &
\multicolumn{2}{c|}{ }\\\cline{1-7}
E-mail & \multicolumn{3}{c|}{ } & 邮\qquad 编 &
\multicolumn{2}{c|}{ }\\\cline{1-7}

\multicolumn{7}{|c|}{\heiti 自\quad 我\quad 评\quad 价} \\\cline{1-7}
\multicolumn{7}{|c|}{\rule[-3.5mm]{0pt}{70mm}} \\\cline{1-7}
\end{tabular}}
```

8.7　表格的特殊处理

8.7.1　表格的整体缩放和旋转

表格是一个盒子，使用缩放盒子命令和旋转盒子命令可以将表格任意缩放和旋转。

8.7.2　投机取巧制表格

用 LaTeX 制作表格确实烦琐，要编写一大堆代码，稍有不慎就会编译出错。如果读者熟悉电子表格软件如 Excel，那么不妨使用它制作一张表格，然后导出为 PDF 格式的图片文件，再把该图片文件插入 LaTeX 中，这可谓投机取巧，而又不影响表格的制作质量。

第 9 章　数 学 式

TEX 最具优势的是它能排版精美的数学式，而且数学式越复杂越能显示出它的优越性。如果加载相关的数学式宏包，将充分扩展 TEX 的数学式排版功能，使排版结果更专业、更精美。

以 TEX 为基础构筑的 LaTEX 的数学式排版能力强大，常见的数学函数、运算符号、关系符号、角标（上标和下标）、分式和根式，以及高等数学中的行列式和矩阵都是可以排版的，并且还可以设置不同的数学字体。但考虑到本书篇幅有限且面向的读者对象为基础教育工作者和高校的部分师生，所以本书只介绍基本的数学式排版命令和环境。

9.1　数学模式

9.1.1　基本规则

在 LaTEX 中输入数学式十分方便，它不像在 Word 中要调用公式编辑器，而只需在输入数学式的地方先输入成对的美元符号 `$…$` 或者输入成对的双美元符号 `$$…$$`，进入数学模式，然后按照系统要求的规则在成对的美元符号之间或成对的双美元符号之间输入数学式的代码即可。

在 LaTEX 中输入数学式时必须使用数学模式。数学模式可以分为行内模式和行间模式。数学式的行内模式是指数学式出现在一行文字的内部，不需要另起一行的模式。行内模式的界定标记为 `$…$` 或 `\(…\)`。数学式的行间模式是指数学式出现在两行之间且居中的模式。如果行间公式是单行的，行间模式的界定标记为 `$$…$$` 或 `\[…\]`；如果行间公式是多行的，行间模式则要使用多行公式环境实现。

范例 80　较短的行内公式

制作下面框线内的排版效果。

函数 $f(x)=ax^2+bx+c(a\neq 0,x\in\mathbf{R})$ 的图像和性质

源代码是：

```
\documentclass{ctexart}
\usepackage{amsmath,latexsym,bm}
\begin{document}
函数$f(x)=ax^2+bx+c(a\neq 0,x\in\mathbf{R})$的图像和性质
\end{document}
```

排版结果中的数学公式长度较短，短于版心宽度，其与前后的文字同处一行，这样的公式称为行内公式。除使用 `$…$` 输入行内公式外，也可以改为 `\(…\)` 来输入，即把上面源代码文本环境中的代码改为：

```
函数\(f(x)=ax^2+bx+c(a\neq 0, x\in \mathbf{R})\)的图像和性质
```

得到同样的排版结果。

范例 81　较长公式的换行

制作下面框线内的排版效果。

$f(x)=a_nx^n+a_{n-1}x^{n-1}+a_{n-2}x^{n-2}+a_{n-3}x^{n-3}+a_{n-4}x^{n-4}+a_{n-5}x^{n-5}+a_{n-6}x^{n-6}+$
$\cdots+a_2x^2+a_1x+a_0$

源代码是：

```
\documentclass{ctexart}
\usepackage{amsmath,latexsym,bm}
\begin{document}
$f(x)=a_nx^n+a_{n-1}x^{n-1}+a_{n-2}x^{n-2}+
a_{n-3}x^{n-3}+a_{n-4}x^{n-4}+a_{n-5}x^{n-5}+
a_{n-6}x^{n-6}+\cdots+a_2x^2+a_1x+a_0$
\end{document}
```

说明： 公式代码在一对单美元符号内，属于行内公式，公式又很长，但从输出结果可见其自动换行了，那么在行内输入较长的公式时，系统是怎样对其进行换行的呢？具体规则如下：

- 行内公式较长，且公式内有诸如 $=$、$<$、$>$、$+$ 和 $-$ 等二元运算符，当公式将排满一行时，系统在二元运算符处断行，本范例中的公式就是在 $+$ 后换行的；
- 行内公式较长，而公式内没有二元运算符，那么系统只能把这个公式作为左右盒子一直在当前行排下去，不会自动换行，解决的方法是把较长的公式分割成多个数学式，分批使用 `$…$` 输入；
- 如果使用花括号把公式括起来作为一组，无论公式内有没有二元运算符，系统也不会自动换行。

有时公式虽然只有一行，但想让公式单独占据一行，就使用公式的行间模式。

范例 82　公式的行间模式

观察下面框线内的排版效果。

函数

$$f(x)=ax^2+bx+c(a\neq 0,x\in \mathbf{R})$$

的图像和性质

其在正文区的代码是：

```
函数$$f(x)=ax^2+bx+c(a\neq 0, x\in \mathbf{R})$$的图像和性质
```

说明： 从排版的结果可知，放在一对双美元符号中的数学公式与其前后的字符分开，单独占据一行，且居中。除使用 `$$…$$` 输入行间公式外，也可以改为 `\[…\]` 输入。

从行间模式的输出结果可知：起始的 `$$` 不仅表示进入了数学模式而且要强制换行，还要使公式居中；结束的 `$$` 表示公式结束，且紧跟其后的内容强制换行而不是分段。

把代码改为：

```
正弦定理$$\frac{a}{\sin A}=\frac{b}{\sin B}=\frac{c}{\sin C}=2\mathit{R}$$
```

输出：

正弦定理

$$\frac{a}{\sin A}=\frac{b}{\sin B}=\frac{c}{\sin C}=2R$$

系统处理数学模式中的字符遵循一定的规则：

- 表示变量的字母排版成斜体，如果想要某些字母不排成斜体，则用专门的命令输入。
- 函数名有专用的命令输入，输出为正体。
- 空格键输入的空格被忽略，想要输出一定的间距，则用空白命令输入。
- 数学模式内不能直接输入文本，输入文本要用专门的文本命令。

范例 83　数学模式中的文本

在数学模式中，直接输入的字母会被系统当作变量，输出为斜体；直接输入汉字则没有任何输出。如果想使在数学模式中输入的字母和汉字被作为文本对待，就要使用数学模式中的文本命令。宏包 amsmath 提供了命令 \text{文本}，可以使花括号内的文本正常输出；或在导言区添加 \xeCJKsetup{CJKmath}，可以直接在数学模式里输入文本。如输入：

```
$\text{函数}~f(x)=ax+\frac{b}{x}(a,b\text{为非零常数},x\neq 0)\text{的图像和性质}$
```

输出：函数 $f(x)=ax+\frac{b}{x}(a,b\text{为非零常数},x\neq 0)$的图像和性质。

输入数学式通常要在导言区调用三个经典宏包 amsmath、amssymb 和 bm。汉字和数学式混排时，注意进入数学模式后应该切换成英文输入法，以输入数学符号和标点。

9.1.2　排版数学式的几个刚性要求

排版数学式有一套公认的国际标准，要特别注意以下几个刚性要求：

- 单个的字母表示向量时，顶上无箭头，字母必须使用粗斜体。可在导言区调用宏包 bm，使用命令 \bm{字母} 实现，如输入：$\bm{a}$，输出：$\boldsymbol{a}$。
- 对于常数 e，i 及微分算子 d，在数学式中都要采用正体，使用命令\mathrm{拉丁字母}输入，以区别斜体的变量。对于圆周率 π，由于其是希腊字母不能使用命令 \mathrm 生成，而须用专门的命令。在不同的宏包中圆周率有不同的命令和输出样式，见本书 9.2.6 节。
- 数值带单位时，数值和单位之间要有较小的空白，使用命令 \, 生成空白，并且单位必须用正体。如 0.618 kg 是这样输入的：$0.618\,\mathrm{kg}$（也可以不用数学模式直接输入：0.618\,kg 得到同样的输出）。

9.1.3　数学模式中的四种字号控制命令

在数学模式中，可以用四种命令来控制字号，见表 9.1。

表 9.1

命　令	控制对象
\displaystyle	行间公式尺寸
\textstyle	行内公式尺寸
\scriptstyle	一级角标尺寸
\scriptscriptstyle	二级角标尺寸

在数学模式中输入数学式时，系统会根据输入方式自动排版出合适的字体大小，如果用

户不满意，那么可以使用以上的四个命令强制改变字号。

9.2　数学符号

9.2.1　常见的函数

在数学式中，字母变量以斜体输出，函数名则以正体输出。LaTeX 已经为用户定义好了函数名命令，只要在函数名前面添加反斜杠则输出的是正体函数名。常见的函数名与其对应的命令见表 9.2。

表 9.2

命　令	\sin	\cos	\tan	\log	\lg	\ln	\arcsin	\arccos	\arctan
函 数 名	sin	cos	tan	log	lg	ln	arcsin	arccos	arctan

例如，输入：`$\sin x$`，输出：$\sin x$。注意函数名命令后应该敲击空格键再输入字母变量。还有许多函数名在表 9.2 中没有列出，如果需要，可单击 TeXstudio 的“数学”菜单，再单击其中的“数学功能”选项，则出现一系列的函数名供选择。

9.2.2　数学运算符

1. 常见运算符

数学中的运算指的是数的加减乘除、集合的交并补等。LaTeX 为用户定义了很多运算符，常见的运算符和对应的命令见表 9.3。

表 9.3

符　号	命　令	符　号	命　令	符　号	命　令	符　号	命　令
$\pm$	\pm	$\times$	\times	$\cdot$	\cdot	$\cup$	\cup
$\mp$	\mp	$\div$	\div	$\ast$	\ast	$\cap$	\cap
$\bigcup$	\bigcup	$\bigcap$	\bigcap	$\star$	\star	$\bigstar$	\bigstar
$\oplus$	\oplus	$\otimes$	\otimes	$\ominus$	\ominus	$\complement$	\complement

+、− 这两个符号可以直接用键盘输入得到。

范例 84　求补集符号

在全集 U 下的集合 A 的补集表示为 $\complement_U A$，它的代码是`$\complement_U A$`。

2. 其他运算符

1）排列组合符号

排列组合符号中的大写字母 A、C 必须是正体，使用文本命令`\text{文本}`或者命令`\mathrm{}`输入。

排列数的输入：`$\text{A}_m^n$`或`$\mathrm{A}_m^n$`，输出：A_m^n。

组合数的输入：`$\text{C}_m^n$`或`$\mathrm{C}_m^n$`，输出：C_m^n。

组合数的另一种输入：`$\binom{m}{n}$`，输出：$\binom{m}{n}$。

2）求和、极限和积分符号

（1）求和符号。

输入：`$\sum$`，输出：$\sum$。

输入：`$\sum_{k=1}^n$`，输出：$\sum_{k=1}^n$。

输入：`$\sum\limits_{k=1}^n$`，输出：$\sum\limits_{k=1}^n$。添加 `\limits`，用于把上下限放置于求和符号的头顶和脚下。

如果使用行间模式，不用添加 `\limits`，系统默认把上下限放置于求和符号的头顶和脚下。如输入：`$$\sum_{k=1}^n$$`，输出：

$$\sum_{k=1}^n$$

（2）极限符号。

输入：`$\lim$`，输出：$\lim$。

输入：`$\lim_{x\to 0}$`，输出：$\lim_{x\to 0}$。

输入：`$\lim\limits_{x\to 0}$`，输出：$\lim\limits_{x\to 0}$。其中 `\limits` 用于把自变量放置于极限符号的下面。

如果使用行间模式，不用添加 `\limits`，系统默认把自变量放置于极限符号的下面。输入：`$$\lim_{x\to 0}\frac{\sin x}{x}=1$$`，输出：

$$\lim_{x\to 0}\frac{\sin x}{x}=1$$

（3）积分符号。

输入：`$\int$`，输出：$\int$。

输入：`$\int_a^b$`，输出：$\int_a^b$。

输入：`$\int\limits_a^b$`，输出：$\int\limits_a^b$。添加 `\limits`，用于把上下限放置于积分符号的头顶和脚下。

对于积分符号，如果使用行间模式，不添加 `\limits`，系统默认把上下限放置于积分符号的右上和右下。如输入：`$$\int_a^b$$`，输出：

$$\int_a^b$$

如果添加 `\limits` 呢？输入：`$$\int\limits_a^b$$`，输出：

$$\int\limits_a^b$$

输入：`$\displaystyle \int_a^b$`，输出行间公式大小的行内公式：$\displaystyle \int_a^b$。

如果改命令 `\int` 为 `\oint`，输入：`$\oint\,\,\displaystyle \oint$`，输出带圈的积分号：$\oint\,\,\displaystyle \oint$。

如果输入：`$\iint\,\,\displaystyle \iint\,\,\displaystyle \iiint$`，则输出：$\iint\,\,\displaystyle \iint\,\,\displaystyle \iiint$。

范例 85　求和式的输入

输入：

```
$$\sum\limits_{n=0}^{+\infty}\frac{n}{n+1}$$
```

输出：

$$\sum\limits_{n=0}^{+\infty}\frac{n}{n+1}$$

范例 86　积分式的输入

输入：

```
$$\int_a^bf(x)dx\qquad\int_a^bf(x)\,\mathrm{d}x$$
```

输出：

$$\int_a^bf(x)dx\qquad\int_a^bf(x)\,\mathrm{d}x$$

说明：上面两个积分式中右边的是正确的，命令\mathrm{d}用于把字母 d 排成正体作为微分算子，且在该命令的左边使用命令 \, 以添加较小的空白，这样较之左边的式子更符合排版的要求。

范例 87　正体的积分号

中文文档习惯使用正体的积分符号，命令 \mathrm{拉丁字母} 只能让拉丁字母成为正体，不能让其他符号成为正体。但输入相关的命令，LaTeX 也可以排出正体的积分符号：$\int$。

可在导言区输入以下命令：

```
\DeclareSymbolFont{zljf}{U}{euex}{m}{n}
\DeclareMathSymbol{\zl}{\mathop}{zljf}{'132}
```

则在正文区输入：$\zl$，输出：$\int$。

如输入：

```
$\zl\nolimits_{-\uppi/2}^{\uppi/2}\dfrac{(1+x)^2}{1+x^2}\,\mathrm{d}x$
```

输出：$\int\nolimits_{-\pi/2}^{\pi/2}\dfrac{(1+x)^2}{1+x^2}\,\mathrm{d}x$。

说明：命令 \nolimits 用于在行内模式时，让积分上下限位于积分号的右上和右下，如果改之为命令 \limits，则上下限位于积分号的头顶和脚下。

9.2.3　数学关系符

数学中的关系指的是数的大小关系、元素与集合的从属关系、集合的包含关系，以及几何对象的平行、垂直关系等。常见的关系符和对应的命令见表 9.4。

表 9.4

符　号	命　令	符　号	命　令	符　号	命　令	符　号	命　令
$\le$	\le	$\ge$	\ge	$\leqslant$	\leqslant	$\geqslant$	\geqslant
$\approx$	\approx	$\ne$	\ne	$\in$	\in	$\ni$	\ni
$\notin$	\notin	$\subseteq$	\subseteq	$\subsetneqq$	\subsetneqq	$\supsetneqq$	\supsetneqq
$\sim$	\sim	$\cong$	\cong	$\perp$	\perp	$\parallel$	\parallel
$\nparallel$	\nparallel						

$<$、$>$、$=$ 这三个符号可以直接从键盘输入得到。$\leqslant$、$\geqslant$ 需要调用宏包 amssymb 才能使用它们的命令。

表中的平行于符号是两条靠得较近的竖线，中文文档习惯使用斜平行于符号，而从系统中又找不到，可以自己做一个，输入：`$\mathrel{/\mkern-5mu/}$`，输出：$\mathrel{/\mkern-5mu/}$。

表中所给的包含符号显得较短，可以使用缩放盒子放大。把原样的和放大的摆在一起做个比较，输入：

```
$\subseteq$\,\scalebox{1.25}[1]{$\subseteq$}
```

输出：$\subseteq\,\subseteq$。从上述缩放盒子命令的参数可知，符号在水平方向上放大 1.25 倍，垂直方向上保持不变。

9.2.4 数学运算符和数学关系符两侧的间距

系统中数学运算符和数学关系符两侧的间距是不一样的。例如，输入：`$a+b$`，输出：$a+b$，式子中的 $+$ 表示 a 和 b 做加法运算，这里的 $+$ 是运算符，它的左右两侧安排了比普通符号更多的间距，但如果输入：`$+b$`，输出：$+b$，系统认为此处的 $+$ 是正号，不做运算符了，正号与右边的字母间距较小。所以当运算符只有一侧连接字符时它们的间距较小，这个必须注意，在后面学习多行公式上下对齐时有应用。如果觉得式子 $a+b$ 中的加号两侧的间距较大，想使之变小，可以把加号放在花括号内，因为在数学模式中花括号内的符号或公式被系统认为是普通的符号，如输入：`$a{+}b$`，输出：$a{+}b$。

系统在数学关系符的左右两侧也安排了合适的间距，这个间距比运算符两侧的间距略大。如输入：`$a<b$`，输出：$a < b$，其中的小于号就是关系符。

再看这两个集合：$\{x\,|-1\leqslant x\leqslant 4\}$ 和 $\{x\,|{-1}\leqslant x\leqslant 4\}$，不仔细观察觉得它们没有什么区别，但是仔细观察应该是后一个集合式子要更好些，差别就在于负号两侧的间距。前一个集合中的负号被系统当作了减号运算符，它的左右两侧被安排了较大的间距，为了让减号成为负号就把 -1 用花括号括起来成为一组，即 `{-1}`。

对于既不是运算符也不是关系符的普通符号，在数学模式中它们的两侧没有被预置间距，但是为了让普通符号成为运算符或关系符，系统提供了两个命令：

`\mathbin{普通符号}` 可以让普通符号作为运算符。

`\mathrel{普通符号}` 可以让普通符号作为关系符。

输入：`$\clubsuit$`，输出：$\clubsuit$，这个符号只是一个普通符号。如果需要新定义一个运算使 $\clubsuit$ 成为二元运算符，就使用命令`\mathbin{\clubsuit}`，例如：

输入：`$x\clubsuit y=x^2(1-y)$`，输出：$x\clubsuit y = x^2(1-y)$；

输入：`$x\mathbin{\clubsuit}y=x^2(1-y)$`，输出：$x \clubsuit y = x^2(1-y)$。

9.2.5　圆弧帽

想得到漂亮的圆弧帽，在导言区输入以下命令：

```
\DeclareSymbolFont{ugmL}{OMX}{mdugm}{m}{n}
\DeclareMathAccent{\yhu}{\mathord}{ugmL}{"F3}
```

以上两个命令为漂亮的圆弧帽定制了一个专用的命令：`\yhu`。

输入：`$\yhu{AB\,}\,\,\,\yhu{ABC\,}$`，输出：$\overset{\frown}{AB}$ $\overset{\frown}{ABC}$。

9.2.6　希腊字母

在导言区调用宏包 `txfonts`，在斜体的小写希腊字母命令后添加“up”即可得到正体的小写希腊字母。斜体和正体的希腊字母样式及其对应的命令见表 9.5（其他未列出的希腊字母类似）。

表 9.5

字　母	命　令	字　母	命　令	字　母	命　令	字　母	命　令
α	\alpha	β	\beta	θ	\theta	π	\pi
α	\alphaup	β	\betaup	θ	\thetaup	π	\piup

调用宏包 `txfonts` 可能会改变其他数学符号的样式，甚至会改变正文的默认字体，如果不在意这些也是无碍的，但是如果不希望影响到其他的符号，下面还有一个方法得到直立的小写希腊字母却对其他的符号不造成任何影响，即不调用宏包 `txfonts` 而调用宏包 `upgreek`，在斜体的小写希腊字母命令的反斜杠后添加“up”即可得到正体的小写希腊字母。斜体和正体的希腊字母样式及其对应的命令见表 9.6（其他未列出的希腊字母类似）。

表 9.6

字　母	命　令	字　母	命　令	字　母	命　令	字　母	命　令
α	\alpha	β	\beta	θ	\theta	π	\pi
α	\upalpha	β	\upbeta	θ	\uptheta	π	\uppi

宏包 `upgreek` 有三个互斥的可选项：默认的 `Euler`、漂亮的 `Symbol` 和较之略小的 `Symbolsmallscale`。表 9.6 中的正体效果就使用了选项 `Symbol`，在导言区是这样调用宏包及设置其选项的：`\usepackage[Symbol]{upgreek}`。

细心的读者不妨试试，分别调用上述两个宏包，观察命令 `\pi` 的输出，将会看到前一个宏包确实对其他符号产生了影响，而后一个没有。

9.2.7　更多符号的获取

以上列出了一些常用的数学符号的命令输入方式，这些符号及更多的数学符号还可以通过 TeXstudio 中的符号集工具获取。

打开 TeXstudio，单击界面左下角的按钮 ，则在界面左侧出现一列按钮，选择符号集工具按钮 单击出现很多符号和一个搜索栏。单击搜索栏右侧的下拉箭头出现下拉选项列表，选择单击其中的“所有”选项则出现编辑器中存放的所有符号，拖动滚动条可以找到需要的函数名、运算符、关系符等，单击某个符号就在编辑区的光标所在处自动输入了这个符号的命令。如选择“箭头”选项则出现各种各样的箭头符号，其他选项类似。

用符号集工具选择符号时要留意是否需要调用宏包，例如把光标放在“关系”符号集中的“$\leq$”符号处和“$\leqslant$”符号处，给的提示就不一样，后者多了一个提示：宏包 amssymb，提醒用户要调用宏包 amssymb 才能使用符号 $\leqslant$ 的命令 \leqslant 。

9.3 数学模式中的标点符号

在数学模式中常用的标点符号不多，几个常用的标点符号的使用说明见表 9.7。

表 9.7

名　称	符　号	输　入	示　例	说　明
逗号	,	$,$	$x, y, z = 1, 2, 3$	逗号与其前面的字符不留间距，与其后面的字符有较小的间距
分号	;	$;$	$x; y; z = 1; 2; 3$	同上
感叹号	!	$!$	$3! = 3 \cdot 2 \cdot 1$	常用作阶乘符号
冒号	:	$\colon$	$f\colon x \to x^2$	冒号左右两边的间距不等，左小右大，不能用键盘上的冒号符输入

这里还要对逗号和冒号做一下说明，因为在数学模式中逗号与其前面的字符紧挨着，与其后面的字符只有较小的间距，所以适合作为字母、数字间的分隔符，如“$f(x,y)=0$”中的逗号。但如果需要让逗号为全角且与其前后的字符都有稍大的间距，就对逗号前后的数学式分别使用数学模式，如输入：$f(x,y)=0$，$g(y,z)=0$，输出：$f(x,y)=0$，$g(y,z)=0$。

对于冒号，在数学模式中如果直接使用键盘上的冒号符输入，则得到的是数学关系符比号，它的左右两边的间距相等而不是标点符号中的冒号。数学模式中冒号的输入除使用表 9.7 中的命令外，还可以使用命令 \mathpunct{:} 输入得到。命令 \mathpunct{符号} 把符号作为标点处理。从输出效果看，使用命令 \colon 较好些。

数学式中的省略号一般是三点省略号，常用的有五种，见表 9.8。

表 9.8

符　号	命　令	说　明
$\ldots$	\ldots	位于行的基线上，主要用在逗号之间
$\cdots$	\cdots	位于行的正中间，主要用在运算符或关系符之间
$\vdots$	\vdots	用在矩阵的排版中
$\ddots$	\ddots	用在矩阵的排版中
$\iddots$	\iddots	用在矩阵的排版中，但要在导言区调用宏包 mathdots

输入：$x_{1},x_{2},\ldots,x_{n}$，输出：$x_1, x_2, \ldots, x_n$。

输入：$x_{1}+x_{2}+\cdots+x_{n}$，输出：$x_1 + x_2 + \cdots + x_n$。

如果需要六点省略号，连续输入两个省略号命令 $\cdots\cdots$，则输出：$\cdots\cdots$。

9.4 角　　标

角标包括上标和下标。在数学模式中输入上标，如输入：a^{2}或 a^2，输出：a^2；在数学模式中输入下标，如输入：a_{2} 或 a_2，输出：a_2。当角标是单个字符时可以不加花括号。

上面两个例子中的角标是一级角标，对于放在一级角标位置上的字符，系统自动地设置其字号，不必使用一级角标尺寸命令 \scritpstyle 去设置。一级角标中含有的角标则是二级角标，二级角标的尺寸比一级的小，层级更高的角标就和二级角标一样大了。如输入：$x^{x^{x^x}}$，输出：$x^{x^{x^x}}$，这个式子的运算顺序是 $x^{(x^{(x^x)})}$。

当角标的层次较多时，不要忘了输入花括号使用分组。如要得到 x^{y^z}，只能输入 x^{y^z}，不能输入 x^y^z，否则编译出错。

当一级角标显示尺寸偏大，看起来不太像是角标时，可以使用二级角标尺寸命令 \scriptscriptstyle强制改变尺寸，或者把角标的层次上升一级。

输入：

```
$$x_n \quad x_{\scriptscriptstyle{n}} \quad x_{\scriptstyle{n}} \quad x_{_n}$$
```

输出：

$$x_n \quad x_{\scriptscriptstyle{n}} \quad x_{\scriptstyle{n}} \quad x_{_n}$$

可以看出，第二、第四种方式输入的角标更好些。

如果下标是汉字，要先把汉字大小设置为 7 号再放入文本命令中，即 \text{\zihao{7}汉字}，然后放在下标的位置，如输入：$y_{\text{\zihao{7}最大}}$，输出：$y_{\text{最大}}$。

既有上标又有下标时，输入顺序可以交换，如输入：x_1^2,x^2_1，输出相同的结果：x_1^2, x^2_1。

运用技巧可以排版出左右都有上标的效果，如输入：${}^*\!x^*$，输出：${}^*\!x^*$。

调用宏包 amsmath，在数学模式中输入命令 \substack 可以输出多行上标或下标，行之间用换行符 \\ 分隔。

范例 88　多行角标

制作有多行上标、下标的求和符号：$\sum_{\substack{1\leqslant i\leqslant j\\ 1\leqslant j\leqslant 100}}^{\substack{1\leqslant m\leqslant n\\ 1\leqslant n\leqslant 100}}$

其在正文区的代码是：

```
\[
\sum_{\substack{1\leqslant i\leqslant j\\
1\leqslant j\leqslant 100}}^{\substack{1\leqslant m\leqslant n\\
1\leqslant n\leqslant 100}}
\]
```

9.5　分式和比例式

分数线为斜杠的分式直接使用键盘上的对应符号键输入，如输入：$1/2$，输出：1/2。但有时不如输入 \verb"/" 输出的斜杠 / 漂亮，如速度单位，输入：m\verb"/"s，输出：m/s。

分数线为水平线的分式，通过输入：$\frac{分子}{分母}$ 实现，如输入：$\frac{x}{y}$，分式以行内公式的形式输出：$\frac{x}{y}$；输入：$$\frac{x}{y}$$，分式以行间公式的形式输出：

$$\frac{x}{y}$$

如果想在行内排出行间分式大小的分式，可以使用 $\dfrac{分子}{分母}$ 实现，对比 $\frac{1}{2}$ 和 $\dfrac{1}{2}$的输出：$\frac{1}{2}$ 和 $\dfrac{1}{2}$。

分式可以嵌套，用分式嵌套可以排版繁分式。用命令$\cfrac{分子}{分母}$ 排版繁分式，可使所有的分子、分母自动使用同样大小的字号，效果如下：

$$a_0+\cfrac{1}{a_1+\cfrac{1}{a_2+\cfrac{1}{a_3+\cfrac{1}{a_4}}}}$$

它的代码如下：

```
\[a_0+\cfrac{1}{a_1
+\cfrac{1}{a_2
+\cfrac{1}{a_3
+\cfrac{1}{a_4}}}}\]
```

如果把代码中的命令 \cfrac 全部改为 \dfrac ，也可以使得所有的分子、分母自动使用同样大小的字号，输出：

$$a_0+\dfrac{1}{a_1+\dfrac{1}{a_2+\dfrac{1}{a_3+\dfrac{1}{a_4}}}}$$

对比以上两种输出，它们有细微的差别：分子 1 离分数线的间距大小不同。

如果把代码中的命令 \cfrac 全部改为 \frac ，则输出：

$$a_0+\frac{1}{a_1+\frac{1}{a_2+\frac{1}{a_3+\frac{1}{a_4}}}}$$

嵌套的分式从外层到内层，字号逐渐变小，这显然不太美观。编辑嵌套的繁分式不建议使用最后一种命令。

在 LaTeX 中，使用分式命令时，系统检测分式的分子和分母的宽度，取宽度的最大值为分数线的长度，这样输出分式的分数线就显得不够长。为了让分数线稍微长一些，可以在分子或分母的左右两边适当地添加空白，使分子或分母的宽度变大一些，让系统检测到新的宽度，自动地加长分数线。输入：\[\frac{1}{2}\qquad\frac{\;1\;}{2} \] ，输出：

$$\frac{1}{2}\qquad\frac{\;1\;}{2}$$

后一个分式的分子写入的是 `\;1\;`，其中 `\;` 生成一段宽度为 0.2777 em 的水平空白，所以分数线的长度长于数字的宽度。修改后的分数线长度比较符合国内用户的习惯。

比例式也可以表示分数，但很容易把比例号与标点冒号混淆，在数学模式中有专门的命令输入比例号，具体输入和说明见表 9.9。

表 9.9

输　入	输　出	说　明
`$a:b$`	$a:b$	“:”用键盘上的冒号符输入，左右两侧的间距相等，间距稍大
`$a\mathbin{:}b$`	$a\mathbin{:}b$	`\mathbin{:}`输出的比号左右两侧间距相等，间距略小

9.6　根　　式

1. 根式的输入

`$\sqrt{被开方式}$` 用于输出花括号内的被开方式的平方根式。如输入：`$\sqrt{x+y}$`，输出：$\sqrt{x+y}$。

如果开方次数超过 2，则输入：`$\sqrt[n]{被开方式}$`，可输出花括号内的被开方式的 n 次方根式。如输入：`$\sqrt[5]{x+y}$`，输出：$\sqrt[5]{x+y}$。

2. 根式的嵌套

输入：`$$\sqrt[3]{x+\sqrt[m]{y+\sqrt[n]{x^2+y^2}}}$$`

输出：

$$\sqrt[3]{x+\sqrt[m]{y+\sqrt[n]{x^2+y^2}}}$$

3. 根指数位置的调整

输入：`$$\sqrt[5]{\frac{1}{x}+y^2}$$`，输出为行间公式：

$$\sqrt[5]{\frac{1}{x}+y^2}$$

上式中，由于被开方式的高度较大，使得根指数 5 的位置偏低，这样的输出不够美观。有一个方法可以微调根指数的位置：把根指数设置为上标且用 `\!` 拉近与根号的距离，即输入：`$$\sqrt[^5\!]{\frac{1}{x}+y^2}$$`，输出：

$$\sqrt[^5\!]{\frac{1}{x}+y^2}$$

如果还不满意，可以使用升降盒子调整，输入：

```
$$\sqrt[\raisebox{2mm}{$\scriptscriptstyle{5}$}\!]{\frac{1}{x}+y^2}$$
```

输出：

$$\sqrt[\raisebox{2mm}{$\scriptscriptstyle{5}$}\!]{\frac{1}{x}+y^2}$$

说明： 在数学模式中把根指数 5 设置为二级角标尺寸大小，再用升降盒子使之上升 2 mm，最后用命令 `\!` 拉近其与根号的距离。

宏包 amsmath 中有两个根指数位置调整命令，它们是：\leftroot{数值}和 \uproot{数值}，其中花括号内的数值不能带单位，数值在数学模式中默认的单位是 mu，1 mu=1/18 em。\leftroot{数值} 用于设置根指数的左右移动，正值则左移，负值则右移；\uproot{数值} 用于设置根指数的上下移动，正值则上移，负值则下移。如输入：

```
$$\sqrt[\leftroot{-1}\uproot{10}5]{\frac{1}{x}+y^2}$$
```

输出：

$$\sqrt[5]{\frac{1}{x}+y^2}$$

这种输出更加美观。代码\leftroot{-1}\uproot{10}5 表示把根指数 5 右移 1 个单位、上移 10 个单位。

9.7 对 数 式

如输入：$\log_{\mathrm{e}}x=\ln x$，输出：$\log_{\mathrm{e}}x=\ln x$。在数学模式中，命令后的字母都以斜体输出，而 e 虽然是字母，但它在此处是自然常数不是变量，国际标准要求自然常数 e、虚数单位 i、圆周率 π、微分算子 d 和单位采用正体，其他的变量字母则以斜体输出。为了使此处的 e 以正体输出，就要使用命令 \mathrm{e}。

另有，输入：$\log_{2}x$ 或 $\log_2x$ ，输出：$\log_2 x$；输入：$\lg x$ ，输出：$\lg x$。

9.8 标记和文字说明

在数学式中，带箭头标记的字母表示向量。

输入：$\overrightarrow{AB}+\overrightarrow{BC}=\overrightarrow{AC}$，输出：$\overrightarrow{AB}+\overrightarrow{BC}=\overrightarrow{AC}$。

如果在导言区调用宏包 esvect，使用命令 \vv{AB} 则得到另一种样式的向量箭头为 $\overrightarrow{AB}$。

数学式的上下可以画花括号。

输入：$\overbrace{x+y}$，输出：$\overbrace{x+y}$；

输入：$\underbrace{x+y}+z$，输出：$\underbrace{x+y}+z$；

输入：$\overbrace{\underbrace{x+y}+z}$，输出：$\overbrace{\underbrace{x+y}+z}$。这里使用了嵌套。

花括号上面可添加文字说明。输入：$\overbrace{\underbrace{x+y}_{m}+z}^{\text{共3项}}$，输出：$\overbrace{\underbrace{x+y}_{m}+z}^{\text{共 3 项}}$。

上花括号上的说明文字使用上标输入，下花括号上的说明文字使用下标输入。

9.9 定 界 符

定界符是指包围或分割公式的一些符号，常见的有圆括号、方括号、竖线、花括号和尖括号。表 9.10 所示是这些定界符的样式和它们在数学模式中的输入代码。

表 9.10

定界符	(	)	[	]	|	{	}	⟨	⟩
代　码	(	)	[	]	|	\{	\}	\langle	\rangle

其中尖括号常常用于表示向量的夹角，如向量 $\boldsymbol{a}$ 与 $\boldsymbol{b}$ 的夹角表示为 $\langle\boldsymbol{a},\boldsymbol{b}\rangle$，代码是：

```
$\langle\bm{a},\bm{b}\rangle$
```

其中的粗斜体命令 \bm 需在导言区调用宏包 bm 才能使用。

9.9.1 固定尺寸的定界符

有时觉得直接输出的定界符尺寸偏小，希望它们稍微大一些，在定界符的代码前加上命令 \big、\Big、\bigg、\Bigg，就可以把相应的定界符放大为正常尺寸的 1.5 倍、2 倍、2.5 倍、3 倍，对比如图 9.1 所示。

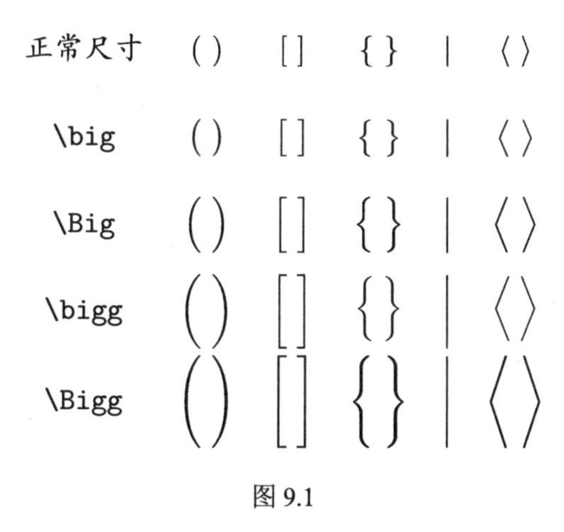

图 9.1

范例 89　数学式中的括号嵌套

观察下面两个内容相同的数学式：

$\{2[(x-1)^2-3]+\ln x\}^3$ 和 $\Big\{2\big[(x-1)^2-3\big]+\ln x\Big\}^3$

其在正文区的代码是：

```
$\{2[(x-1)^2-3]+\ln x\}^3$ 和 $\Big\{2\big[(x-1)^2-3\big]+\ln x\Big\}^3$
```

说明： 两个数学式使用了括号嵌套，内层的是圆括号，中间的是方括号，外层的是花括号。第一个数学式均使用了正常大小的括号，层次不分明，排版效果不好。第二个数学式在各个层级使用了不同大小的括号，从里到外逐渐变大，显得层次分明。

范例 90　绝对值符号

绝对值符号是两条竖线，因为绝对值符号属于数学符号，所以要使用数学模式，如输入：`$|a|$`，输出：$|a|$。

绝对值符号可以嵌套，从内到外的符号尺寸要逐渐变大。高中数学课本中双曲线定义中的距离之差的绝对值，就用到了绝对值符号嵌套。如输入：`$||MP|-|FP||$`，输出：$||MP|-|FP||$，但是这种输出有明显的不足，应该是外层的绝对值符号要比内层的绝对值符号长些，添加命

令 \big 可以满足要求，\big| 可生成比普通的绝对值符号长一点的竖线，输入：$\big||MP|-|FP|\big|$，输出：$\big||MP|-|FP|\big|$，这就美观多了。$\big||MP|-|FP|\big|$ 如果还要嵌套一次，则使用命令 \Big| 套在外层。如 $\Big|\big||MP|-|FP|\big|\Big|$，它的代码是：$\Big|\big||MP|-|FP|\big|\Big|$。

9.9.2 尺寸自动变化的定界符

固定尺寸的定界符由于尺寸固定，包围某些式子时不是大了一点就是小了一点，不能很好地包围。如要包围下面的式子：

$$\sum_{k=\frac{1}{2}}^{N^2}$$

当输入：$$\Bigg(\sum_{k=\frac{1}{2}}^{N^2} \Bigg)$$时，输出：

$$\Bigg(\sum_{k=\frac{1}{2}}^{N^2} \Bigg)$$

这样输出的定界符显得略小。如果希望定界符能够智能地根据所包围式子的大小自动排出适当的尺寸，就要用到尺寸自动变化的定界符。例如排版分段函数，就需要尺寸自动变化的花括号。

尺寸自动变化的定界符由一对命令来完成，其结构是：

```
\left 定界符代码…\right 定界符代码
```

使用尺寸自动变化的定界符包围式子，输入：

```
\[\left(\sum_{k=\frac{1}{2}}^{N^2}\right)\]
```

输出：

$$\left(\sum_{k=\frac{1}{2}}^{N^2}\right)$$

这样比前一种包围更美观。

请读者注意：在输入尺寸自动变化的定界符时，\left 和 \right 必须一左一右成对出现，且不能用换行或分段命令把左右两个定界符排版到两行上。此外还有以下几点需要注意。

（1）命令 \left 和 \right 后紧跟的定界符代码可以同类也可以不同类，如输入：

```
\[
\left(\sum_{k=\frac{1}{2}}^{N^2}\right)\qquad
\left[\sum_{k=\frac{1}{2}}^{N^2}\right]\qquad
\left\{\sum_{k=\frac{1}{2}}^{N^2}\right\}\qquad
\left(\sum_{k=\frac{1}{2}}^{N^2}\right]\qquad
\left\}\sum_{k=\frac{1}{2}}^{N^2}\right[
\]
```

输出：

$$\left(\sum_{k=\frac{1}{2}}^{N^2}\right)\qquad
\left[\sum_{k=\frac{1}{2}}^{N^2}\right]\qquad
\left\{\sum_{k=\frac{1}{2}}^{N^2}\right\}\qquad
\left(\sum_{k=\frac{1}{2}}^{N^2}\right]\qquad
\left\}\sum_{k=\frac{1}{2}}^{N^2}\right[$$

第四个式子左右两个定界符类型不同，最后一个式子左右两个定界符不仅类型不同而且反向。

（2）左右定界符可以只出现一边，另一边不出现，把定界符代码改为圆点就不出现这一处的定界符。

\left. 公式 \right定界符　表示公式左边不出现定界符，右边出现；

\left定界符 公式 \right.　表示公式右边不出现定界符，左边出现；

\left. 公式 \right.　表示两边都不出现定界符，这个代码无意义。

如输入：

```
\[
\left.\sum_{k=\frac{1}{2}}^{N^2}\right\}\qquad
\left\{\sum_{k=\frac{1}{2}}^{N^2}\right.\qquad
\left.\sum_{k=\frac{1}{2}}^{N^2}\right.
\]
```

输出：

$$\left.\sum_{k=\frac{1}{2}}^{N^2}\right\}\qquad \left\{\sum_{k=\frac{1}{2}}^{N^2}\right.\qquad \left.\sum_{k=\frac{1}{2}}^{N^2}\right.$$

只在一边出现的定界符常常用在导数表示、分段函数和推理过程中。

如输入：`\(\left.f'(x)\right|_{x=0}\)`，输出：$\left.f'(x)\right|_{x=0}$。

（3）在左右定界符之间还可以根据需要插入定界符，命令是 \middle 定界符，它的尺寸和左右定界符的尺寸相等。

如输入：

```
\[
\Pr \left( X>\frac12 \middle| Y=0 \right)
=\left.\int_0^1 p(t)\,\mathrm{d}t \middle/ (N^2+1) \right.
\]
```

输出：

$$\Pr \left(X>\frac12 \middle| Y=0 \right) =\left.\int_0^1 p(t)\,\mathrm{d}t \middle/ (N^2+1) \right.$$

又如输入：

```
\(M=\left\{
x\middle| \begin{cases}
x^{2}+2x+3>0\\
3x-2<0\\
\end{cases}
\right\}\)
```

输出：$M=\left\{ x\middle| \begin{cases} x^{2}+2x+3>0\\ 3x-2<0 \end{cases} \right\}$

说明：以上代码使用了 cases 环境排版不等式组，具体见 9.9.3 节。

9.9.3 花括号环境

1. 宏包 amsmath 中的 cases 环境

宏包 amsmath 提供了一个专门排版左花括号的 cases 环境，使用它排版分段函数非常方便，但是它自身不是数学模式，必须置于数学模式中才能在其中输入数学式。

输入：

```
$$
f(x)=\begin{cases}
x+1,&-2\leqslant x<1\\
x^2+1,&1\leqslant x<2\\
\ln x,&x\geqslant 2
\end{cases}
$$
```

输出：$f(x)=\begin{cases} x+1, & -2\leqslant x<1\\ x^2+1, & 1\leqslant x<2\\ \ln x, & x\geqslant 2\end{cases}$

说明：使用 cases 环境排版分段函数不仅输入简单，而且花括号与其后的内容的间距较为合适，紧凑美观。

2. 宏包 mathtools 中的花括号环境

调用宏包 mathtools 可以使用里面的花括号环境，分为：

```
%左花括号环境
\begin{dcases}
    ......
\end{dcases}
```

和

```
%右花括号环境
\begin{rcases}
    ......
\end{rcases}
```

这两个环境必须置于数学模式中才能在其中输入数学式。把前面的 cases 环境改为 dcases 环境，输出：

$$f(x)=\begin{dcases} x+1, & -2\leqslant x<1\\ x^2+1, & 1\leqslant x<2\\ \ln x, & x\geqslant 2\end{dcases}$$

仔细观察，此输出要比 cases 环境下的更为紧凑美观。

使用右花括号环境和小页环境，配合使用升降盒子命令恰当设置升降值可以排版阶梯式逐渐下沉的推理证明过程。

范例 91 阶梯式逐渐下沉的推理证明过程排版

制作以下在几何问题中常见的推理证明过程，效果呈阶梯式逐渐下沉。

$$\left.\begin{matrix}\left.\begin{matrix} AE=EB\\ AF=FD\end{matrix}\right\}\Rightarrow EF\parallel BD\\ EF\not\subset \text{平面}BCD\\ BD\subset \text{平面}BCD\end{matrix}\right\}\Rightarrow EF\parallel \text{平面}BCD$$

源代码是：

```
\documentclass{ctexart}
\usepackage{amsmath,mathtools,zwfh}
\usepackage{newtxmath}%使用该宏包里的命令\nsubset
\usepackage[paperheight=2.5cm,paperwidth=8.4cm,
bottom=0mm,left=0mm,right=0mm,top=2mm]{geometry}
\pagestyle{empty}
\begin{document}
\noindent\(\begin{rcases}
AE=EB\\
AF=FD\\
\end{rcases}
\Rightarrow\)
\raisebox{1.08em}{\begin{minipage}[t]{7cm}
\hrule height 0pt %参考前面介绍的无形行命令
\(\begin{rcases}
EF\pxx BD\\
EF\nsubset \text{平面}BCD\\
BD\subset \text{平面}BCD\\
\end{rcases}
\Rightarrow EF\pxx \text{平面}BCD\)
\end{minipage}}
\end{document}
```

说明： 这种样式的排版在几何问题的推理证明过程中常常见到，由几个条件组合在一起推出一条结论，这条结论又和其他的条件组合到一起推出另一条结论。仔细阅读以上代码，调用了宏包 zwfh（参看本书 10.4.2 节自定义宏包），它在系统中是没有的，需要把这个宏包文件放在与 .tex 文件相同的文件夹中。特别要注意，在小页环境中使用了无形行命令，且其所在的升降盒子的升降值使用了相对长度（1.08 em），因此，无论小页环境中有多少行都不影响第一行与左边的推出符号垂直居中。如果觉得数学式间行距大了，可以在强制换行符后输入行距参数，参数设置为负值即 \\[负的长度值] 实现，此处的长度值仍然可以使用相对单位长度。

9.10 多行公式环境

前面内容讲解的是数学式输入的基础知识，列举的数学式是单行的。在实际应用中，还有聚集在一起的多行公式群。本节开始讲解专门的公式环境以排版多行公式。以下介绍的公式环境大都已经处于数学模式中，只有 array 环境例外，使用时必须放置在数学模式内。

9.10.1 array 环境

array 环境的代码结构是：

```
\begin{array}[外部位置]{列格式}
第1行第1列对象 & 第1行第2列对象 & …… & 第1行第n列对象\\
```

```
第2行第1列对象 & 第2行第2列对象 & …… & 第2行第n列对象\\
…… \\
第m行第1列对象 & 第m行第2列对象 & …… & 第m行第n列对象
\end{array}
```

array 环境的用法和表格环境 tabular 完全相同，唯一不同的是 array 环境必须处于数学模式中。

范例 92 使用 array 环境排版线性方程组

制作下面的线性方程组。

$$\left\{\begin{array}{ccccccccc}
a_{11}x_1&+&a_{12}x_2&+&\cdots&+&a_{1n}x_n&=&b_1\\
a_{21}x_1&+&a_{22}x_2&+&\cdots&+&a_{2n}x_n&=&b_2\\
\multicolumn{9}{c}{\cdots\cdots}\\
a_{n1}x_1&+&a_{n2}x_2&+&\cdots&+&a_{nn}x_n&=&b_n\\
\end{array}\right.$$

其在正文区的代码是：

```
\[\left\{
\begin{array}{ccccccccc}
a_{11}x_1&+&a_{12}x_2&+&\cdots&+&a_{1n}x_n&=&b_1\\
a_{21}x_1&+&a_{22}x_2&+&\cdots&+&a_{2n}x_n&=&b_2\\
\multicolumn{9}{c}{\cdots\cdots}\\
a_{n1}x_1&+&a_{n2}x_2&+&\cdots&+&a_{nn}x_n&=&b_n\\
\end{array}
\right.\]
```

这种按照默认设置输出的线性方程组排列稀松，因为 array 环境本质上是按照表格环境来安排单元格内容的，可以使用命令 \arraystretch 和 \arraycolsep 来调节行距和单元格边距。在 array 环境前添加命令：

```
\renewcommand{\arraystretch}{0.8} \arraycolsep=0.8pt
```

则输出：

$$\left\{\begin{array}{ccccccccc}
a_{11}x_1&+&a_{12}x_2&+&\cdots&+&a_{1n}x_n&=&b_1\\
a_{21}x_1&+&a_{22}x_2&+&\cdots&+&a_{2n}x_n&=&b_2\\
\multicolumn{9}{c}{\cdots\cdots}\\
a_{n1}x_1&+&a_{n2}x_2&+&\cdots&+&a_{nn}x_n&=&b_n\\
\end{array}\right.$$

这样的排版显得紧凑美观。调节行距和列间距的命令参见第 8 章表格中的介绍。

范例 93 使用 array 环境排版矩阵

制作矩阵：$\left(\begin{array}{ccc}11&12&13\\21&22&23\end{array}\right)$。

其在正文区的代码是：

```
\[\left(
\begin{array}{ccc}
```

```
11&12&13\\21&22&23
\end{array}
\right)\]
```

说明：给 array 环境套上成对的定界符 \left(和 \right) 可以排版矩阵。

9.10.2 gather 和 gather* 环境

这两个环境自身自带数学模式，不需要添加成对的美元符号来强调数学模式。在 gather 环境中每行公式末尾用 \\ 换行，但末行行尾可以省略，输出结果是每行公式都居中且每行公式都被自动编号，若要使某行无编号，就在该行行尾使用命令 \notag ，也可以使用命令 \tag{标号} 人为指定公式的标号，该标号自动被圆括号括起来；若使用命令 \tag*{标号}，则标号不会自动带圆括号，此处标号可以是任何字母、数字或其他符号。gather* 环境和前者的不同之处在于：在输出中，gather 环境中每个公式都带编号，而 gather* 环境中每个公式都无编号。这里的环境很像居中环境 center，不需要使用列分隔符 & 。环境中的代码不能有空行，否则编译出错。

范例 94 居中对齐和公式编号

输出下面的两行公式。

$$(a+b)^2=a^2+b^2+2ab \tag{9.1}$$

$$(a+b+c)^2=a^2+b^2+c^2+2ab+2bc+2ac \tag{9.2}$$

其在正文区的代码是：

```
\begin{gather}
(a+b)^2=a^2+b^2+2ab\\
(a+b+c)^2=a^2+b^2+c^2+2ab+2bc+2ac
\end{gather}
```

这个环境自带数学模式。如果取消第一行公式的编号，那就在第一行公式末尾和换行符之间添加命令 \notag ，排版结果是：

$$(a+b)^2=a^2+b^2+2ab$$

$$(a+b+c)^2=a^2+b^2+c^2+2ab+2bc+2ac \tag{9.3}$$

如果人为指定给第一行公式的编号为 1，就在第一行公式末尾和换行符之间添加命令 \tag{1} ，排版结果是：

$$(a+b)^2=a^2+b^2+2ab \tag{1}$$

$$(a+b+c)^2=a^2+b^2+c^2+2ab+2bc+2ac \tag{9.4}$$

如果不让公式自动编号，就改为 gather* 环境，排版结果是：

$$(a+b)^2=a^2+b^2+2ab$$

$$(a+b+c)^2=a^2+b^2+c^2+2ab+2bc+2ac$$

范例 95　杨辉三角的排版

使用 gather* 环境的每行自动居中功能排版杨辉三角，输出结果如下。

$$\begin{gathered}
1\\
1\quad 1\\
1\quad 2\quad 1\\
1\quad 3\quad 3\quad 1\\
1\quad 4\quad 6\quad 4\quad 1\\
1\quad 5\quad 10\quad 10\quad 5\quad 1
\end{gathered}$$

其在正文区的代码是：

```
\begin{gather*}
1\\
1\quad 1\\
1\quad 2\quad 1\\
1\quad 3\quad 3\quad 1\\
1\quad 4\quad 6\quad 4\quad 1\\
1\quad 5\quad \makebox[5.26968pt]{10}\quad \makebox[5.26968pt]{10}
\quad 5\quad 1
\end{gather*}
```

说明： 其中对于两位数 10 的处理是这样的：用 5.4 节介绍的方法先测量出一位数（如 2）的宽度为 5.26968pt，将 10 居中放置在这个宽度的左右盒子中，使得两位数和一位数所占据的宽度相等。对于其他的三角形数阵都可以这样处理。

9.10.3　align 和 align* 环境

对于多行公式，有时需要它们在关系符处对齐，就要用到 align 环境或 align* 环境。在这两个环境中要用到列分隔符 &，列分隔符后面紧跟关系符。这样在输出结果中，关系符的两侧会留出适当的等宽空白，且分隔符左侧的右对齐，分隔符右侧的左对齐。带星号的环境输出时公式无编号。特别注意，在环境中的代码不能出现空行，否则编译出错。

1. 式子的对齐

范例 96　等号对齐

（1）下面两行公式在等号处对齐。

$$(a+b)^2 = a^2+b^2+2ab \tag{9.5}$$

$$(a+b+c)^2 = a^2+b^2+c^2+2ab+2bc+2ac \tag{9.6}$$

其在正文区的代码是：

```
\begin{align}
(a+b)^2   & =a^2+b^2+2ab\\
```

```
(a+b+c)^2 & =a^2+b^2+c^2+2ab+2bc+2ac
\end{align}
```

说明： 此处使用了不带星号的环境，每行用一个列分隔符 &，使两个式子在等号处对齐，同样，使用命令 \notag 可让公式不参与编号。

（2）下面式子中的等号对齐。

$$\begin{aligned} f(x) &= 2(x+1)^2-1 \\ &= 2(x^2+2x+1)-1 \\ &= 2x^2+4x+1 \end{aligned}$$

其在正文区的代码是：

```
\begin{align*}
f(x) & =2(x+1)^2-1\\
& =2(x^2+2x+1)-1\\
& =2x^2+4x+1
\end{align*}
```

说明： 这里改用了带星号的环境，每行用一个列分隔符 &。

（3）下面式子中的等号对齐。

$$\begin{aligned} f(x) =&2(x+1)^2-1 \\ =&2(x^2+2x+1)-1 \\ =&2x^2+4x+1 \end{aligned}$$

其在正文区的代码是：

```
\begin{align*}
f(x) =&2(x+1)^2-1\\
=&2(x^2+2x+1)-1\\
=&2x^2+4x+1
\end{align*}
```

说明： 这个代码和本范例第（2）种情形的代码基本相同，不同的是此处将列分隔符置于等号之后。仔细比较它们的输出结果可知后者是不美观的，等号两侧的空白明显不等，所以按照系统的要求应该将列分隔符置于关系符之前。

范例 97 公式中的关系符对齐

下面式子中的关系符对齐：

$$\begin{aligned} a^2+b^2-\sqrt{2}ab &\geqslant 2ab-\sqrt{2}ab \\ &= (2-\sqrt{2})ab \end{aligned}$$

其在正文区的代码是：

```
\begin{align*}
a^2+b^{2}-\sqrt{2}ab &\geqslant 2ab-\sqrt{2}ab\\
```

```
&=(2-\sqrt{2})ab\\
\end{align*}
```

说明：列分隔符后也可以紧跟不是等号的关系符，同样可使关系符在垂直方向上对齐。

每行使用三个列分隔符 &，则每行有四列，奇数列右对齐，偶数列左对齐，第一列与第二列为一个列对，第三列与第四列为另一个列对，两个列对之间明显分开，适合排版并列的两组多行公式。

范例 98　两组多行公式的并列

输出下面并列的两组多行公式：

$$
\begin{aligned}
(x^n)' &= nx^{n-1} & (\sin x)' &= \cos x\\
(a^x)' &= a^x\ln a & (\cos x)' &= -\sin x\\
& & (\tan x)' &= \frac{1}{\cos^2 x}
\end{aligned}
$$

其在正文区的代码是：

```
\begin{align*}
(x^n)'&= nx^{n-1} & (\sin x)'&= \cos x\\
(a^x)'&= a^x\ln a & (\cos x)'&= -\sin x\\
      &           & (\tan x)'&= \frac{1}{\cos^2x}
\end{align*}
```

说明：版心内，系统默认使第一个列对的左边空白宽度等于第二个列对的右边空白宽度等于两个列对之间的空白宽度。

范例 99　三组多行公式的并列

输出下面并列的三组多行公式：

$$
\begin{aligned}
(x^n)' &= nx^{n-1} & (\sin x)' &= \cos x & (\ln x)' &= \frac{1}{x}\\
(a^x)' &= a^x\ln a & (\cos x)' &= -\sin x & (\mathrm{e}^{x})' &= \mathrm{e}^{x}\\
& & (\tan x)' &= \frac{1}{\cos^2 x} & (\log_{a}x)' &= \frac{1}{x\ln a}
\end{aligned}
$$

其在正文区的代码是：

```
\begin{align*}
(x^n)'&= nx^{n-1}&(\sin x)'&=\cos x  &(\ln x)' &=\frac{1}{x}\\
(a^x)'&= a^x\ln a&(\cos x)'&=-\sin x &(\mathrm{e}^{x})'&=\mathrm{e}^{x}\\
      &          &(\tan x)'&=\frac{1}{\cos^2x}&(\log_{a}x)'&=\frac{1}{x\ln a}
\end{align*}
```

说明：版心内，系统默认使第一个列对的左边空白宽度等于第三个列对的右边空白宽度等于两两列对之间的空白宽度。

2. 公式的截断

实际应用中常常遇到很长的公式，一行排不下，需要跨行才能排出。此时，先要把长公式截断成多个部分，再按照先后顺序进行多行排版。高中数学中关于三角函数的和差化积公式就是一个较长的公式，一行难以排下，需要截断后排版。

范例 100　公式截断

输出下面被截断的公式：

$$
\begin{aligned}
\frac{1}{2}[\sin(x+y)+\sin(x-y)]&=\frac{1}{2}(\sin x\cos y+\cos x\sin y)\\
&\quad+\frac{1}{2}(\sin x\cos y-\cos x\sin y) \qquad (9.7)\\
&=\sin x\cos y
\end{aligned}
$$

其在正文区的代码是：

```
\begin{align*}
\frac{1}{2}[\sin (x+y)+\sin(x-y)]&=\frac{1}{2}(\sin x\cos y+\cos x\sin y)\\
 &\quad+\frac{1}{2}(\sin x\cos y-\cos x\sin y)\tag*{ (9.7) }\\
 &=\sin x\cos y
\end{align*}
```

使用 `align*` 环境，在环境中使用两个换行符\\把一个长公式截成了三段（见环境命令中的第二行和第三行），每行用了一个列分隔符 `&`。第二行没有等号，在列分隔符 `&` 后使用了空白命令 `\quad`，它有两个作用：一是让第二行的公式有适当的缩进；二是为了保证第二行开始的 $+$ 为二元运算符，使其与右侧的式子保持合适的间距。

如果去掉空白命令 `\quad`，改编号 7 为 8，则输出：

$$
\begin{aligned}
\frac{1}{2}[\sin(x+y)+\sin(x-y)]&=\frac{1}{2}(\sin x\cos y+\cos x\sin y)\\
&+\frac{1}{2}(\sin x\cos y-\cos x\sin y) \qquad (9.8)\\
&=\sin x\cos y
\end{aligned}
$$

但这样第二行的加号在垂直方向上与等号对齐。

还是这个和差化积公式，改为如下输入：

```
\begin{align*}
&\frac{1}{2}[\sin (x+y)+\sin(x-y)]\\
&=\frac{1}{2}(\sin x\cos y+\cos x\sin y)\\
&\quad+\frac{1}{2}(\sin x\cos y-\cos x\sin y)\tag*{ (9.9) }\\
&=\sin x\cos y
\end{align*}
```

输出：

$$\begin{aligned}
&\frac{1}{2}[\sin(x+y)+\sin(x-y)]\\
&=\frac{1}{2}(\sin x\cos y+\cos x\sin y)\\
&\quad+\frac{1}{2}(\sin x\cos y-\cos x\sin y) \qquad (9.9)\\
&=\sin x\cos y
\end{aligned}$$

又稍做改动，在第一个列分隔符 & 后添加空白命令 \;，对应代码是：

```
\begin{align*}
&\;\frac{1}{2}[\sin (x+y)+\sin(x-y)]\\
&=\frac{1}{2}(\sin x\cos y+\cos x\sin y)\\
&\quad+\frac{1}{2}(\sin x\cos y-\cos x\sin y)\tag*{ (9.10) }\\
&=\sin x\cos y
\end{align*}
```

输出：

$$\begin{aligned}
&\;\frac{1}{2}[\sin(x+y)+\sin(x-y)]\\
&=\frac{1}{2}(\sin x\cos y+\cos x\sin y)\\
&\quad+\frac{1}{2}(\sin x\cos y-\cos x\sin y) \qquad (9.10)\\
&=\sin x\cos y
\end{aligned}$$

公式第一行右移了一些,再做一下改动,在公式的第一行代码前面添加\mathrel{}，即输入：

```
\begin{align*}
&\mathrel{\phantom{=}}\frac{1}{2}[\sin (x+y)+\sin(x-y)]\\
&=\frac{1}{2}(\sin x\cos y+\cos x\sin y)\tag*{ (9.11) }\\
&\quad+\frac{1}{2}(\sin x\cos y-\cos x\sin y)\\
&=\sin x\cos y
\end{align*}
```

输出：

$$\begin{aligned}
&\mathrel{}\frac{1}{2}[\sin(x+y)+\sin(x-y)]\\
&=\frac{1}{2}(\sin x\cos y+\cos x\sin y) \qquad (9.11)\\
&\quad+\frac{1}{2}(\sin x\cos y-\cos x\sin y)\\
&=\sin x\cos y
\end{aligned}$$

命令 使得等号占着位置但不显示，而命令 \mathrel{参数} 使得花括号内的参数成为二元关系符，这样 \mathrel{} 就把等号变成关系符并且不显示出来，保证了公式中等号前后式子的首字符绝对垂直对齐。那能不能直接使用命令 呢？

现在去掉 \mathrel{ } 直接使用 ，则输出：

$$\begin{aligned}&\frac{1}{2}[\sin(x+y)+\sin(x-y)]\\&=\frac{1}{2}(\sin x\cos y+\cos x\sin y)\\&\quad+\frac{1}{2}(\sin x\cos y-\cos x\sin y)\\&=\sin x\cos y\end{aligned} \tag{9.12}$$

这时公式第一行左移了一些，对齐效果不好。这是因为 中的等号没有被看作二元关系符。若把 \mathrel{} 改为 \phantom{\mathrel{=}}，输出结果与 的相同。

关于较长的公式的截断和排版，以上介绍了几种处理方法。比较排版的结果，对齐效果较好的是式 9.7、式 9.10、式 9.11，其对应方法建议读者采用。

这个多行公式环境还有一个优势，输出结果可以分页并且分页后仍然保持在等号处对齐。

9.10.4　alignat 和 alignat* 环境

如果要改变左右两组公式之间的横向距离，就要用到 alignat 环境或 alignat* 环境。使用这两个环境要注意：

- 要输入一个必需参数，其值为同一行中列对的个数，即同一行中 & 的个数加 1 后再除以 2。
- 列对之间的默认距离为零，在环境内部某处人为插入间隔命令 \hspace{尺寸} 来设置两个列对间的距离。
- 环境中的代码不能有空行，否则编译出错。

范例 101　改变列对之间的距离

输出下面并列的两组公式：

$$\begin{alignedat}{2}(x^n)'&=nx^{n-1} &\hspace{20pt}(\sin x)'&=\cos x\\(a^x)'&=a^x\ln a & (\cos x)'&=-\sin x\\&& (\tan x)'&=\frac{1}{\cos^2x}\end{alignedat}$$

其在正文区的代码是：

```
\begin{alignat*}{2}
(x^n)'&= nx^{n-1} & \hspace{20pt}(\sin x)'&= \cos x\\
(a^x)'&= a^x\ln a &                (\cos x)'&= -\sin x\\
      &           &                (\tan x)'&= \frac{1}{\cos^2x}
\end{alignat*}
```

说明： 输入了两个列对得到两组并列的公式，列对之间设置 20 pt 的横向距离。这样排版更为美观，不仅每个列对排列紧凑，而且列对之间的间距适当。请读者改变间隔命令 \hspace{尺寸} 花括号内的尺寸，观察输出结果。

9.10.5 gathered、aligned 和 alignated 环境

在前面介绍的 gather、align 和 alignat 环境中，无论公式的实际宽度是多少，公式都占据了一行的位置，即每行公式的输出宽度为行宽，也就是说系统排版时，通通将这三个环境代入行间模式，这就无法将这些占据整行的公式嵌入其他公式中成为其他公式的组成部分。因此，为解决这一不足，又相应地出现了在这三个环境名后加上 ed 的新的三个环境：gathered、aligned 和 alignated 环境，统称为公式块环境。在排版时，这三个环境中的内容被当作一个整体的块结构，且这个整体的块结构只占公式实际的自然宽度，而不是绝对地充满整行，也就是说这个块结构的公式就是一个盒子，盒子的宽度是它的自然宽度，所以就可以把这个块状的整体和其他的排版元素一并有机地处理，如在一行中可以放置多个公式块或把几行公式用花括号括在一起作为一个公式组。但是公式块环境不再具有自动编号功能，并且公式块环境要放在数学模式中。

范例 102 推导证明过程的排版

输出下面垂直居中式的推导证明过程：

$$\left\{\begin{aligned}x&=a\cos \theta\\y&=b\sin \theta\end{aligned}\right.\Rightarrow\left\{\begin{gathered}\frac{x}{a}=\cos \theta\\\frac{y}{b}=\sin \theta\end{gathered}\right.\Rightarrow\frac{x^{2}}{a^{2}}+\frac{y^{2}}{b^{2}}=1$$

其在正文区的代码是：

```
$$\left\{
\begin{aligned}
x&=a\cos \theta\\
y&=b\sin \theta\\
\end{aligned}
\right.\Rightarrow
\left\{
\begin{gathered}
\frac{x}{a}=\cos \theta\\
\frac{y}{b}=\sin \theta\\
\end{gathered}
\right.\Rightarrow
\frac{x^{2}}{a^{2}}+\frac{y^{2}}{b^{2}}=1$$
```

说明： 每个公式块只占据了公式的自然宽度，而不是占满一行。公式块是盒子，它们在行内垂直居中。

9.10.6 多行公式环境中插入文字

前面介绍过命令 \text{文本} 可在数学模式中插入文本，而命令 \intertext{文本} 可将文本插入多行公式之间，并且不影响公式的对齐，插入的文本首行不缩进且单独占一行。该命令必须放在换行符 \\ 之后。在多行公式环境中可以同时使用文本命令 \text{文本} 和 \intertext{文本}。

本书随书资源中的宏包 zwfh 含有自定义的命令 \dyx{数字}，命令 \dyx{数字} 专用于在公式环境中标明步骤得分，但不能用在 \intertext{文本} 的后面。注意使用命令 \dyx{数字} 时必须在导言区调用宏包 zwfh，建议将宏包 zwfh 文件与 .tex 文件放在同一个文件夹中。

范例 103 有评分细则的解题过程

输出下面的解题过程：

$$\begin{aligned}\text{解：}(x+\mathrm{i}y)(x-\mathrm{i}y)&=x^2+\mathrm{i}xy-\mathrm{i}xy-\mathrm{i}^2y^2\text{（其中 i 是虚数单位）}\\&=x^2+y^2 \cdots\cdots\cdots\cdots\cdots\cdots\quad 2\text{ 分}\end{aligned}$$

利用 $\mathrm{i}^2=-1$，还可得到

$$\begin{aligned}(x+\mathrm{i}y)^2&=x^2+2\mathrm{i}xy-y^2 \cdots\cdots\cdots\cdots\quad 3\text{ 分}\\(x-\mathrm{i}y)^2&=x^2-2\mathrm{i}xy-y^2 \cdots\cdots\cdots\cdots\quad 4\text{ 分}\end{aligned}$$

其在正文区的代码是：

```
\begin{align*}
\text{解：}(x+\mathrm{i}y)(x-\mathrm{i}y)&=x^2+\mathrm{i}xy-\mathrm{i}xy-
\mathrm{i}^2y^2\text{（其中$\mathrm{i}$ 是虚数单位）}\\
&=x^2+y^2\dyx{2}\\
\intertext {\hspace{7.5em}利用$\mathrm{i}^2=-1$，还可得到}
(x+\mathrm{i} y)^2&=x^2+2\mathrm{i} xy-y^2\dyx{3}\\
(x-\mathrm{i} y)^2&=x^2-2\mathrm{i} xy-y^2\dyx{4}
\end{align*}
```

如果希望使用命令 \intertext{文本} 插入的文本有一定的缩进，就在文本的前面插入适当的空白。

使用命令 \intertext{文本} 插入的文本与相邻行的间距较大，可以在导言区调用宏包 mathtools，使用其提供的命令 \shortintertext{文本} 代替 \intertext{文本}，则插入的文本与相邻行的间距较为合适。代替后的排版结果是：

$$\begin{aligned}\text{解：}(x+\mathrm{i}y)(x-\mathrm{i}y)&=x^2+\mathrm{i}xy-\mathrm{i}xy-\mathrm{i}^2y^2\text{（其中 i 是虚数单位）}\\&=x^2+y^2 \cdots\cdots\cdots\cdots\cdots\cdots\quad 2\text{ 分}\end{aligned}$$

利用 $\mathrm{i}^2=-1$，还可得到

$$\begin{aligned}(x+\mathrm{i}y)^2&=x^2+2\mathrm{i}xy-y^2 \cdots\cdots\cdots\cdots\quad 3\text{ 分}\\(x-\mathrm{i}y)^2&=x^2-2\mathrm{i}xy-y^2 \cdots\cdots\cdots\cdots\quad 4\text{ 分}\end{aligned}$$

9.11 数学式的细微调整

虽然 LaTeX 能够自动排版出精美的数学式，但是由于用户的个性化要求不同，有时还需要手动微调，使排版尽善尽美。

9.11.1 根号高度的调整

根号的高度总能适应被开方式的高度。输入：`$\sqrt{\frac{1}{2}}\sqrt{2}$`，输出：$\sqrt{\frac{1}{2}}\sqrt{2}$。这样的输出效果已经不错了，但是对于精益求精的用户来说，希望两个根号的高度相等，可以使用命令 `\vphantom{对象}` 来实现，这个命令使得对象占据本身的高度而宽度却为零，如输入：`$\sqrt{\frac{1}{2}}\sqrt{\vphantom{\frac{1}{2}}2}$`，输出：$\sqrt{\frac{1}{2}}\sqrt{\vphantom{\frac{1}{2}}2}$。

使用数学支架命令 `\mathstrut` 来平衡高度和深度不同的字母，该命令的输出占一个圆括号的高度和深度。输入：`$\sqrt{a}\sqrt{b}\sqrt{x}\sqrt{y}$`，输出：$\sqrt{a}\sqrt{b}\sqrt{x}\sqrt{y}$；使用支架，输入：

```
$\sqrt{\mathstrut a}\sqrt{\mathstrut b}\sqrt{\mathstrut x}\sqrt{\mathstrut y}$
```

输出：$\sqrt{\mathstrut a}\sqrt{\mathstrut b}\sqrt{\mathstrut x}\sqrt{\mathstrut y}$。

9.11.2 忽略对象高度和深度的命令\smash

`\smash` 命令的结构和说明如下。

`\smash[b]{对象}` 让对象正常显示，但是忽略了对象的深度，只把对象基线以上的部分作为新的盒子。

`\smash[t]{对象}` 让对象正常显示，但是忽略了对象的高度，只把对象基线以下的部分作为新的盒子。

`\smash{对象}` 让对象正常显示，但是既忽略了对象的深度又忽略了对象的高度，实际上是一个以对象的宽度为宽度、高度为零的盒子。

输入：xyz，添加边框输出：xyz（为了体现这三个字符是盒子，给它们添加了边框还画出了基线）。

输入：`\smash[b]{y}\smash[t]{y}\smash{y}`，添加边框输出为：yyy。

范例 104 统一根号大小

输出下面的三行根式。

$\sqrt{x}\sqrt{y}\sqrt{z}$

$\sqrt{x}\sqrt{\smash[b]{y}}\sqrt{z}$

$\sqrt{x}\sqrt{\smash{y}}\sqrt{z}$

代码是：

```
$\sqrt{x}\sqrt{y}\sqrt{z}$

$\sqrt{x}\sqrt{\smash[b]{y}}\sqrt{z}$

$\sqrt{x}\sqrt{\smash{y}}\sqrt{z}$
```

说明： 因为 x, y, z 三个字符的高度相同，x 和 z 的深度为零，y 的深度不为零，系统给它们添加根号排版时会根据字符盒子的尺寸安排合适的根号，所以第一行根式中 y 的根号与另外两个有区别。为了消除这一区别使三个根号统一，只要忽略 y 的深度即可，见第二行代码。第三行中 y 的根号与另外两个相比整体都下降了，这是因为系统忽略了 y 的高度和深度，见第三行代码。三行比较起来，第二行更漂亮。

范例 105 从属关系的排版

输出下面有从属关系的排版效果。

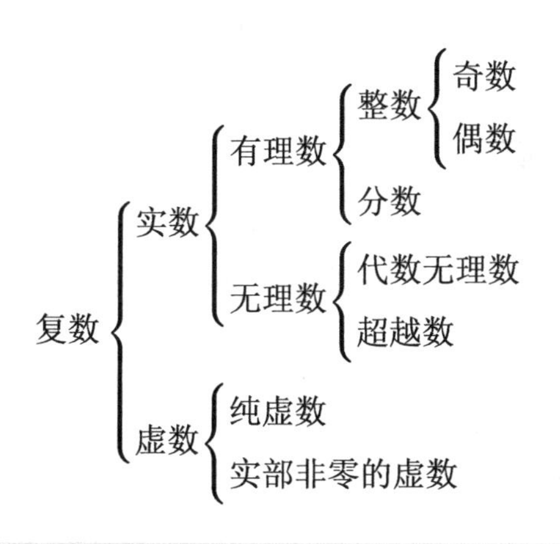

其在正文区的代码是：

```
\[
\text{复数}
\begin{dcases}
\text{实数}\smash[t]{
            \begin{dcases}
              \text{有理数}\smash[t]{
                           \begin{dcases}
                             \text{整数}\smash{
                                          \begin{dcases}
                                            \text{奇数}\\
                                            \text{偶数}
                                          \end{dcases}}\\[1em]
                             \text{分数}
                           \end{dcases}}\\
              \text{无理数}\smash[b]{
                           \begin{dcases}
                             \text{代数无理数}\\
                             \text{超越数}
                           \end{dcases}}
            \end{dcases}}\\[1.3em]
\text{虚数}\smash[b]{
            \begin{dcases}
              \text{纯虚数}\\
               \text{实部非零的虚数}
            \end{dcases}}
\end{dcases}
\]
```

说明：代码中有六个左花括号环境 dcases，每个环境排版一个左花括号，有的左花括号环境放在了忽略深度的命令\smash[b]中，有的左花括号环境放在了忽略高度的命令\smash[t]中，还有的左花括号环境放在了既忽略高度又忽略深度的命令\smash 中，请读者细细体会，不妨去掉这些参数编译看看出现的结果，相信读者会理解得更深刻。为了不让行间靠得太近，使用了命令 \\[1em] 加大行距。还要注意的是，以上代码中不能有空行。

9.11.3 多行公式的行距调整

多行公式换行使用换行符 \\ ，而 \\ 的后面可以紧跟可选参数 [尺寸] ，即 \\[尺寸]。此代码可以调节当前行与下一行的行距。尺寸为正则加大行距，为负则减少行距。如输入：

```
\begin{align*}
\sum_{i=1}^{20}i &=1+2+3+4+5+6+7+8+9+10\\
 &\quad+11+12+13+14+15+16+17\\
 &\quad+18+19+20
\end{align*}
```

输出：

$$\begin{aligned}\sum_{i=1}^{20}i &=1+2+3+4+5+6+7+8+9+10\\ &\quad+11+12+13+14+15+16+17\\ &\quad+18+19+20\end{aligned}$$

这样的输出不太美观，因为求和符号 $\sum\limits_{i=1}^{20}$ 撑大了所在行的总高度，导致其行距与后面的明显不同，可在第一行的换行符后加上 [-2.7mm] ，则得到更美观的输出：

$$\begin{aligned}\sum_{i=1}^{20}i &=1+2+3+4+5+6+7+8+9+10\\[-2.7mm] &\quad+11+12+13+14+15+16+17\\ &\quad+18+19+20\end{aligned}$$

9.11.4 分段函数的花括号和其右边内容的间距调整

输入：

```
$f(x)=\begin{dcases}
x+1,&-2\leqslant x<1\\
x^2+1,&1\leqslant x<2\\
\end{dcases}$
```

输出：$f(x)=\begin{cases}x+1, & -2\leqslant x<1\\ x^2+1, & 1\leqslant x<2\end{cases}$

如果觉得花括号和其后的内容间距偏大，可在左花括号环境内每行数学式的左边使用减少空白的命令 \! ，如下示例。

输入：

```
$f(x)=\begin{dcases}
\!x+1,&-2\leqslant x<1\\
\!x^2+1,&1\leqslant x<2\\
\end{dcases}$
```

输出：$f(x)=\begin{cases}\!x+1, & -2\leqslant x<1\\ \!x^2+1, & 1\leqslant x<2\end{cases}$

9.11.5　分段函数公式行位置的调整

前面已经讲过，排版分段函数最好使用 cases 环境或 dcases 环境。使用 cases 环境排版的示例如下。

输入：

```
\[ f(x)=\begin{cases}
x+1,&-2\leqslant x<1\\
x^2+1,&1\leqslant x<2\\
\end{cases} \]
```

输出：$f(x)=\begin{cases} x+1, & -2\leqslant x<1\\ x^2+1, & 1\leqslant x<2 \end{cases}$

输出结果中花括号的高度较大，可使用升降盒子命令，设置合适的升降值让第一行位置升高改善输出结果。把第一行式子的代码改为：

```
\raisebox{1.5mm}{$x+1,$}&\raisebox{1.5mm}{$-2\leqslant x<1$}
```

输出：

$$f(x)=\begin{cases} x+1, & -2\leqslant x<1\\ x^2+1, & 1\leqslant x<2 \end{cases}$$

它与上一个输出对比，效果要更好一些。使用升降盒子命令也可以让第二行式子的位置下移。

9.11.6　稀松数学式的调整

有时在行内排版数学式时，系统瞻前顾后，既要考虑到本行还要照顾到下一行的字符或数学式是否排得下，导致式子排版得很稀松，例如下面框线内的排版效果：

13. 已 知　 $\sin\alpha$　+　$\cos\beta$　　=　　1，$\cos\alpha$　+　$\sin\beta$　　=　　0，　则　　$\sin(\alpha$　+ $\beta) =$ ________________________.

这是不希望得到的，为了解决这个问题，可使用左右盒子命令 `\makebox{}`把数学式放进去，来让其紧凑些。具体做法是：汉字不用管，把第一个和第二个式子放进一个左右盒子中，把第三个式子放进另一个左右盒子中，排版效果为：

13. 已知$\sin\alpha+\cos\beta=1$，$\cos\alpha+\sin\beta=0$，则$\sin(\alpha+\beta)=$______________________________.

但是这样又出现了两个问题：一是汉字和数学式靠得太近，二是填空用的下画线过长。可以在汉字与式子之间输入“~”以生成适当的间隙，同时修改尺寸[①]缩短下画线，排版效果为：

13. 已知 $\sin\alpha+\cos\beta=1$，$\cos\alpha+\sin\beta=0$，则 $\sin(\alpha+\beta)=$__________________.

9.11.7　行间隙的调整

这里不妨称上一行盒子的底部和下一行盒子的顶部的间距为行间隙。行间隙不是行距，行距是上一行的基线与下一行的基线的距离。一般情况下，系统会自动处理好行间隙，不会让

① 填空题的下画线可使用命令`\underline{\hspace{尺寸}}`生成，由尺寸大小控制长短。

两行文本重叠。但是，当行内有式子如 $\dfrac{\sqrt{5}}{2}$ 时，其明显比同一行内的其他盒子高，行间隙很小，以至于式子的顶部和底部靠着上下行太近，这里介绍两种方法来解决行间隙过小的问题。

（1）手动调节：使用标尺盒子命令（如 `\rule[-4mm]{0mm}{11mm}`）构造无形的支柱，把这个无形支柱放在式子旁，让式子所在的行与上下行有合适的行间隙。

如输入：`\rule[-4mm]{0mm}{11mm}$\dfrac{\sqrt{5}}{2}$`，输出：$\dfrac{\sqrt{5}}{2}$。

标尺盒子命令中的参数值是可调的，可编译后看效果再进行调整。

（2）自动调节：系统检测文档中的所有行间隙的大小，取出它们中的最小值，当这个最小值小于由命令 `\lineskiplimit=尺寸` 设置的值时，则行间隙由命令 `\lineskip=尺寸` 控制，这样就可以避免因为行内有个别较高的盒子而使两行靠得太近。在正文前输入：

```
\lineskiplimit=1pt \lineskip=3pt
```

这两条命令的作用是如果行间隙的最小值小于 1 pt，则行间隙改为 3 pt。

输入：

```
\lineskiplimit=1pt\lineskip=3pt 当行内有式子如$\dfrac{\sqrt{5}}{2}$时，其明显比同一行
内的其他盒子高，行间隙很小，以至于式子的顶部和底部离上下行太近，这两条命令已经很好地解决
了问题。
```

输出：

当行内有式子如 $\dfrac{\sqrt{5}}{2}$ 时，其明显比同一行内的其他盒子高，行间隙很小，以至于式子的顶部和底部离上下行太近，这两条命令已经很好地解决了问题。

第 10 章　自 定 义

在 TEX 中有大量的基础命令、基础环境，但有时用户会觉得这些基础命令和环境不够用或者这些基础命令和环境的输入冗长烦琐，此时可以按照系统规定的语法规则去新定义命令和环境；有时用户会觉得基础命令和环境不尽如人意，此时可以对它们进行重定义。LATEX 就是在 TEX 之上定义了很多实用的命令和环境，常常说 TEX 的扩展性很强就是这个原因。LATEX 中绝大多数的命令名来自英文单词，对于不怎么精通英文的用户来说可以把原有的命令名定义为容易记住且简化的汉语拼音。评价一个软件的优劣，有没有自定义功能是一个重要的指标。由于有了自定义，用户在使用 LATEX 时有了极大的自主性。

10.1　新定义命令

LATEX 的基础命令和环境有很多，即便如此它的功能也不可能面面俱到，根据排版的需要，有时要定义新的命令，可使用新定义命令实现，其结构为：

```
\newcommand{新命令名}[参数数量][默认值]{定义内容}
```

其中各种必需参数和可选参数说明如下。

新命令名	给定新命令的名称，它必须符合系统规定的语法规则，还不能与系统中已有的命令和已调用宏包中的命令重名，否则编译出错。
参数数量	可选参数。指定新命令中参数的个数，可以是 0～9 中的任意整数。默认值是 0，即没有参数。
默认值	可选参数。用于设定第一个参数的默认值；如果在新定义命令中给出默认值，则新命令的第一个参数是可选参数。新命令中最多有一个可选参数且只能是第一个参数。
定义内容	设定具体的排版任务，涉及第 n 个参数时用符号 #n 表示。

新定义命令放在导言区，则新命令在全文有效；放在正文中，则新命令在此后有效；放在某个环境或分组内，则新命令在这个环境或分组内有效。

范例 106　新定义命令应用举例

1）定义不含有参数的新命令，用于简化某个命令

如符号 △是数学符号，表示三角形，系统中默认的命令是 `\triangle`，输入它时应该放在数学模式中即 `$\triangle$`。为了便于记忆和输入，可以取三角形汉语拼音的首字母将其命令名改为 `\sjx`，即输入`\newcommand{\sjx}{$\triangle$}`，那么以后输入 `\sjx` 就相当于输入 `$\triangle$` 了。

说明： 新命令 `\sjx` 并不是取代或覆盖了 `$\triangle$`，它们是等效的，这两个代码无论输入哪个都得到同样的输出 △。

2）定义含有参数的新命令，可使输入更简单、输出更美观

输入：$\dfrac{1}{2}$，输出：$\dfrac{1}{2}$，输出的分数线太短不符合中文用户的习惯。为此，定义一个输出中文分数的命令：\newcommand{\zwfs}[2]{\frac{\;#1\;}{\;#2\;}}，则输入：$\zwfs{1}{2}$，输出：$\frac{\;1\;}{\;2\;}$，这比较符合视觉习惯。

说明：系统能够自动检测分子和分母的宽度，以此生成相应长度的分数线，为了加长分数线就在分子和分母两侧添加空白命令。

对于底数不是分式的对数，使用系统中的命令输入时，如输入：$\log_{2}{7}$，输出：$\log_2 7$，它表示以 2 为底的 7 的对数。但输出中真数 7 离开主体部分较远，底数 2 又显得大了一点，如果新定义：

```
\newcommand{\dsy}[2]{$\log_{\raisebox{0.3mm}{\scalebox{0.5}{#1}}}%
\hspace{-0.6mm}{#2}$}
```

则输入：\dsy{2}{7}，输出：$\log_2 7$。如果觉得这个底数 2 显示得偏小了，可将新定义命令中的缩放系数由 0.5 改为 0.7。

对于底数是分式的对数，使用系统中的命令输入时，如输入：$\log_{\frac{1}{2}}7$，输出：$\log_{\frac{1}{2}} 7$，它表示以 $\dfrac{1}{2}$ 为底的 7 的对数。如果新定义：

```
\newcommand{\dse}[2]{$\log_{\raisebox{0.3mm}{\scalebox{0.6}{$#1$}}}%
\hspace{-0.6mm}{#2}$}
```

则输入：\dse{\frac{1}{2}}{7}，得到更漂亮的输出：$\log_{\frac{1}{2}}7$。

范例 107　带圈数字的制作

对于带圈数字，系统没有自带命令，而若从输入法中的符号集中找到带圈数字进行输入编译后并没有显示，因此有必要自定义输出带圈数字的命令。如输出下面的带圈数字：

①②③④…⑲

其在正文区的代码是：

```
\qsz{1}\qsz{2}\qsz{3}\qsz{4}…\qsz{1\!9}
```

\qsz 是定义的新命令，定义代码如下：

```
1 \newcommand{\qsz}[1]
2 {\unitlength=1mm\begin{picture}(4.8,3.4)(-2.4,-1.4)
3 \put(0,0){\makebox(0,0){\scalebox{0.9}{#1}}}
4 \put(0,0){\circle{3.4}}
5 \end{picture}}
```

说明：第 1 行代码定义了带有一个参数的命令；第 2 行代码开始了一个以 1 mm 为单位长度的绘图环境，构造一个宽、高分别为 4.8 mm、3.4 mm 的盒子，盒子的基点（即盒子的左下角顶点）的坐标为（–2.4,–1.4）；第 3 行代码使用定位命令，第一个定位命令的定位坐标是（0,0），对象是一个宽、高都为 0 的点盒子，点盒子中装了一个尺寸缩小为 90% 的参数对象，表示把对象的正中间定位在（0,0）处，第二个定位命令中表示

以 (0,0) 为圆心、以 3.4 mm 为直径画圆，这样就把数字放在了圆圈的正中间。以后输入 \qsz{1} 输出为①，如果数字是两位数则在两个数字之间添加命令 \! 来减少间距，如输入 \qsz{1\!9} 输出为⑲。建议读者把绘图环境中的长度单位设置为相对长度单位如 em 或 ex，这样无论正文字号是多大，都可以让带圈数字的大小和正文字号的大小保持一致。如要改变为相对长度单位则把第 2 行代码中的 1 mm 改为 0.245 em 即可，动手试试。

范例 108　带紧凑括号的等宽罗马数字

观察下面框线内的罗马数字。

> 本书第 12 章的第 4 节详细介绍了等宽罗马数字可以在输入法符号集中调用得到，如Ⅰ、Ⅱ、Ⅲ，带上括号的罗马数字是（Ⅰ）、（Ⅱ）、（Ⅲ），但是括号与数字的排列显得较为稀松，这样更紧凑：(Ⅰ)、(Ⅱ)、(Ⅲ)。

要得到等宽罗马数字可在导言区添加命令\newfontfamily\zfh{SimSun}。在正文区输入带有分组花括号的命令：{\zfh }，然后打开搜狗输入法特殊符号集找到里面的罗马数字，鼠标单击罗马数字将其输入到命令\zfh 的后面，输入的字符与命令之间必须有空格，编译后才能正确输出。命令带有分组花括号是让命令的作用限于花括号内，不会影响后面的字符。给这些罗马数字加上中文括号则显得排列稀松。为了使罗马数字与括号之间更紧凑，这里自定义了一个新命令：

```
\newcommand{\khrom}[1]{\makebox[0.33em]{\hspace{-0.43em}（}%
\makebox[0.9em]{\zfh #1}\makebox[0.33em]{\hspace{0.46em}）}}
```

这样实际上是把中文的左括号和右括号放在较窄的盒子中，减少括号左右两边的空白。在分组命令{\khrom 罗马数字}中输入罗马数字，则得到带紧凑括号的罗马数字(Ⅰ)、(Ⅱ)、(Ⅲ)等。

10.2　重定义命令

在 LaTeX 中，使用的命令分为三类：系统自带的命令、调用的宏包所提供的命令和用户自定义的新命令，这三类命令统称为已有命令。

如果用户对已有命令的排版效果不满意，希望修改，就可以通过重定义命令修改已有命令，其结构是：\renewcommand{已有命令}[参数数量][默认值]{定义内容}，其中，后三个参数的作用与新定义命令中的完全相同。重定义命令只适用于对已有命令的修改，不能用于未定义命令的修改，否则编译时提示出错。例如，本书第 4 章中的解说罗列环境的词条字体默认为黑体，词条格式的原始定义为：

```
\newcommand{\descriptionlabel}[1]{\hspace{\labelsep}\normalfont\bfseries #1}
```

若想让词条字体改为宋体，可以使用重定义命令：

```
\renewcommand{\descriptionlabel}[1]{\hspace{\labelsep}\normalfont\songti #1}
```

这个命令放在解说罗列环境之前，那么解说罗列的词条字体为宋体。

10.3 自定义盒子

每一款优秀的软件都有自定义工具箱，LaTeX 也为用户留出了施展才华的空间，这就是自定义盒子。例如，在文章中要经常多次使用某种对象（如文本、插图或其他符号），为了取用方便，可以将这些对象放在自定义盒子中，需要时就可以随时调用。更为重要的是，自定义盒子可以扩展原有功能，如在解说罗列环境的解说条目中不能显示的抄录环境中的符号，却能够借助自定义盒子显示出来。

10.3.1 自定义盒子及其调用

自定义盒子和调用盒子的步骤如下：

第一步：输入创建自定义盒子命令 \newsavebox{命令}，命令不能与已有命令同名。

第二步：使用如下代码将对象存入盒子中。

```
\begin{lrbox}{命令}
    对象
\end{lrbox}
```

第三步：使用 \usebox{命令} 调用命令所保存的对象。

范例 109 校徽图片的存储与调用

有一个校徽图片，文件名是：xh.jpg，将其存入自定义盒子并制作如下的校徽排版效果。

它们在正文区的代码是：

```
\newsavebox{\myxh}
\begin{lrbox}{\myxh}
\includegraphics[scale=0.2]{xh.jpg}
\end{lrbox}
\usebox{\myxh} \fbox{\usebox{\myxh}} \usebox{\myxh}
```

说明：当需要将校徽或商标等图片多次插入文档时，就可以使用自定义盒子实现。以上代码是将一个校徽图片存入自定义盒子，然后调用三次。

范例 110 长方形的存储与调用

制作下面的排版效果。

其在正文区的代码是：

```
\newsavebox{\mytest}
\begin{lrbox}{\mytest}
\fboxrule=1pt\framebox{\rule{11mm}{0mm}\rule{0mm}{5mm}}
\end{lrbox}
\usebox{\mytest}\usebox{\mytest}\usebox{\mytest}
\usebox{\mytest} \usebox{\mytest}\usebox{\mytest}
```

说明： 输入:\fboxrule=1pt\framebox{\rule{11mm}{0mm}\rule{0mm}{5mm}},输出:□。这是一个长方形，如果在文档中需要连续排版多个这样的长方形或常常用到它，复制粘贴这条代码就可以了，但这里采取的方法是调用自定义盒子。本范例输出了六个长方形，注意到第四个长方形左右两边有空白，这是因为在第三个盒子调用命令后进行了换行，以及第四个盒子调用命令后输入了空格留出的。在系统中这些盒子不是中文字符盒子，如果是中文字符盒子，换行和输入空格都不会输出空格。

当需要在文档中某处连续排版三个长方形,则在那处连续输入三个调用盒子命令:\usebox{\mytest}\usebox{\mytest}\usebox{\mytest}，输出：□□□。

若觉得靠得太近，可在调用盒子命令之间输入空格或空白命令，如输入：

```
\usebox{\mytest} \usebox{\mytest}\usebox{\mytest}
```

输出：□ □□。

范例111 制作作文方格纸

在语文试卷的后面都会有方格纸让考生写作文，作文方格纸效果如下。

800字

830字

源代码是：

```
1 \documentclass{ctexart}
2 \newsavebox{\zwfg}%自定义盒子
3 \begin{lrbox}{\zwfg}%盒子中存入15个方格，每个方格的大小是7.5mm×7.5mm
4 \framebox{\rule{7.5mm}{0mm}\rule{0.2pt}{7.5mm}\rule{7.5mm}{0mm}%
5 \rule{0.2pt}{7.5mm}%
6 \rule{7.5mm}{0mm}\rule{0.2pt}{7.5mm}\rule{7.5mm}{0mm}%
7 \rule{0.2pt}{7.5mm}\rule{7.5mm}{0mm}%
8 \rule{0.2pt}{7.5mm}\rule{7.5mm}{0mm}\rule{0.2pt}{7.5mm}%
9 \rule{7.5mm}{0mm}\rule{0.2pt}{7.5mm}%
10 \rule{7.5mm}{0mm}\rule{0.2pt}{7.5mm}\rule{7.5mm}{0mm}%
11 \rule{0.2pt}{7.5mm}\rule{7.5mm}{0mm}%
```

```
12 \rule{0.2pt}{7.5mm}\rule{7.5mm}{0mm}\rule{0.2pt}{7.5mm}%
13 \rule{7.5mm}{0mm}\rule{0.2pt}{7.5mm}%
14 \rule{7.5mm}{0mm}\rule{0.2pt}{7.5mm}\rule{7.5mm}{0mm}%
15 \rule{0.2pt}{7.5mm}\rule{7.5mm}{0mm}}
16 \end{lrbox}
17 %定义点盒子命令备用
18 \newcommand{\dhz}[3]
19 {\unitlength=1mm\begin{picture}(0,0)
20 \put(#1,#2){#3}
21 \end{picture}}
22 \begin{document}
23 \usebox{\zwfg}\dhz{-7}{-1.7}{{\zihao{7}800字}}\vspace{0.8mm}
24
25 \usebox{\zwfg}\vspace{0.8mm}
26
27 \usebox{\zwfg}\dhz{-7}{-1.7}{{\zihao{7}830字}}
28 \end{document}
```

说明：代码中的第 2～16 行在导言区自定义了一个盒子，接下来自定义了一个点盒子命令。在正文区中调用自定义的盒子，调用盒子命令之间的空行使每行方格左右对齐，行间加大 0.8 mm 的距离，使用点盒子命令插入字数提示文本。点盒子命令的两个定位参数可以多次修改调试直到满意为止。

范例 112　用表格制作杨辉三角并存储

使用无表格线的表格可以排版杨辉三角，利用自定义盒子将其存储以便调用，排版效果及代码如下。

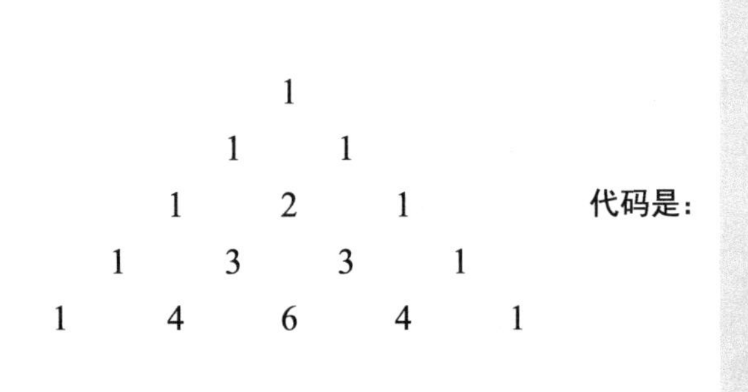

				1				
			1		1			
		1		2		1		
	1		3		3		1	
1		4		6		4		1

代码是：

```
\newsavebox{\yhsj}%自定义盒子
\begin{lrbox}{\yhsj}
\begin{tabular}{ccccccccc}
  &&&&1&&&&\\
  &&&1&&1&&&\\
  &&1&&2&&1&&\\
  &1&&3&&3&&1&\\
  1&&4&&6&&4&&1
\end{tabular}
\end{lrbox}
\usebox{\yhsj}%调用盒子输出杨辉三角
```

说明：此代码需在导言区调用宏包 array。这个杨辉三角排出了前五行，对应的表格应设置为 5 行 9 列，若要排出前 n 行，对应的表格应设置为 n 行 $2n-1$ 列。如果觉得排得比较稀松，可以设置让列宽变得窄些，具体参看第 8 章对表格的讲解。

10.3.2　符号的制作和调用

1. 图形符号的制作和调用

前面使用标尺盒子制作长方形并将其存储在自定义盒子中，如果需要菱形、平行四边形或其他符号可使用 picture 环境制作后存储下来，随时调用。

范例 113　菱形的制作

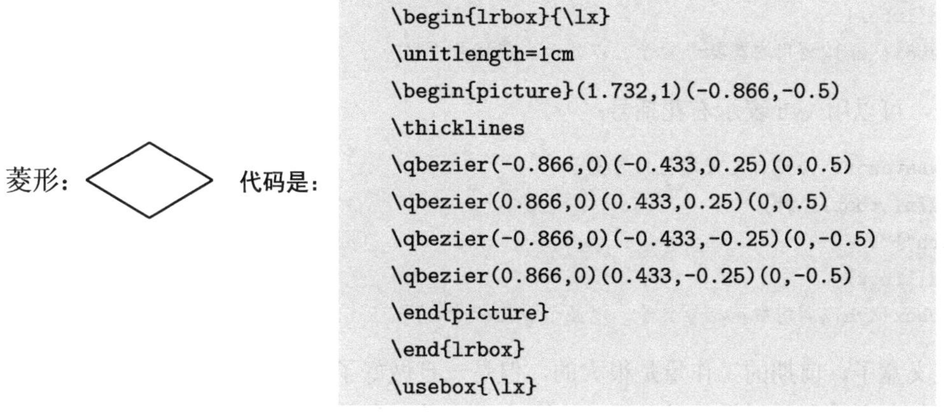

菱形： 代码是：

```
\newsavebox{\lx}
\begin{lrbox}{\lx}
\unitlength=1cm
\begin{picture}(1.732,1)(-0.866,-0.5)
\thicklines
\qbezier(-0.866,0)(-0.433,0.25)(0,0.5)
\qbezier(0.866,0)(0.433,0.25)(0,0.5)
\qbezier(-0.866,0)(-0.433,-0.25)(0,-0.5)
\qbezier(0.866,0)(0.433,-0.25)(0,-0.5)
\end{picture}
\end{lrbox}
\usebox{\lx}
```

说明： 使用 picture 环境制作了一个菱形并使用名为 \lx 的自定义盒子存储，之后可以直接使用 \usebox{\lx} 调用菱形。菱形的大小可以通过改变点的坐标来调节，请读者仔细阅读本书关于 picture 环境的介绍。

范例 114　圆符号的制作

圆符号：⊙　代码是：

```
\newsavebox{\yuan}
\begin{lrbox}{\yuan}
\unitlength=1mm
\begin{picture}(4,3.0)(-2,-1.5)
\put(0,0){\circle{2.9}}\put(0,0){\circle*{0.7}}
\end{picture}
\end{lrbox}
\usebox{\yuan}
```

输入：\usebox{\yuan}C，输出：⊙C。

以上符号用在正文为五号字的文档中很协调，如果正文字号有变化，可以使用缩放盒子命令和升降盒子命令去调整。

对 TikZ 感兴趣的读者可以使用 TikZ 绘制以上符号。

2. 特殊符号的存储和调用

对于左花括号“{”、右花括号“}”和反斜杠“\”这些在排版中有特殊用途的符号，要使它们原样输出，通常是使用抄录命令 \verb"符号" 来实现，但是抄录命令 \verb"符号" 并不是在任何位置都能实现符号的原样输出的，如在解说罗列环境的词条中就不能使用抄录命令。一般插图命令可以插图到文本行中，但是单独的插图命令在某些位置是不能放置的，如不能放在章节命令内。如何打破这些限制，让它们在任何位置都能正常排版输出，那就使用自定义盒子命令把抄录命令、插图命令放在盒子中封装起来，就可以在任何位置调用它们而不受限制。

利用自定义盒子封装对象的功能制作左花括号“{”，代码如下：

```
\newsavebox{\zh}%自定义左花括号盒子
\begin{lrbox}{\zh}
\verb"{"
\end{lrbox}
\usebox{\zh}%调用左花括号盒子，以显示左花括号“{”
```

同上，可以用 \yh 表示右花括号：

```
\newsavebox{\yh}%自定义右花括号盒子
\begin{lrbox}{\yh}
\verb"}"
\end{lrbox}
\usebox{\yh}%调用右花括号盒子，以显示右花括号“}”
```

自定义盒子，前期的工作量是很大的，但是一旦做好了盒子，调用起来就很轻松了，提高了排版的自主性和灵活性。此外，自定义盒子中的对象被封装了，不会受到外界干扰，适应能力很强，无论放在什么模式或环境中都能够正常地显示出来。

10.4 自定义环境和宏包

下面讲解在排版中非常实用的自定义环境和宏包。

10.4.1 自定义点盒子环境

点盒子指的是尺寸全为零的盒子，因为点盒子既无高度又无宽度，所以点盒子不会增加或减少它左右两边对象的距离。通过本书前面章节中介绍过的盒子，有如下的几种方法构造点盒子：

- 使用升降盒子命令，设置盒高、盒深都为零，设置其内盒子为零宽度盒子，可得到一个点盒子。例如：\raisebox{6cm}[0mm][0mm]{\makebox[0mm]{\hspace{3cm}{对象}} 表示把内盒子中的对象从这个点盒子命令处上移 6 cm，再右移 3 cm。
- 在 picture 环境中，设置图形盒子的宽、高都为零，也可以得到一个点盒子。例如：

```
\begin{picture}(0,0)
    绘图命令
\end{picture}
```

- 在绘图环境中有命令\makebox(0,0)[位置]{对象}，用于绘制无边框的长方形盒子，由于宽、高参数都为零，所以生成的是点盒子。命令 \framebox(0,0)[位置]{对象} 用于绘制有边框的长方形盒子，同样生成的是宽、高都为零的点盒子，可用于文本定位。

在以上三种方法构造的点盒子中，由 picture 环境构造的点盒子有很强的实用价值，应用定位命令可以把任意对象平移到版面上的任意位置。由于代码输入量很大，所以可以自定义一个环境使点盒子的输入更简单。取点（盒子）环境汉语拼音的首字母定义一个新环境名 dhj，进行如下定义且将其放在导言区：

```
\newenvironment{dhj}
{\unitlength=1mm\begin{picture}(0,0)}
{\end{picture}}
```

以后就可以用

```
\begin{dhj}
绘图命令
\end{dhj}
```

来代替尺寸全为零且单位长度是 1 mm 的 picture 环境了，picture 环境中的所有命令都可以在新环境 dhj 中使用。

如果每次只需要定位一个可以平移的对象，那么使用新环境 dhj 就显得大材小用了。此时更好的方法就是把只含有一个定位命令的点盒子环境用新定义命令 \dhz 简单表示。新定义命令如下且将其放在导言区：

```
\newcommand{\dhz}[3]
{\unitlength=1mm\begin{picture}(0,0)
\put(#1,#2){#3}
\end{picture}}
```

这样使用点盒子命令 \dhz{x}{y}{对象} 就可以把对象平移到点(x,y)处。

范例 115　点盒子命令的应用

观察下面框线内的排版效果。

TEX

我们需要把 TEX 从此处右移 6 cm，上移 1.3 cm。

其在正文区的代码是：

```
我们需要把\TeX 从此处\dhz{60}{13}{\TeX}右移6\,cm，上移1.3\,cm。
```

说明：“处”和“右”字之间放置了一个点盒子，没有增加也没有减少这两个字的间距，为了让读者明白对象的平移量，画出了起始点和两条平移虚线，水平虚线长 6 cm，垂直虚线长 1.3 cm。点盒子命令中的“对象”可以是文本、表格或图片等。引入点盒子概念，定义点盒子命令，让点盒子成为排版中的特种兵，它可以把对象放在版面中的任意位置，正如 Word 或 WPS 中的文本框。

范例 116　用点盒子任意放置花括号

观察下面框线内的排版效果。

输入两段文字，在第一段的左侧放置花括号××。

第二段右侧放置花括号，×××。

其在正文区的代码是：

```
\dhz{-1.5}{-0.3}{\rotatebox{90}{\makebox[20mm]{\downbracefill}}}
\parbox{10cm}{输入两段文字，在第一段的左侧放置花括号
××××××××××××××××××××××××××××××××××××××××××××××××××××××××××××××××××××××××
××××××××××××××××××××××××××××××××××××××××××××。

第二段右侧放置花括号，××××××××××××××××××××××××××××××××××××××××××××××××××
×××××××××××××××××××××××××××××××××××××。}%
\dhz{1}{-17.5}{\rotatebox{90}{\makebox[13.5mm]{\upbracefill}}}
```

说明： 上述代码须在导言区调用插图宏包 graphicx，这里先使用定长的盒子放入上/下花括号，然后使用旋转盒子让花括号竖起来，最后使用点盒子命令将花括号定位。如果常常需要任意放置花括号，建议自定义一个简单的命令。

10.4.2 自定义宏包

如果用户自定义了很多命令、环境和盒子，把它们一一写在导言区中会非常麻烦，所以，用户有必要自定义一个新的宏包来存放自定义的命令、环境和盒子，然后简单地在导言区使用命令 `\usepacakge{新的宏包名}` 来调用自定义的宏包。

例如，在中文文档中用户习惯使用中文风格的相似、全等、平行和真包含等符号，而系统却没有配置这些符号，网上的枝下珂老师使用 TikZ 制作了这些精美的符号，这些符号的代码较长，如果把这些代码收集起来做成一个宏包，那么只需在导言区使用一次调用宏包的命令就可以代替那些冗长的代码，使源代码简单明了。枝下珂老师写的符号代码如下：

```
%平行
\newcommand\pxx{%
\mathrel{\text{\tikz[baseline]%
\draw (0em,-0.3ex) -- (.4em,1.7ex) (.2em,-0.3ex) -- (.6em,1.7ex);}%
}}

%平行且等于
\newcommand*\pxqdy{%
\mathrel{\hspace{.03555em}\text{\tikz[baseline]
\draw (.1em,0ex) -- (.9em,0ex)
(.1em,-.25ex) -- (.9em,-.25ex)
```

```
(.375em,.1ex) -- (.675em,1.5ex)
(.525em,.1ex) -- (.825em,1.5ex);}\hspace{.03555em}%
}}

%另一种平行且等于
\newcommand*\pxdy{%
\mathrel{\hspace{.03555em}\text{\tikz[baseline]
\draw (.1em,0ex) -- (.9em,0ex)
(.1em,.3ex) -- (.9em,.3ex)
(.375em,.4ex) -- (.675em,1.8ex)
(.55em,.4ex) -- (.85em,1.8ex);}\hspace{.03555em}}%
}

%相似
\newcommand*\xiangs{%
\mathrel{\text{%
\tikz \draw[baseline]%
(-.25em,1.15ex) .. controls (-.55em,1.15ex) %
and (-.51em,.23ex) .. (-.275em,.23ex) .. %
controls (0,.23ex) and (0,1.15ex) .. (.275em,1.15ex) ..%
controls (.51em,1.15ex) and (.55em,.23ex) .. %
(.25em,.23ex);%
}}}

%全等
\newcommand*\quand{%
\mathrel{\text{%\small%
\tikz \draw[baseline] (-.2em,1.35ex) .. %
controls (-.46em,1.6ex) and (-.54em,.65ex) .. %
(-.25em,.65ex) .. controls (-.06em,.65ex) %
and (.06em,1.35ex) .. (.25em,1.35ex) .. controls%
(.54em,1.35ex) and (.46em,.4ex) .. (.2em,.65ex)%
(-.46em,.4ex) -- (.46em,.4ex) (-.46em,0ex) -- (.46em,0ex);%
}}}

%真子集
\newcommand*\zhziji{%
\mathrel{\text{\tikz
\draw[baseline] (.6636em,1.57ex) -- (.192em,1.57ex)%
arc (90:270:0.4022ex) -- (.6636em,.7674ex) %
(0,.2558ex) -- (.6636em,.2558ex) (0,.5116ex) -- %
(.6636em,.5116ex) (.2323em,0ex) -- (.4313em,.7674ex);%
}}}
```

```
%子集
\newcommand*\ziji{%
\mathrel{\text{\raisebox{.15ex}{\tikz
\draw[baseline] (.6636em,1.57ex) -- %
(.20235em,1.57ex) arc (90:270:0.4797ex) --%
(.6636em,.61ex) (0,.305ex) -- (.6636em,.305ex);%
}}}}

%反向子集
\newcommand*\zijif{%
\mathrel{\text{\raisebox{.15ex}{\tikz
\draw[baseline]%
(-.6636em,1.57ex) -- (-.20235em,1.57ex) %
arc (90:-90:0.4797ex) -- %
(-.6636em,.61ex) (-.6636em,.305ex) -- (0,.305ex);%
}}}}

%反向真子集
\newcommand*\zhzijif{%
\mathrel{\text{\tikz
\draw[baseline] (-.6636em,1.57ex) -- %
(-.192em,1.57ex) arc (90:-90:0.4022ex) -- %
(-.6636em,.7674ex) (0,.2558ex) -- %
(-.6636em,.2558ex) (0,.5116ex) -- (-.6636em,.5116ex)%
(-.4313em,0ex) -- (-.2323em,.7674ex);%
}}}

%平行四边形
\newcommand*\pxsbx{%
\mathord{\text{%
\tikz[baseline]
\draw (0,.1ex) -- (.8em,.1ex) -- (1em,1.4ex) -- (.2em,1.4ex) -- cycle;%
}}}
```

一般地，用户不用关心这些符号的代码是如何编写的，只需会使用生成这些符号的命令即可，所以按照下面的步骤自定义一个宏包：

第一步：打开 TeXstudio，新建一个空白文档，输入：`\ProvidesPackage{zwfh}`，以新建一个名为 `zwfh` 的宏包；

第二步：输入 `\usepackage{tikz}`，表示调用宏包 `tikz`；

第三步：把以上符号的代码复制粘贴过来；

第四步：输入 `\endinput`，表示结束这个新建的宏包；

第五步：单击保存按钮，将文件命名为 `zwfh`，扩展名改为 `.sty`，即文件全名为 `zwfh.sty`，把它保存在需要使用这个宏包的 .tex 文件所在的文件夹中。

范例 117 宏包 zwfh 中命令的使用

输出下面框线内中文风格的关系式。

$AB /\!/ CD, AB \,\underline{/\!/}\, CD, AB \,\underline{\underline{/\!/}}\, CD, ABC \backsim ECD, \triangle ABC \cong \triangle ECD$

$A \subseteq B, A \supseteq B, A \supsetneqq B, A \subsetneqq B, \square ABCD, S_{\square ABCD} =$

源代码是：

```
\documentclass{ctexart}
\usepackage{zwfh}%调用宏包zwfh
\begin{document}
$AB\pxx CD,AB\pxqdy CD,AB\pxdy CD,ABC\xiangs ECD,%
\triangle ABC\quand \triangle ECD$

$A\ziji B,A\zijif B,A\zhzijif B,A\zhziji B,\pxsbx ABCD,S_{\pxsbx ABCD}=$
\end{document}
```

说明： 注意宏包文件 zwfh.sty 必须放在与上述源代码的 .tex 文件相同的文件夹中。

平行、平行且等于、全等，等等这些符号都具有中文风格，随着对 LaTeX 认识的深入和实践的需要，宏包是逐步升级的。在网上李庆勃老师、韩杰老师的帮助下，编者升级了宏包 zwfh，使宏包的功能更加强大，可以制作白底黑字的带圈数字和黑底白字的带圈数字，还可以对有四个选项的选择题根据选项内容的长短实现自动排版。在导言区调用宏包 zwfh，使用命令 \qs{数字} 和 \qs{数字}{数字} 可以分别输出白底黑字的一位数的带圈数字（如⑨）和两位数的带圈数字（如㊾），使用命令 \hqs{数字} 和 \hqs{数字}{数字} 可以输出黑底白字的一位数的带圈数字（如❾）和两位数的带圈数字（如㊾），命令中的参数数字为 0～9 的阿拉伯数字，如果是其他形式的参数如汉字或英文字母，那么输出结果可能不太美观。对于选择题排版，调用宏包 zwfh，使用命令：

```
\xx{选项内容1}{选项内容2}{选项内容3}{选项内容4}
```

可以实现选择题四个选项的自动排版。

宏包 zwfh 中还提供了命令 \cds 实现行居中的点线（即虚线）填充，如输入：左\cds 右，输出：左 …………………………………………………………………… 右。

限于篇幅，本书对宏包 zwfh 中的代码不做解释说明，如果读者需要使用这个宏包，可以在编者分享的百度网盘（见第 1 章中的二维码）中找到它，然后下载使用。

关于自定义环境和宏包的方法，不太容易掌握。如果读者想在这方面有所突破，需要阅读大量的有关书籍，进行大量的动手实践，深刻地认识 TeX 才能实现。事实上，对于一般的用户来说，无须自定义环境和宏包，因为已有的就够用了。

10.5 自定义序号计数器

LaTeX 的自动化程度很高，页码序号、章节序号的自动计数和显示都表现出了 LaTeX 强大的功能。页码、章节等的序号计数器都是内置在系统中的，有时根据排版的需要可以新建序号计数器。

自定义的序号计数器应为英文名，且不能与系统已有的计数器命令同名。具体设置如下并将其放在导言区中：

```
\newcounter{计数器名}
\setcounter{计数器名}{0}
\newcommand{\计数器名}{\stepcounter{计数器名}\the计数器名}
```

计数器序号的显示默认为阿拉伯数字，也可以设置为罗马数字或其他的形式。如使用重定义命令 `\renewcommand{\theyema}{\roman{yema}}` 可以把默认的阿拉伯数字改为小写的罗马数字；使用重定义命令 `\renewcommand{\theyema}{\Roman{yema}}`，则序号显示为大写的罗马数字。

下面举两个例子介绍如何自定义新的序号计数器。

范例 118 一个简单的序号计数器

输出下面框线内的排版效果。

1…2…3…4…5

源代码是：

```
1 \documentclass{ctexart}
2 \newcounter{yema}%自定义新计数器,名为yema
3 \setcounter{yema}{0}%给新计数器赋予初始值 0
4 \newcommand{\yema}{\stepcounter{yema}\theyema}
5 \begin{document}
6 \yema …  \yema … \yema …  \yema … \yema
7 \end{document}
```

说明： 源代码的第 4 行自定义了命令 `\yema`，命令的内容是：`\stepcounter{yema}\theyema`，其中 `\stepcounter{yema}` 表示将计数器的值增加 1，`\theyema` 表示在该命令处显示序号，序号默认为阿拉伯数字。第 6 行连续输入了五个新建的命令，第一个输出的序号为 1，其后输出的序号依次增加 1。在第 11 章讲解试卷排版时页脚就用到了自定义的序号计数器。

范例 119 序号计数器和文本结合

输出下面框线内的排版效果。

范例 1 **范例** 2 **范例** 3 **范例** 4 **范例** 5

其在正文区的代码是：

```
1 \documentclass{ctexart}
2 \newcounter{fanli}%自定义新计数器,名为fanli
3 \setcounter{fanli}{0}%给新计数器赋予初始值 0
4 \newcommand{\fli}{{
5 \heiti\zihao{-2} \vspace{3mm}
6 \noindent 范例~\stepcounter{fanli}\thefanli}\hspace{3mm}}
7 \begin{document}
8 \fli   \fli  \fli \fli   \fli
9 \end{document}
```

说明：代码中的第 4～6 行自定义了一个新命令 \fli，这个新命令中除含有序号计数器外还含有其他的排版命令和文本。其中，第 5 行设置了字体和字号，还安排了 3 mm 的垂直空白；第 6 行取消了首行缩进，两个命令 \stepcounter{fanli}\thefanli 紧跟在一起，前一个表示将计数器的值增加 1，后一个表示在该命令处显示序号，序号默认为阿拉伯数字。第 8 行连续输入了五个新建的命令，第一个输出的范例后的序号为 1，其后的依次增加 1。

第 11 章 试卷与论文排版

木匠带徒弟，先是教徒弟使用斧子、锯子和刨子等工具，达到熟练使用的程度后才开始让徒弟制作桌椅床柜等家具。学习 LaTeX 正如学做木工活，前面章节学习了使用“斧、锯、刨”，现在开始学习如何做“家具”了。在排版工作中，简单一点的小型“家具”是试卷和论文，大型的“家具”是书籍，复杂的“家具”是报纸、广告和时尚杂志。无论是什么，LaTeX 都能够制作，只是有些制作起来很轻松容易，如试卷、论文和书籍，有些却很麻烦，如报纸等。本书仅介绍试卷与论文的排版。

11.1 试卷排版

以数学试卷为例，试卷是用 8 开或 A3 纸张横向、两栏、双面排版的。下面是 2018 年高考理科数学全国卷（III）的卷面：

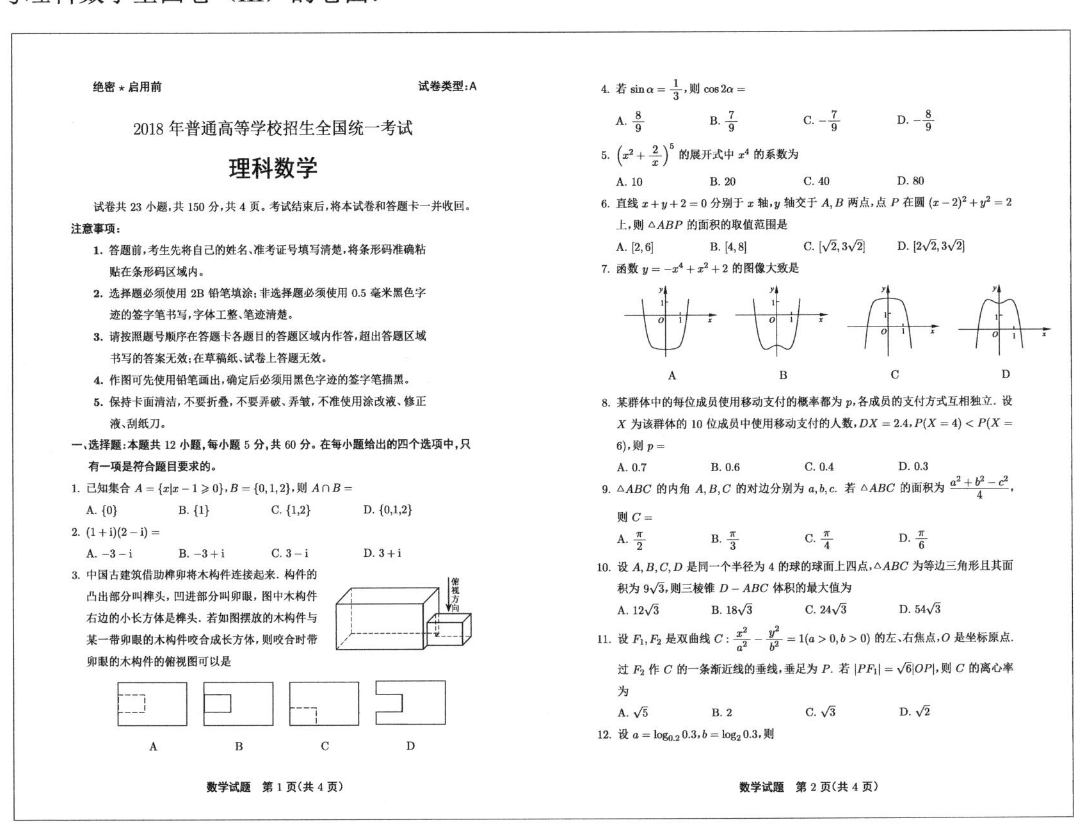

绝密★启用前 **试卷类型:A**

2018 年普通高等学校招生全国统一考试

理科数学

试卷共 23 小题,共 150 分,共 4 页。考试结束后,将本试卷和答题卡一并收回。

注意事项:

1. 答题前,考生先将自己的姓名、准考证号填写清楚,将条形码准确粘贴在条形码区域内。
2. 选择题必须使用 2B 铅笔填涂;非选择题必须使用 0.5 毫米黑色字迹的签字笔书写,字体工整、笔迹清楚。
3. 请按照题号顺序在答题卡各题目的答题区域内作答,超出答题区域书写的答案无效;在草稿纸、试卷上答题无效。
4. 作图可先使用铅笔画出,确定后必须用黑色字迹的签字笔描黑。
5. 保持卡面清洁,不要折叠,不要弄破、弄皱,不准使用涂改液、修正液、刮纸刀。

一、选择题:本题共 12 小题,每小题 5 分,共 60 分。在每小题给出的四个选项中,只有一项是符合题目要求的。

1. 已知集合 $A=\{x|x-1\geqslant 0\}$,$B=\{0,1,2\}$,则 $A\cap B=$

   A. $\{0\}$ B. $\{1\}$ C. $\{1,2\}$ D. $\{0,1,2\}$

2. $(1+\mathrm{i})(2-\mathrm{i})=$

   A. $-3-\mathrm{i}$ B. $-3+\mathrm{i}$ C. $3-\mathrm{i}$ D. $3+\mathrm{i}$

3. 中国古建筑借助榫卯将木构件连接起来. 构件的凸出部分叫榫头,凹进部分叫卯眼,图中木构件右边的小长方体是榫头. 若如图摆放的木构件与某一带卯眼的木构件咬合成长方体,则咬合时带卯眼的木构件的俯视图可以是

   俯视方向

   A B C D

数学试题 第 1 页(共 4 页)

4. 若 $\sin\alpha=\frac{1}{3}$,则 $\cos 2\alpha=$

   A. $\frac{8}{9}$ B. $\frac{7}{9}$ C. $-\frac{7}{9}$ D. $-\frac{8}{9}$

5. $\left(x^2+\frac{2}{x}\right)^5$ 的展开式中 x^4 的系数为

   A. 10 B. 20 C. 40 D. 80

6. 直线 $x+y+2=0$ 分别于 x 轴,y 轴交于 A,B 两点,点 P 在圆 $(x-2)^2+y^2=2$ 上,则 $\triangle ABP$ 的面积的取值范围是

   A. $[2,6]$ B. $[4,8]$ C. $[\sqrt{2},3\sqrt{2}]$ D. $[2\sqrt{2},3\sqrt{2}]$

7. 函数 $y=-x^4+x^2+2$ 的图像大致是

   A B C D

8. 某群体中的每位成员使用移动支付的概率都为 p,各成员的支付方式互相独立. 设 X 为该群体的 10 位成员中使用移动支付的人数,$DX=2.4$,$P(X=4)<P(X=6)$,则 $p=$

   A. 0.7 B. 0.6 C. 0.4 D. 0.3

9. $\triangle ABC$ 的内角 A,B,C 的对边分别为 a,b,c. 若 $\triangle ABC$ 的面积为 $\frac{a^2+b^2-c^2}{4}$,则 $C=$

   A. $\frac{\pi}{2}$ B. $\frac{\pi}{3}$ C. $\frac{\pi}{4}$ D. $\frac{\pi}{6}$

10. 设 A,B,C,D 是同一个半径为 4 的球的球面上四点,$\triangle ABC$ 为等边三角形且其面积为 $9\sqrt{3}$,则三棱锥 $D-ABC$ 体积的最大值为

    A. $12\sqrt{3}$ B. $18\sqrt{3}$ C. $24\sqrt{3}$ D. $54\sqrt{3}$

11. 设 F_1,F_2 是双曲线 $C:\frac{x^2}{a^2}-\frac{y^2}{b^2}=1(a>0,b>0)$ 的左、右焦点,O 是坐标原点. 过 F_2 作 C 的一条渐近线的垂线,垂足为 P. 若 $|PF_1|=\sqrt{6}|OP|$,则 C 的离心率为

    A. $\sqrt{5}$ B. 2 C. $\sqrt{3}$ D. $\sqrt{2}$

12. 设 $a=\log_{0.2}0.3$,$b=\log_2 0.3$,则

数学试题 第 2 页(共 4 页)

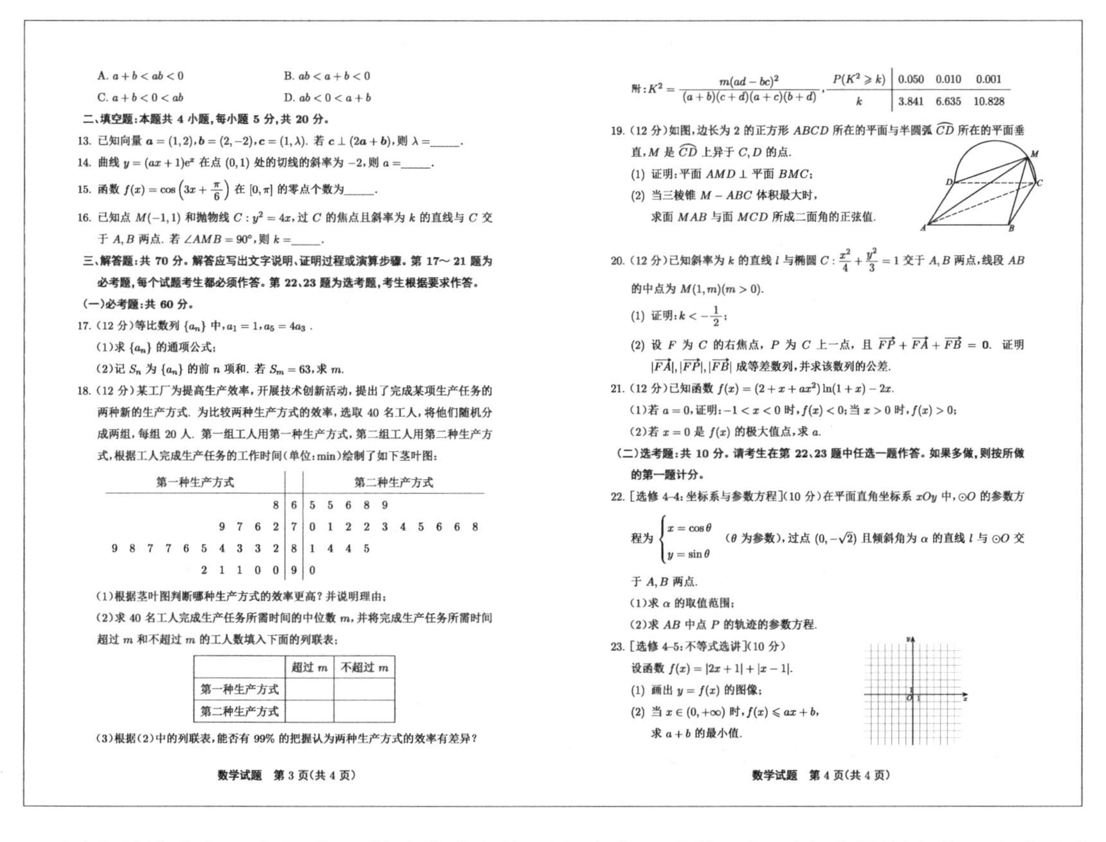

A. $a+b<ab<0$　　B. $ab<a+b<0$

C. $a+b<0<ab$　　D. $ab<0<a+b$

二、填空题：本题共 4 小题，每小题 5 分，共 20 分。

13. 已知向量 $\boldsymbol{a}=(1,2)$，$\boldsymbol{b}=(2,-2)$，$\boldsymbol{c}=(1,\lambda)$. 若 $\boldsymbol{c}\perp(2\boldsymbol{a}+\boldsymbol{b})$，则 $\lambda=$_____.

14. 曲线 $y=(ax+1)\mathrm{e}^x$ 在点 $(0,1)$ 处的切线的斜率为 -2，则 $a=$_____.

15. 函数 $f(x)=\cos\left(3x+\frac{\pi}{6}\right)$ 在 $[0,\pi]$ 的零点个数为_____.

16. 已知点 $M(-1,1)$ 和抛物线 $C:y^2=4x$，过 C 的焦点且斜率为 k 的直线与 C 交于 A,B 两点. 若 $\angle AMB=90^\circ$，则 $k=$_____.

三、解答题：共 70 分。解答应写出文字说明、证明过程或演算步骤。第 17～21 题为必考题，每个试题考生都必须作答。第 22、23 题为选考题，考生根据要求作答。

(一)必考题：共 60 分。

17. (12 分)等比数列 $\{a_n\}$ 中，$a_1=1$，$a_5=4a_3$.

(1)求 $\{a_n\}$ 的通项公式；

(2)记 S_n 为 $\{a_n\}$ 的前 n 项和. 若 $S_m=63$，求 m.

18. (12 分)某工厂为提高生产效率，开展技术创新活动，提出了完成某项生产任务的两种新的生产方式. 为比较两种生产方式的效率，选取 40 名工人，将他们随机分成两组，每组 20 人. 第一组工人用第一种生产方式，第二组工人用第二种生产方式，根据工人完成生产任务的工作时间(单位：min)绘制了如下茎叶图：

第一种生产方式		第二种生产方式
8	6	5 5 6 8 9
9 7 6 2	7	0 1 2 2 3 4 5 6 6 8
9 8 7 7 6 5 4 3 3 2	8	1 4 4 5
2 1 1 0 0	9	0

(1)根据茎叶图判断哪种生产方式的效率更高？并说明理由；

(2)求 40 名工人完成生产任务所需时间的中位数 m，并将完成生产任务所需时间超过 m 和不超过 m 的工人数填入下面的列联表；

	超过 m	不超过 m
第一种生产方式		
第二种生产方式		

(3)根据(2)中的列联表，能否有 99% 的把握认为两种生产方式的效率有差异？

数学试题　第 3 页(共 4 页)

附：$K^2=\dfrac{m(ad-bc)^2}{(a+b)(c+d)(a+c)(b+d)}$，

$P(K^2\geqslant k)$	0.050	0.010	0.001
k	3.841	6.635	10.828

19. (12 分)如图，边长为 2 的正方形 $ABCD$ 所在的平面与半圆弧 $\overset{\frown}{CD}$ 所在的平面垂直，M 是 $\overset{\frown}{CD}$ 上异于 C,D 的点.

(1) 证明：平面 $AMD\perp$ 平面 BMC；

(2) 当三棱锥 $M-ABC$ 体积最大时，求面 MAB 与面 MCD 所成二面角的正弦值.

20. (12 分)已知斜率为 k 的直线 l 与椭圆 $C:\frac{x^2}{4}+\frac{y^2}{3}=1$ 交于 A,B 两点，线段 AB 的中点为 $M(1,m)(m>0)$.

(1) 证明：$k<-\frac{1}{2}$；

(2) 设 F 为 C 的右焦点，P 为 C 上一点，且 $\overrightarrow{FP}+\overrightarrow{FA}+\overrightarrow{FB}=\mathbf{0}$. 证明 $|\overrightarrow{FA}|,|\overrightarrow{FP}|,|\overrightarrow{FB}|$ 成等差数列，并求该数列的公差.

21. (12 分)已知函数 $f(x)=(2+x+ax^2)\ln(1+x)-2x$.

(1)若 $a=0$，证明：$-1<x<0$ 时，$f(x)<0$；当 $x>0$ 时，$f(x)>0$；

(2)若 $x=0$ 是 $f(x)$ 的极大值点，求 a.

(二)选考题：共 10 分。请考生在第 22、23 题中任选一题作答。如果多做，则按所做的第一题计分。

22. [选修 4-4：坐标系与参数方程](10 分)在平面直角坐标系 xOy 中，$\odot O$ 的参数方程为 $\begin{cases}x=\cos\theta\\y=\sin\theta\end{cases}$ (θ 为参数)，过点 $(0,-\sqrt{2})$ 且倾斜角为 α 的直线 l 与 $\odot O$ 交于 A,B 两点.

(1)求 α 的取值范围；

(2)求 AB 中点 P 的轨迹的参数方程.

23. [选修 4-5：不等式选讲](10 分)

设函数 $f(x)=|2x+1|+|x-1|$.

(1) 画出 $y=f(x)$ 的图像；

(2) 当 $x\in(0,+\infty)$ 时，$f(x)\leqslant ax+b$，求 $a+b$ 的最小值.

数学试题　第 4 页(共 4 页)

因为普遍实行网上阅卷，所以试卷和答题卡分离，试卷一般不留出答题空白，考生在专用的答题卡上答题。这份 2018 年的高考数学试卷包含 3 道大题：选择题、填空题和解答题，共有 23 道小题。解答题的小题中又有若干个小问，图形在选择题、填空题和解答题中都有出现，图形放置的位置各有不同。选择题中最重要的是选项的对齐方式，解答题中的若干小问也有严格的对齐方式，等等。下面分节讲解这份试卷的排版。

11.1.1　选择文类和调用宏包

首先选择文类和调用宏包并且预留正文区：

```
1 \documentclass[no-math,11pt]{ctexart}
2 \usepackage{amsmath,cases,graphicx,lastpage,paralist,amssymb,bm,esvect,yhmath}
3 \usepackage[paperheight=26cm,paperwidth=18cm,left=2cm,right=2cm,
4 top=1.5cm,bottom=2cm,headsep=10pt]{geometry}%分页制作卷面内容，故设置纸张大小为
5                                             %实际大小的一半
6 \usepackage{fancyhdr}
7 \pagestyle{fancy}
8 \begin{document}
9    正文区
10 \end{document}
```

说明： 第 1 行代码表示选择 ctexart 文类，no-math 表示不让数学字体受到调用的正文字体的影响，11 pt 为正文字号，11 pt 接近中文五号字的大小但是比五号字略大，如果没有设置正文字号，那么系统默认为五号；第 2 行调用数学符号、插图宏包和罗列宏包；第

3、第 4 行设置纸张和版心大小，此处的代码设置的纸张大小接近 16 开；第 6、第 7 行调用页面样式设置宏包设置页面样式；第 8、第 10 两行表示文档的开始和结束，第 9 行为预留的正文区，在里面编辑正文的代码。

11.1.2 页脚的排版

试卷一般有页脚无页眉，页脚的设置代码是：

```
\fancyfoot[c]{\heiti 数学试题\quad 第\thepage 页（共\pageref{LastPage} 页）}
```

这个代码放在导言区或者正文开始前。

11.1.3 卷头和大题题目的排版

1. 卷头的排版

卷头包括考试的时间、等级和性质，还有注意事项和解题时的参考公式。考试的时间、等级和性质的排版要使用居中环境，字体为黑体，字号设置为较大的尺寸。“注意事项”这四个字使用黑体，起到醒目的作用。事项的内容使用解说罗列环境，在条目命令的可选参数中手动输入序号。

接下来在正文区中输入代码，这份试卷从开始第一行到第四行内容对应的代码是：

```
{\heiti 绝密$\star$启用前\hfill 试卷类型: A}
\begin{center}
\zihao{3}2018年普通高等学校招生全国统一考试\\
\zihao{2}\heiti 理科数学
\end{center}
试卷共23小题，共150分，共4页。考试结束后，将本试卷和答题卡一并收回。
```

其中弹性空白命令`\hfill`把它左右两边的文本推向左右两端。

其后注意事项对应的代码是：

```
{\heiti \noindent 注意事项: }\par
\begin{minipage}{11.5cm}
\leftmargini=1.45em
\begin{compactdesc}
\item[1.] 答题前，考生先将自己的姓名、准考证号××××
\item[2.] 选择题必须使用2B铅笔填涂; ××××
\item[3.] ××××
\item[4.] ××××
\item[5.] ××××
\end{compactdesc}
\end{minipage}
```

以上代码使用了小页环境和解说罗列环境。

2. 大题题目的排版

接下来是三道大题：选择题、填空题和解答题。每道大题的序号都是汉字的数字，大题题目使用黑体字，字号比正文字号略大。每道大题题目无首行缩进。

第一道大题题目的代码是：

```
{\heiti \noindent  一、选择题：本题共12小题，每小题5分，共60分。
在每小题给出的四个选项中，只\\
\hspace*{1.5em}有一项是符合题目要求的。}
```

然后开始小题的排版，第二道和第三道大题题目插在小题排版的环境中，所以这两道大题题目的排版与第一道大题的不同，在介绍小题排版时一同说明。

11.1.4　小题的排版

小题排版使用排序罗列环境，里面插入了第二、第三道大题（即填空题和解答题）题目的代码，如下：

```
\begin{compactenum}[1.]
\item ××××
\item ××××
\item ××××
……
{\heiti \hspace*{-1.3em}二、填空题：××××。}
\item ××××
……
{\heiti \hspace*{-1.3em}三、解答题：××××。}
\item ××××
……
\end{compactenum}
```

在命令 `\item` 后只需依次输入小题内容即可，小题序号以带点的阿拉伯数字升序排版。

11.1.5　选择题的排版

一般情况下，数学试卷的选择题每题有四个选项，选项的序号分别是 A、B、C、D，选项的内容有长有短，且有的选项和题干中还有图形，因此将选择题的排版分为选项无图、选项有图和选择题题干有图三种情形进行讲解。

1. 选项无图

选项无图一般有三种样式。

样式一：如果四个选项的内容都较短，能够在一行排下，可以自定义命令：

```
\newcommand{\yh}[4]{\\\begin{tabular}{*{4}{@{}p{3.5cm}}}
A.~#1&B.~#2&C.~#3&D.~#4\end{tabular}}
```

上述代码定义了一个以一行四列的表格来排版四个选项的新命令：`\yh`，其有四个参数。表格环境开始前有个强制换行符 `\\`，是为了让选项总是从行首开始排版。表格环境开始命令中设置每列宽度（即选项宽度）为 3.5 cm，内容较长时可以换行。选项序号是正体的英文字母，选项序号与选项内容之间使用 ~ 以留出适当的间隙。

这个自定义命令放在导言区，当四个选项的内容都较短能够在一行排下时，就使用命令 `\yh{}{}{}{}` 排版，按照顺序在四个花括号中分别填入四个选项的内容。

样式二：如果四个选项的内容稍长，一行排不下，需要两行才排得下，可以自定义命令：

```
\newcommand{\lh}[4]{\\\begin{tabular}{*{2}{@{}p{7cm}}}
A.~#1&B.~#2\end{tabular}
\\\begin{tabular}{*{2}{@{}p{7cm}}}C.~#3&D.~#4\end{tabular}}
```

仔细阅读这个自定义命令的代码是不难理解其作用的。使用命令 `\lh{}{}{}{}`，按照顺序在四个花括号中分别填入四个选项的内容，则选项占着两行排版。

样式三：如果某个选项的内容很长，需一行才排得下，四个选项各占一行排版，可以自定义命令：

```
\newcommand{\sh}[4]{\\A.~#1\\B.~#2\\C.~#3\\D.~#4}
```

即可使用命令 `\sh{}{}{}{}` 排版选项。

范例 120　选项无图的选择题排版

下面框线内是选项无图的选择题排版的三种样式。

1. 命题“若 p，则 q”的逆命题是
   A. 若 $\neg p$，则 $\neg q$　　B. 若 q，则 p　　C. 若 $\neg q$，则 $\neg p$　　D. 若 p，则 $\neg q$
2. 设 $a>0$ 且 $a\neq 1$，则“函数 $f(x)=a^{x}$ 在 $\mathbf{R}$ 上是减函数”是“函数 $g(x)=(2-a)x^{3}$ 在 $\mathbf{R}$ 上是增函数”的
   A. 既不充分也不必要条件　　B. 必要不充分条件
   C. 充分必要条件　　D. 充分不必要条件
3. “$a^{2}+b^{2}\neq 0$”的含义是
   A. a,b 至少有一个为 0
   B. a,b 全不为 0
   C. a,b 不全为 0
   D. a 不为 0，且 b 为 0 或 b 不为 0, 且 a 为 0

其在正文区的代码是：

```
\begin{compactenum}[1.]
\item  命题“若$p$，则$q$”的逆命题是 \yh{若$\neg p$，则$\neg q$}{若$q$，则$p$}{若$\neg
       q$，则$\neg p$}{若$p$，则$\neg q$}
\item  设$a>0$且$a\neq 1$，则“函数$f(x)=a^{x}$在$\mathbf{R}$上是减函数”
       是“函数$g(x)=(2-a)x^{3}$在$\mathbf{R}$上是增函数”的
       \lh{既不充分也不必要条件}{必要不充分条件}{充分必要条件}{充分不必要条件}
\item  “$a^{2}+b^{2}\neq 0$”的含义是 \sh{$a,b$至少有一个为$0$}
       {$a,b$ 全不为$0$}{$a,b$不全为$0$}
       {$a$不为$0$,且$b$为$0$或$b$不为$0$,且$a$为$0$}
\end{compactenum}
```

除用以上表格环境的方法自定义选项排版外，还可以使用定宽行盒子自定义：

```
%四个选项排成一行：
\newcommand{\yh}[4]
```

```
{\makebox[3.2cm][l]{A.~#1}
\makebox[3.2cm][l]{B.~#2}
\makebox[3.2cm][l]{C.~#3}
\makebox[3.2cm][l]{D.~#4}}
%四个选项排成两行:
\newcommand{\lh}[4]
{\makebox[6.4cm][l]{A.~#1}
\makebox[6.4cm][l]{B.~#2}\\
\makebox[6.4cm][l]{C.~#3}
\makebox[6.4cm][l]{D.~#4}}
```

使用命令 `\yh{}{}{}{}` 并在四个花括号内输入选项内容，则选项排成一行；使用命令 `\lh{}{}{}{}` 并在四个花括号内输入选项内容，则选项排成两行。

对于选项无图的选择题的选项排版，还有比以上介绍的方法自动化程度更高的命令：

```
\xx{}{}{}{}
```

在导言区调用宏包 `zwfh`，就可在上述命令的四个花括号内分别输入选项内容，命令会根据选项内容的长短自动排版。

2. 选项有图

2016 年高考理科数学全国乙卷（湖北省等省市使用）第 7 题是一道函数图像识别题，四个选项是四个各不相同的图像。对于这样的选择题，有三种排版样式：一是四个图像排在一行，选项序号排在图像左边，但图像尺寸较小；二是四个图像排在两行，选项序号排在图像左边，图像尺寸稍大；三是四个图像排在一行，选项序号排在图像下方。

范例 121　选项有图的选择题排版

下面三个框线内是选项有图的选择题排版的三种样式。

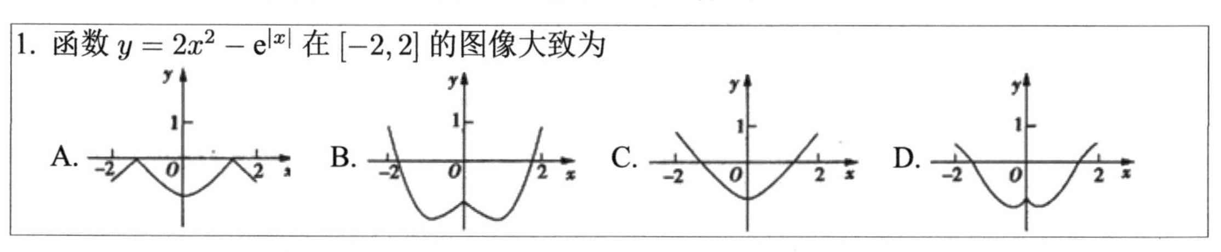

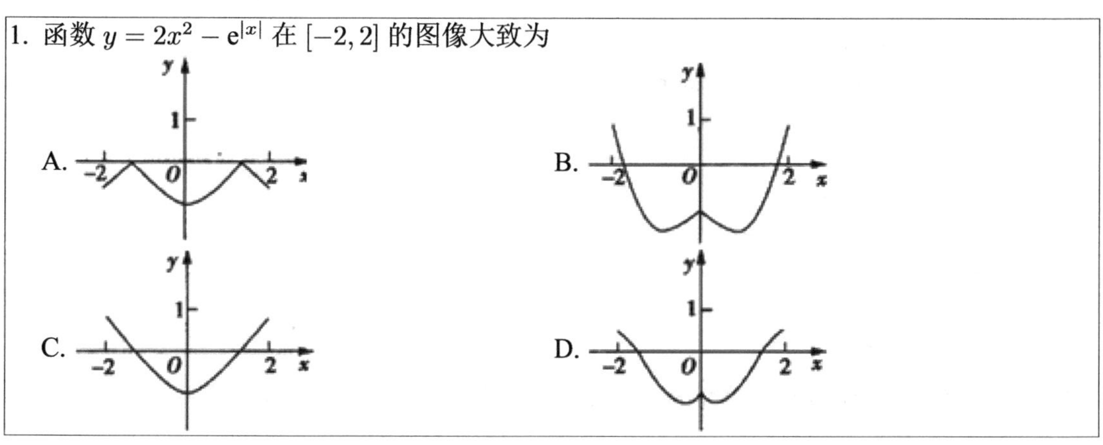

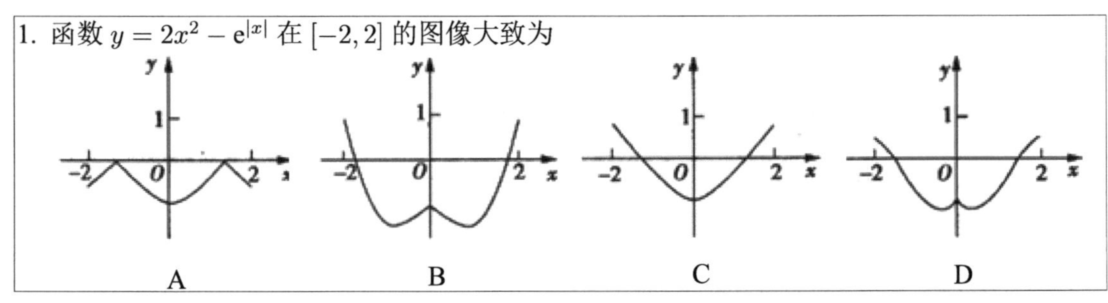

其在正文区的代码分别是：

```
\begin{compactenum}[1.]
\item 函数$y=2x^{2}-\mathrm{e}^{|x|}$在$[-2,2]$的图像大致为
\yh{\raisebox{-8mm}{\includegraphics[scale=0.8]{xzt1.png}}}
{\raisebox{-8mm}{\includegraphics[scale=0.8]{xzt2.png}}}
{\raisebox{-8mm}{\includegraphics[scale=0.8]{xzt3.png}}}
{\raisebox{-8mm}{\includegraphics[scale=0.8]{xzt4.png}}}
\end{compactenum}
```

```
\begin{compactenum}[1.]
\item 函数$y=2x^{2}-\mathrm{e}^{|x|}$在$[-2,2]$的图像大致为
\lh{\raisebox{-10mm}{\includegraphics{xzt1.png}}}
{\raisebox{-10mm}{\includegraphics{xzt2.png}}}
{\raisebox{-10mm}{\includegraphics{xzt3.png}}}
{\raisebox{-10mm}{\includegraphics{xzt4.png}}}
\end{compactenum}
```

```
\begin{compactenum}[1.]
\item 函数$y=2x^{2}-\mathrm{e}^{|x|}$在$[-2,2]$的图像大致为\\
\begin{minipage}{3.5cm}
\centering{\includegraphics{xzt1.png}}\\
\centering{A}
\end{minipage}
\begin{minipage}{3.5cm}
\centering{\includegraphics{xzt2.png}}\\
\centering{B}
\end{minipage}
\begin{minipage}{3.5cm}
\centering{\includegraphics{xzt3.png}}\\
\centering{C}
\end{minipage}
\begin{minipage}{3.5cm}
\centering{\includegraphics{xzt4.png}}\\
\centering{D}
\end{minipage}
\end{compactenum}
```

说明：为了让坐标系的横轴与选项的序号在水平方向上基本对齐，使用了升降盒子。样式一

还对图像进行了缩小。对比这三种样式，当选项内容中有图像时，使用样式二或样式三较为合适。样式三使用了小页环境和行居中命令，也可以改为两行四列的表格环境输入。

3. 选择题题干有图

有时选择题题干中有图形，2018 年高考理科数学全国卷（III）的第 3 题就是这种情形。下面以范例 122 为例讲解排版过程。

范例 122　题干有图的选择题排版

下面框线内是题干有图的选择题排版的一种样式。

1. 如图，某几何体的三视图是三个半径相等的圆及每个圆中两条互相垂直的半径。若该几何体的体积是 $\frac{28\pi}{3}$，则它的表面积是

   A. 17π　　B. 18π

   C. 20π　　D. 28π

其在正文区的代码是：

```
\begin{compactenum}[1.]
\item \begin{minipage}[t]{9.5cm}
如图，某几何体的三视图是三个半径相等的圆及每个圆中两条互相垂直的半径。若该几何体的体积
是$\frac{28\uppi}{3}$，则它的\dhz{10}{-18.5}{\includegraphics[scale=0.87]{xzt5.pdf}}
表面积是\end{minipage}
\lh{$17\uppi$}{$18\uppi$}{$20\uppi$}{$28\uppi$}
\end{compactenum}
```

说明： 先用一个小页环境排版文字内容，右边留出适当的空白放置图形，使用点盒子插图。

下面框线内是题干有图的选择题排版的另一种样式。

1. 如图，某几何体的三视图是三个半径相等的圆及每个圆中两条互相垂直的半径。若该几何体的体积是 $\frac{28\pi}{3}$，则它的表面积是

   A. 17π

   B. 18π

   C. 20π

   D. 28π

其在正文区的代码是：

```
\begin{compactenum}[1.]
\item
如图，某几何体的三视图是三个半径相等的圆及每个圆中两条互相垂直的半径。若该几何体的体积
是$\frac{28\uppi}{3}$，则它的\dhz{40}{-23.5}{\includegraphics[scale=0.9]{xzt5.pdf}}
表面积是\xx{$17\uppi\hspace{6cm}$}{$18\uppi$}{$20\uppi$}{$28\uppi$}
\end{compactenum}
```

说明： 这里没有使用小页环境，而是在题干下面的左边放置选项，右边放置图形，图形使用

点盒子插入。在导言区调用宏包 zwfh，使用命令 \xx{}{}{}{} 排版选项，每个选项内容很短，通常四个选项会在一行排版，但这里在第一个选项内容后添加了 6 cm 的横向空白，使得这个选项内容的宽度超过了版心宽度的一半，所以一行排不下就把选项排成了四行，这种处理方法值得借鉴。

11.1.6 填空题的排版

1. 带下画线的空白

命令 \underline{对象} 用于给对象加下画线，而 \qquad 是两个当前字符宽度的空白，输入：\underline{\qquad}，输出：____。如果空白填写的内容很长，可以多输入几个 \qquad，输入：\underline{\qquad\qquad\qquad\qquad}，输出：________________。

也可以定制空白长度，定制长度为 4 cm 的空白，输入：\underline{\hspace*{4cm}}，输出：____________________。

2. 题干中有图形

如果填空题的题干中有图形，参考前述选择题中题干有图的做法，使用小页环境排版文本内容，右边留出空白，再使用点盒子插入图形。

3. 填空题中的多选题

有些填空题给出了多个并列结论，这些结论的序号一般是带圈的数字：①②③④。带圈数字可在导言区调用宏包 zwfh 后使用命令 \qs{} 输入。如果要求这些结论序号像条目符号一样左对齐，可使用换行符 \\ 在每个结论结束后强制换行。

11.1.7 解答题的排版

1. 解答题的小问

使用排序罗列环境 compactenum 及其嵌套，排版解答题中的小问。

范例 123 解答题小问的排版

如输出下面框线内的 2018 年全国高考理科数学试卷的部分解答题，以第 19 题为例。

19.（12 分）如图，边长为 2 的正方形 $ABCD$ 所在的平面与半圆弧 $\widehat{CD}$ 所在的平面垂直，M 是 $\widehat{CD}$ 上异于 C, D 的点.

(1) 证明：平面 $AMD \perp$ 平面 BMC；

(2) 当三棱锥 $M - ABC$ 体积最大时，求平面 MAB 与平面 MCD 所成二面角的正弦值.

20. 

21. ××××××

其在正文区的代码是：

```
\begin{compactenum}[1.]
\setcounter{enumi}{18}
```

```
\item （12分）
如图，边长为2的正方形$ABCD$所在的平面与半圆弧$\wideparen{CD}$所在的平面垂直，$M$是
$\wideparen{CD}$上异于$C,D$的点.
\begin{compactenum}[(1)]
\item 证明：平面$AMD\perp$平面$BMC$;
\item 当三棱锥$M-ABC$体积最大时，求平面\\
      $MAB$与平面$MCD$所成二面角的正弦值.
\dhz{12}{-5}{\includegraphics{19.pdf}}
\end{compactenum}\vspace{3mm}
\item ××××××
\item ××××××
\end{compactenum}
```

说明： 上面使用罗列嵌套排版了解答题的小问，小问的序号是带括号的阿拉伯数字。也可以不使用罗列嵌套排版小问，而使用换行符 \\ 使得每一小问都从行首开始排列，序号可以直接输入，也可以输入带圈数字或罗马数字。

范例 124　解答题小问序号是等宽罗马数字的排版

中文风格的试卷习惯使用等宽罗马数字作为小问的序号，以上个范例中的题目为例，排版效果如下。

19.（12 分）如图，边长为 2 的正方形 $ABCD$ 所在的平面与半圆弧 $\wideparen{CD}$ 所在的平面垂直，M 是 $\wideparen{CD}$ 上异于 C,D 的点.

（Ⅰ）证明：平面 $AMD\perp$ 平面 BMC;

（Ⅱ）当三棱锥 $M-ABC$ 体积最大时，求平面 MAB 与平面 MCD 所成二面角的正弦值.

20. ××××××

21. ××××××

其在正文区的代码是：

```
{\leftmarginii=2.1em
\begin{compactenum}[1.]
\setcounter{enumi}{18}
\item （12分）
如图，边长为2的正方形$ABCD$所在的平面与半圆弧$\wideparen{CD}$所在的平面垂直，$M$是
$\wideparen{CD}$上异于$C,D$的点.
\begin{compactdesc}
\item[\songti{\khrom Ⅰ}] 证明：平面$AMD\perp$平面$BMC$;
\item[\songti{\khrom Ⅱ}] 当三棱锥$M-ABC$体积最大时，求平面\\
                        $MAB$与平面$MCD$所成二面角的正弦值.
\dhz{12}{-10}{\includegraphics{19.pdf}}
\end{compactdesc}}\vspace{3mm}
\item ××××××
\item ××××××
\end{compactenum}}
```

说明：上面使用罗列嵌套排版了大题及其小问，小问的序号是带括号的等宽罗马数字。外层的罗列环境是排序罗列环境，内层的是解说罗列环境，第 1 行代码中命令 \leftmarginii=2.1em 的作用是调节第 2 层解说罗列条目的左缩进宽度使条目左端对齐，具体参看 4.4 节解说罗列的左缩进宽度设置介绍。在导言区添加调用字体族 SimSun 的命令：\newfontfamily\zfh{SimSun}，然后在内层解说罗列环境中输入词条的方括号内输入命令：\songti{\khrom}，花括号中输入等宽罗马数字，命令 \khrom 是一个自定义的命令，详见第 10 章范例 108。可将本例作为用等宽罗马数字作为小问序号的模板，也可不使用罗列嵌套而是使用换行符并在其后面输入带括号的罗马数字逐个排版小问。

范例 125 解答题小问后的小小问排版

有时解答题的小问下还设有问题，如下面框线内的排版效果。

19.（12 分）×××××××××××××××××××.

（Ⅰ）×××××××××××××××;

（Ⅱ）××××××××××××××.

（ⅰ）×××××××××××××××;

（ⅱ）××××××××××××××.

20. ××××××

21. ××××××

其在正文区的代码是：

```
{\leftmarginii=2.1em
\begin{compactenum}[1.]
\setcounter{enumi}{18}
\item （12分）×××××××××××××××××××.
\begin{compactdesc}
\item[\songti{\khrom Ⅰ}] ×××××××××××××××;
\item[\songti{\khrom Ⅱ}] ××××××××××××××.
\begin{compactdesc}
\item[\songti{\khrom i}] ×××××××××××××××;
\item[\songti{\khrom ii}] ××××××××××××××.
\end{compactdesc}
\end{compactdesc}
\item ××××××
\item ××××××
\end{compactenum}}
```

说明：使用三层罗列嵌套排版，第一层是排序罗列；第二层是解说罗列，使用大写等宽罗马数字为序号；第三层是解说罗列，使用小写等宽罗马数字为序号。

2. 解答题中的图形

使用点盒子放置图形，如范例 123 的第 19 题。

3. 解答题后的空白答题区

如果卷卡不分离，考生在试卷上答题，那么每个解答题后都要留出适当的空白用来书写解题过程，需要的空白有的多有的少，如何精确地留出空白呢？在第 5 章盒子中讲过水平宽度为 0 而竖直高度不为 0 的标尺盒子在左右模式中使用时，可实现增加垂直空白的效果。也可以在某题的末行插入零尺寸的标尺盒子，即盒子的竖直高度也为 0，而令升降值为负值。例如在题目的末行插入命令 \rule[-7cm]{0mm}{0mm}，则在该题的下方留出了高度为 7 cm、宽度为行宽的矩形空白。在题目的末行行尾使用带参数的强制换行命令，如 \\[7cm] 达到同样的效果，建议使用这种方式留白。专门的垂直空白命令 \vspace{尺寸} 能直接生成垂直空白，但是它不能用在左右模式中，只能用在行首或行尾。

11.1.8　文件的拆分和重组拼卷

1. 文件的拆分

按照本书 11.1.1 节的设置，编辑得到 2018 年全国高考理科数学试卷的 .tex 文件，命名为 2018gk，全名为：2018gk .tex，编译得到的是 .pdf 文件，全名为：2018gk.pdf。这个 .pdf 文件有四页。启动应用程序“WPS 文字”或“Adobe pdf 阅读器”，打开文件 2018gk.pdf，使用拆分文件功能把这个文件拆分成四个单页的文件，分别重命名为 2018gk1.pdf、2018gk2.pdf、2018gk3.pdf、2018gk4.pdf。新建文件夹，命名为：2018 高考试卷，把四个单页的文件全部存放到这个文件夹中。

2. 重组拼卷

新建一个 .tex 文件，命名为：gk .tex，存放在文件夹“2018 高考试卷”中，四个单页的 .pdf 文件作为图片插入拼成试卷，源代码如下：

```
\documentclass{ctexart}
\usepackage{graphicx}
\usepackage[paperheight=26cm,paperwidth=36cm,left=2cm,right=2cm,top=1.5cm,
bottom=2true cm,headsep=10pt]{geometry}
\pagestyle{empty}
\begin{document}
\includegraphics{2018gk1.pdf}}\includegraphics{2018gk2.pdf}\\
\includegraphics{2018gk3.pdf}}\includegraphics{2018gk4.pdf}
\end{document}
```

由以上代码可知，设置了一张 8 开大小的纸张存放四幅 16 开的图片。编译源代码，完成拼卷。

拆分文件和拼卷在试卷排版印刷中是常规操作。全国高考理科综合试卷共有十六页，印在两张长长的纸上，每张纸的正反面都有四页。在编辑排版时，采用单栏排版一页一页地排，然后使用文件拆分或提取页面功能把每一页设为一个单独的文件，最后拼版即可。

11.1.9　使用 8 开或 A3 纸张制卷

数学试卷一般都是 8 开或 A3 纸张大小，可以不用拆分和重组排版。

如果使用 A3 纸张，那么源代码的第一条命令是：

```
\documentclass[a3paper,twocolumn,landscape,no-math,12pt]{ctexart}
```

里面的可选参数依次表示：选择 A3 纸张，分成两栏，纸张横向，不让数学字体受到调用的正文字体的影响，正文字号为 12 pt。

接下来在导言区中的宏包调用和其他设置与前面小开单栏排版所述没有什么大的不同，只在以下两个方面需要特别地讲解一下。

1. 换栏与换页

在双栏排版时，新页命令 `\newpage` 表示换栏，清页命令 `\clearpage` 表示换页。使用 8 开或 A3 纸张双栏排版数学试卷时，为了平衡正反两面四栏的内容，不至于有的太挤、有的太松散，要在文档的某处恰当地进行换栏与换页。

2. 页脚的设置

由于是双栏排版，实际上仍是一页，因此需要在页脚设置命令中安排合适的空白才可以让页脚排在各栏的正下方。空白多少合适需要多次调试才行。导言区中页脚的设置可以参考以下代码：

```
\usepackage{fancyhdr}\pagestyle{fancy}%调用页面样式设置宏包
\newcounter{yema}\setcounter{yema}{0}%自定义新计数器yema，给新计数器赋予初始值 0
\newcommand{\yema}{\stepcounter{yema}\theyema}
%页脚的左右里都加入恰当的空白，使左边右移，右边的左移，让自定义的页码计数器显示页码
\footskip=1.5cm%设置页脚线与版心底部之间的距离
\lfoot{\rule{46mm}{0mm}{\heiti 数学试卷 \quad 第}\yema{\heiti 页（共}4{\heiti 页）}}
\cfoot{}%页脚的中间空置
\rfoot{{\heiti 数学试卷\quad  第}\yema{\heiti 页（共}4{\heiti 页）}\rule{46mm}{0mm}}
```

11.1.10 密封线（装订线）的制作

试卷需收回装订，在试卷的首页左侧排版密封线（装订线），可参考如下方法。

第一步：自定义一个盒子存储密封线（装订线）。

```
\newsavebox{\mfx}\begin{lrbox}{\mfx}
\rotatebox[origin=c]{90}{\parbox{22cm}{\centering \kaishu 准考证号 \underline
{\hspace{34mm}}姓~名\underline{\hspace{34mm}}座位号
\underline{\hspace{34mm}}\\[3mm]
\makebox[5cm]{\dotfill}\rotatebox[origin=c]{-90}{线}
\makebox[5cm]{\dotfill}\rotatebox[origin=c]{-90}{封}
\makebox[5cm]{\dotfill}\rotatebox[origin=c]{-90}{密}
\makebox[5cm]{\dotfill}\\}}\end{lrbox}
```

第二步：使用`\usebox{\mfx}`调用密封线（装订线），结合点盒子 `\dhz{x}{y}{\usebox{\mfx}}` 精准定位。输入：`\dhz{240}{75}{\usebox{\mfx}}`，右侧所示为输出结果缩小到实际大小 40 % 的效果。

11.2　答题卡的制作

答题卡的卡头是考试科目信息，接下来是考生信息、注意事项、条形码贴框、选择题的涂黑区域、填空题填写区，最后是解答题的答题区。其中除选择题的涂黑区域排版有一定的难度外，其余的排版都比较简单。下面着重讲解选择题的涂黑区域的排版。

首先定义一个命令 \tuh{对象}，对象是 A、B、C、D 中的某个，输出时它们放在方括号内，所以新定义命令如下：

```
\newcommand{\tuh}[1]{\scalebox{1.9}[0.7]{[}
\raisebox{-0.38ex}{\scalebox{1}[1]{#1}}
\scalebox{1.9}[0.7]{]}}
```

然后定义一个命令 \sth，用于把带方括号的 A、B、C、D 排成一排，相应的新定义命令如下：

```
\newcommand{\sth}{\raisebox{0.26ex}{\tuh{A} \tuh{B} \tuh{C} \tuh{D}}}
```

涂黑区域使用表格环境，并把表格环境当作一个盒子对待，放在缩放盒子中，外层是一个小页环境。输入：

```
\begin{minipage}{\linewidth}
\scalebox{0.9}
{\begin{tabular}{cccc}
1.~\sth  &2.~\sth &3.~\sth  &4.~\sth \\[4mm]
5.~\sth  &6.~\sth &7.~\sth  &8.~\sth \\[4mm]
\end{tabular}}
\end{minipage}
```

输出：

1. [A] [B] [C] [D]　2. [A] [B] [C] [D]　3. [A] [B] [C] [D]　4. [A] [B] [C] [D]

5. [A] [B] [C] [D]　6. [A] [B] [C] [D]　7. [A] [B] [C] [D]　8. [A] [B] [C] [D]

调整缩放盒子命令的缩放系数可以改变选择题涂黑区域的大小。

11.3　论文排版

论文按类型可以分为学术论文、学位论文和科技报告。学术论文由前置部分、主体部分两部分组成，其中，前置部分包括题名、作者及作者单位、摘要和关键词，主体部分包括引言、正文、结论和参考文献等。学位论文由前置部分、主体部分、参考文献、附录和结尾部分五部分组成，其中，前置部分包括封面、题名页、致谢、摘要页、目次页等，主体部分包括引言、章节、结论等，结尾部分包括索引、学位论文数据集等。科技报告由前置部分、主体部分和结尾部分三部分组成，其成分与学位报告的这三部分类似。

11.3.1　学术论文排版

学术论文的前置部分居中排版，首先排版标题，其字体通常为黑体，字号稍大；然后留出一定的垂直空白排版作者和作者单位，字体为仿宋或宋体，字号偏小；最后继续留出一定的垂直空白，排版摘要和关键词，字号一般为小五。学术论文的主体部分一般采用双栏排版。

范例126 学术论文排版

下面框线内为典型的学术论文（期刊论文）的版面。

计算机走进数学课堂的探讨*

王××

湖北省石首市第×中学信息技术组 434400

摘　要： 这里输入摘要××内容。

关键词： 关键词1；关键词2；关键词3

0 引言

内容××

1 现状

内容××

1.1 城市学校

内容××

1.2 乡镇学校

内容×××

2 未来

内容×××

2.1 目标

内容××

*市教育局资助。

1

源代码是：

```
\documentclass{article}
\usepackage{paralist,multicol}
\usepackage[nocap]{ctexcap}
\CTEXsetup[format={\songti\zihao{4}}]{section}%一级标题四号宋体
\CTEXsetup[format={\bf\heiti\zihao{5}}]{subsection}%二级标题五号黑体
\usepackage[paperheight=20cm,paperwidth=16cm,text={12cm,16.2cm}]{geometry}
\setmainfont{Times New Roman}%设置阿拉伯数字为新罗马字体
\raggedcolumns%版心底部内容可以不对齐
\begin{document}
%论文标题二号黑体，脚注六号宋体（默认）
\title{\heiti\zihao{2}计算机走进数学课堂的探讨\footnote{市教育局资助。}}
\author{{\fangsong\zihao{4}王××}\\%作者信息四号仿宋
湖北省石首市第×中学信息技术组\qquad 434400}
\date{}%不输出日期
\maketitle%生成题名信息
{\leftmargini=0em %第一层解说罗列条目左缩进宽度为0em，使摘要内容和关键词内容左对齐
\begin{compactdesc}
\zihao{-5}
\item[\heiti 摘\quad 要：]这里输入摘要××××××××××内容。\vspace*{1.5mm}
```

```
\item[\heiti 关键词：]关键词1；关键词2；关键词3
\end{compactdesc}}
\begin{multicols}{2}
\setcounter{section}{-1}%设置一级标题的第一个序号为0
\section{引言}\qquad 内容××××××××××
\section{现状}\qquad 内容××××××××××
\subsection{城市学校}\qquad 内容××××××××××
\subsection{乡镇学校}\qquad 内容××××××××××
\section{未来}\qquad 内容××××××××××
\subsection{目标}\qquad 内容××××××××××
\end{multicols}
\end{document}
```

主体部分单栏排版时，正文中的标题手动输入，只需居中命令或居中环境、字体命令和字号设置命令就能做到，考虑到标题内容不超过一行，所以建议使用居中命令 \centerline{标题内容} 输入，如：

```
\centerline{\heiti \zihao{4}一、计算机在中小学的应用}
```

输出（见框内）：

一、计算机在中小学的应用

11.3.2　学位论文和科技报告排版

范例 127　用题名信息命令制作封面

观察下面一个微型报告的题名页。

计算机走进数学课堂
系列报告

王 ××	张 ××
湖北省石首市第 × 中学	浙江省兰溪市第 × 中学
×××@163.com	×××@163.com

2020 年 8 月 15 日

源代码是：

```
\documentclass[titlepage]{ctexart}%选项titlepage是为了让题名页单独成一页
\usepackage[paperheight=24.5cm,paperwidth=16cm,margin=1.5cm]{geometry}
\setmainfont{Times New Roman}%设置阿拉伯数字为TNR
\begin{document}
\title{\heiti \zihao{2}
计\,算\,机\,走\,进\,数\,学\,课\,堂\\系\,列\,报\,告\vspace{10cm}}
%命令\author的优势是轻松地让两位作者信息并列一排
\author{\zihao{4} 王××\\湖北省石首市第×中学\\[-1.5mm]
{\tt ×××@163.com}
\and 张××\\
浙江省兰溪市第×中学\\[-1.5mm]{\tt ×××@163.com}}
\maketitle
\end{document}
```

范例128　用题名页环境制作封面

制作以下学位论文的封面。

学校代码：10486
分 类 号：TN911.73
密　　级：公开

武 汉 大 学
硕 士 学 位 论 文

论文题目：____________________
学位类别：____________________
作者姓名：____________________
培养院系：____________________
专　　业：____________________
指导教师：____________________
完成时间：____________________

源代码是：

```
\documentclass{ctexart}
\usepackage{graphicx}
\usepackage[margin=2cm]{geometry}
\newlength{\kd}\settowidth{\kd}{分\enskip 类\enskip 号: TN911.73}
\setmainfont{Times New Roman}%设置阿拉伯数字为新罗马字体
\begin{document}
\begin{titlepage}
\begin{center}
\raisebox{-15mm}{\includegraphics[scale=0.1]{wd1.jpg}}
\hfill
\begin{minipage}[b]{\kd}
学校代码: 10486\\
分\enskip 类\enskip 号: TN911.73\\
密\qquad 级: 公开
\end{minipage}\\[18mm]
{\Huge 武\,\,汉\,\,大\,\,学}\\[2mm]%\Huge用于设置字号大小，约为小一号字
{\Huge 硕\,\,士\,\,学\,\,位\,\,论\,\,文}\\[56mm]
\heiti \large %\large用于设置字号大小，约为小四号字
论文题目: \uline{\hspace{13em}}\\[2mm]
学位类别: \uline{\hspace{13em}}\\[2mm]
作者姓名: \uline{\hspace{13em}}\\[2mm]
培养院系: \uline{\hspace{13em}}\\[2mm]
专\qquad 业: \uline{\hspace{13em}}\\[2mm]
指导教师: \uline{\hspace{13em}}\\[2mm]
完成时间: \uline{\hspace{13em}}\\[2mm]
\end{center}
\end{titlepage}
\end{document}
```

说明： 这里使用了题名页环境排版封面，里面嵌套了居中环境，使用带行距参数的强制换行符 \\[长度] 换行，长度值为正则加大与下一行的行距，为负则减少行距。封面右上角的三行信息使用小页环境排版，为了给定小页环境的宽度，源代码中的第 4 行自定义了一个宽度命令 \kd，用它获取较长的第二行信息的宽度并将该值赋给小页环境。小页环境相对外部来说是一个盒子，为了将其和封面左上角的校徽处于一行且分别排在当前行的两端，在它们之间使用了弹性空白命令 \hfill。考虑到需要填写的信息可能很长，在下画线命令 \uline{} 的参数中安排了 13 个相对单位长度的水平空白。对照排版结果认真阅读源代码，学习学位论文封面的排版。

由范例 127、范例 128 可知，题名信息命令和题名页环境各有千秋，题名页命令简单易用但是使用范围较窄；题名页环境灵活度高，但是它有一个略显不足之处：当需要把两个作者信息并列排版时要使用两个小页环境以使各自内容居中，这样代码量较多。读者熟悉了它们

的用法就可以自由选择了。

范例129 科技报告的排版

观察下面一篇科技报告的排版。

计算机走进数学课堂
系列报告

王××
湖北省石首市第×中学
×××@163.com

张××
浙江省兰溪市第×中学
×××@163.com

2020年8月17日

摘　要

摘要内容是正文的简要概括××× 摘要内容是正文的简要概括×××××××

目　录

1 计算机在中小学的应用 1
1.1 应用现状 1
1.2 原因分析 1
1.3 解决办法 1
2 几何画板和 GGB 1
2.1 软件的比较 1
2.2 使用建议 1
3 计算机走进课堂 1
3.1 政府投入 1
3.2 学校重视 1
3.3 培训计划 2
4 计算机应用成果展示与奖励 2
4.1 成果展示 2
4.2 优秀教师的奖励 2
参考文献 3

1 计算机在中小学的应用

××××××××××× 开头语

1.1 应用现状

×××××××××××

1.2 原因分析

×××××××××××

1.3 解决办法

××××××××××× 编辑数学公式 $f(x) = ax^2 + bx + c$

2 几何画板和 GGB

2.1 软件的比较

×××××××××××GGB 和 LaTeX 结合得很好，在 GGB 中可以使用 LaTeX 编辑数学公式 ×××

2.2 使用建议

×××××××××××

3 计算机走进课堂

3.1 政府投入

×××××××××××

3.2 学校重视

×××××××××××

1

3.3 培训计划

×××××××××××

4 计算机应用成果展示与奖励

4.1 成果展示

××××××××××× 这是一张插图：

俯视方向

××
××

4.2 优秀教师的奖励

××××××××××× 这是一个表格：

序　号	姓　名	考核分数				
1	朱露					
2	文青					
3	徐昕					

××
××

2

参考文献

[1] 主要责任者. 文献题名 [文献类型标识]. 出版地：出版者，出版年：引文页码 [引用日期]. 获取和访问路径.

[2] ×××××××××××

[3] ×××××××××××

3

源代码是：

```
\documentclass[titlepage]{ctexart}
%让摘要两个字之间留出两个汉字的空白
\renewcommand*{\abstractname}{\zihao{3}摘\qquad 要}
%让目录两个字之间留出两个汉字的空白
\renewcommand*{\contentsname}{\zihao{3}目\qquad 录}
\usepackage[nottoc]{tocbibind}%让参考文献也排在目录里
%调用以下三个宏包可以排版数学式、表格和插图
```

```
\usepackage{amsmath,array,graphicx}
%调用页面设置宏包设置纸张大小和边空大小
\usepackage[paperheight=24.5cm,paperwidth=16cm,margin=2cm]{geometry}
%调用目录格式宏包 tocloft 让节标题后有指引线。若注释掉下面5行代码，则节标题后无指引线
\usepackage[titles]{tocloft}
\renewcommand\cftsecdotsep{\cftdotsep}
\renewcommand\cftsecleader{\cftdotfill{\cftsecdotsep}}
\renewcommand{\cftdot}{$\cdot$}
\renewcommand{\cftdotsep}{1.5}
\pagestyle{plain}%取消页眉，在页脚中间显示页码
\setmainfont{Times New Roman}%设置阿拉伯数字为新罗马字体
%定义点盒子命令以备用，执行特殊的排版任务，可把对象平移到任何位置
\newcommand{\dhz}[3]
{\unitlength=1mm\begin{picture}(0,0)
\put(#1,#2){#3}
\end{picture}}
\begin{document}
\title{\heiti \zihao{2} 计\,算\,机\,走\,进\,数\,学\,课\,堂\\
系\,列\,报\,告\vspace{10cm}}
%命令\author的优势是轻松地让两位作者信息并列一排
\author{\zihao{4} 王××\\湖北省石首市第×中学\\[-1.5mm]
×××@163.com
\and 张××\\
浙江省兰溪市第×中学\\[-1.5mm] ×××@163.com}
\maketitle%生成前面设置的题名信息
\begin{abstract}%摘要环境排版摘要内容
\qquad 摘要内容是正文的简要概括%
×××摘要内容是正文的简要概括×××××××
\end{abstract}%结束摘要环境
\tableofcontents%这个命令用于生成目录，注意源代码要编译两次
\thispagestyle{empty}%取消目录页的页眉和页脚
\newpage %开始新的一页，使得目录页单独成一页
\setcounter{page}{1}%这个命令所在页开始从1依次显示页码
\section{计算机在中小学的应用}%节标题
×××××××××××开头语
\subsection{应用现状}%小节标题
×××××××××××
\subsection{原因分析}
×××××××××××\vspace*{2cm}
\subsection{解决办法}
×××××××××××编辑数学公式$f(x)=ax^2+bx+c$
\section{几何画板和GGB}
\subsection{软件的比较}
```

```
×××××××××××GGB和\LaTeX 结合得很好，在GGB中可以使用\LaTeX 编辑数学公式×××
\subsection{使用建议}
×××××××××××
\section{计算机走进课堂}
\subsection{政府投入}
×××××××××××
\subsection{学校重视}
×××××××××××
\subsection{培训计划}
×××××××××××
\section{计算机应用成果展示与奖励}
\subsection{成果展示}
×××××××××××这是一张插图:
\begin{center}
\includegraphics{3.pdf}
\end{center}
×××××××××××××
\subsection{优秀教师的奖励}
×××××××××××这是一个表格:
\begin{center}
\begin{tabular}
{|c|c|p{4.5mm}|p{4.5mm}|p{4.5mm}|p{4.5mm}|p{4.5mm}|}
\hline
序\qquad 号 &姓\qquad 名 &\multicolumn{5}{c|}{考核分数} \\
\hline
1 & 朱露&  &  &  &  & \\ \hline
2 & 文青&  &  &  &  & \\ \hline
3 & 徐昕&  &  &  &  & \\ \hline
\end{tabular}
\end{center}
××××××××××××××××××××××
\newpage%开始新的一页，使得参考文献单独成一页
\begin{thebibliography}{20}%参考文献环境排版参考文献
\bibitem 主要责任者.文献题名[文献类型标识].出版地: 出版者，出版年: 引文页码[引用日期].
获取和访问路径.
\bibitem ×××××××××××
\bibitem ×××××××××××
\end{thebibliography}
\end{document}
```

说明：该源代码可以作为科技报告的模板。

第 12 章　字体调用

在本书的前十一章中，没有调用什么字体，对于数学字体或符号，基本上都是按调用宏包的默认设置处理的，只是在讲到正体的积分符号和试卷排版中的圆弧帽时进行了字体调用；对于中文，默认输出是宋体，想得到黑体就使用声明式的命令 `\heiti`，想得到楷书体就使用声明式的命令 `\kaishu`；对于西文（这里只针对英文），没有调用其他字体。虽然不调用字体也可以排出精美的文档，但如果想让文档中的字体更多样，使版面更美观，有必要学习字体调用。

12.1　数学字体的调用

数学字体是指在数学模式中使用的字体。系统已经为数学字体做了默认的设置，但是用户的偏好不同，若需要其他风格的数学字体就要学习数学字体的调用。

12.1.1　常用的数学字体命令

默认情况下，在数学模式中输入字母，输出的是倾斜的意大利体。同时系统给出了常用的 7 个数学字体命令，其中花体命令只适用于大写拉丁字母，具体见表 12.1。

表 12.1

数学字体	命　令	示　例
罗马体	`\mathrm{}`	输入`$\mathrm{ABab}$`，输出 ABab
意大利体	`\mathit{}`	输入`$\mathit{ABab}$`，输出 ABab
打字机体	`\mathtt{}`	输入`$\mathtt{ABab}$`，输出 $\mathtt{ABab}$
等线体	`\mathsf{}`	输入`$\mathsf{ABab}$`，输出 ABab
粗体	`\mathbf{}`	输入`$\mathbf{ABab}$`，输出 $\mathbf{ABab}$
花体	`\mathcal{}`	输入`$\mathcal{ABCD}$`，输出 $\mathcal{ABCD}$
空心体	`\mathbb{}`	输入`$\mathbb{ABCD}$`，输出 $\mathbb{ABCD}$

12.1.2　调用数学字体宏包

在导言区中调用某个数学字体宏包就可以改变默认的数学字体样式。在默认情况下，输入 `$ax^2+bx+c=0$`，输出为 $ax^2+bx+c=0$，但如果在导言区中调用了数学字体宏包，如 `txfonts`，那么输出为 $ax^2+bx+c=0$ 。即在没有改变其余源代码的情况下，输出结果中的数学字体改变了。

数学字体宏包 `txfonts` 的升级版是 `newtxmath`，在排版数学论文或数学试卷时推荐调用 `newtxmath`，这个宏包在没有改变其他常用宏包中的命令名的情况下改变了数学字母和数学符号的外观，大多数改变得很漂亮。但是调用宏包 `newtxmath` 时，命令 `\complement` 和命令 `\angle` 输出的求补集符号∁和角符号∠，与整体不太协调，还是希望这两个符号保持在宏包 `amssymb` 下的模样∁和∠，那么在调用宏包时应该先调用 `newtxmath` 再调用 `amssymb`，即在导言区中按照下面的顺序调用：

```
\usepackage{newtxmath}
```

```
\usepackage{amssymb}
```

这样才能两全其美，既得到了全局数学字符的美观输出，又让上述两个符号保持了原样。

12.2 中文字体的调用

本书 2.4 节中的表 2.2 列出了系统为中文字符配置的四种字体及对应的命令。为了设置更多的中文字体，文字处理宏包 xeCJK 和字体选择宏包 fontspec 提供了字体选择命令，可以调用存在于计算机中的任何字体。此外，调用宏包 ctex，用 UTF-8 编码保存源代码，并使用 XeLaTeX 进行编译就自动调用了宏包 xeCJK 和 fontspec。

如果要调用计算机中已安装的中文字体，那么无须添加路径参数就可以使用以下常用的命令进行调用。

\setCJKmainfont{字体名} 该命令放在导言区。花括号内的字体名是从计算机的字体文件夹中选取的某个中文字体的字体名，文档正文中的中文字符显示为这款字体，英文字符则显示为罗马体。

\setCJKmonofont{字体名} 该命令放在导言区。花括号内的字体名是从计算机的字体文件夹中选取的某个中文字体的字体名。在中文字符前添加声明形式的命令 \tt 才能应用这款字体，在英文字符前添加声明形式的命令 \tt 则其显示为打字机体。

\setCJKsansfont{字体名} 该命令放在导言区。花括号内的字体名是从计算机的字体文件夹中选取的某个中文字体的字体名。在中文字符前添加声明形式的命令 \sf 才能应用这款字体，在英文字符前添加声明形式的命令 \sf 则其显示为等线体（近似黑体）。

\CJKfontspec{字体名} 该命令直接放在需要更改字体的中文字符前。花括号内的字体名是从计算机的字体文件夹中选取的某个中文字体的字体名。该命令用于临时改变字体，其后的中文字符输出为字体名对应的字体。

\setCJKfamilyfont{自命名字体名}{字体名} 前一个花括号内的自命名字体名是后一个花括号内的字体名的一个新的名称，由英文字母组成。该命令可以配合新定义命令使用。如\newcommand*{\新命令}{\CJKfamily{自命名字体名}}构建新命令来使用，新命令不要和已有的命令重名；也可以配合重定义命令使用，如\renewcommand*{\kaishu}{\CJKfamily{自命名字体名}}那么原来的楷书命令被覆盖，字体显示当前设置的字体。这种调用字体的方式灵活机动，可以改变文档中的局部字体。

范例 130 五款中文字体的调用

输出下面框线内的五款字体。

中文字体的调用和对英文 ABCDEabcde 的处理
中文字体的调用和对英文 ABCDEabcde 的处理
中文字体的调用和对英文 ABCDEabcde 的处理
中文字体的调用和对英文 ABCDEabcde 的处理
中文字体的调用和对英文 ABCDEabcde 的处理

源代码是：

```
\documentclass[no-math]{ctexart}%no-math使数学字体不受调用的正文字体的影响
\setCJKmainfont{方正启体简体}
\setCJKmonofont{方正大标宋简体}
\setCJKsansfont{汉仪中宋S}
\setCJKfamilyfont{fzsk}{方正宋刻本秀楷简体}
\newcommand*{\fz}{\CJKfamily{fzsk}}
\begin{document}
中文字体的调用和对英文ABCDEabcde的处理 \par
\tt 中文字体的调用和对英文ABCDEabcde的处理 \par
\sf 中文字体的调用和对英文ABCDEabcde的处理 \par
\fz 中文字体的调用和对英文ABCDEabcde的处理 \par
\CJKfontspec{汉仪粗仿宋简}中文字体的调用和对英文ABCDEabcde的处理
\end{document}
```

说明：如果查看计算机中的字体文件夹，发现里面有五款字体：方正启体简体、方正大标宋简体、汉仪中宋 S、方正宋刻本秀楷简体和汉仪粗仿宋简，则可以调用它们。框线内的第 3、第 4、第 5 行的英文字体相同，是因为命令 \fz 是中文字体设置命令，前述的三行内容英文都在命令 \sf 之后，所以其中的英文都显示为等线体。如果只想让声明形式的命令影响部分文本，就用花括号把命令和文本放在一组。

范例 131　添加字体路径参数调用中文字体

如果从网上下载了中文字体但又没有将其安装到计算机的字体文件夹中，那么在调用这样的中文字体时就需要在调用命令中添加字体路径参数。例如，下载了草檀斋毛泽东字体，把它放在 D 盘中名为 ziti 的文件夹中并将字体文件名改为 mao。以此为前提，制作下面框线内的排版效果。

> 毛泽东同志是伟大的军事家、政治家、文学家和书法家。
> 草檀斋毛泽东字体

源代码是：

```
\documentclass{ctexart}
\setCJKmainfont[Path=ziti/]{mao}
\begin{document}
毛泽东同志是伟大的军事家、政治家、文学家和书法家。

草檀斋毛泽东字体
\end{document}
```

说明：字体文件名和它所在的文件夹名都应为英文，不能含有中文。上述源代码所在的 .tex 文件应存放在 D 盘。字体调用命令中的可选参数 Path=ziti/ 指示了字体所在的路径，第一个字母 P 应大写。还要注意字体名和字体文件名是两个不同的概念，不要混淆它们。改用字体调用命令\CJKfontspec[Path=ziti/]{mao}也可实现同样的效果。

12.3 英文字体的调用

如果要使用其他风格的英文字体，也有相应的调用命令：

\setmainfont{字体名} 该命令放在导言区。花括号内的字体名是从计算机的字体文件夹中选取的某个英文字体的字体名，文档正文中的英文显示为这款字体。

\setmonofont{字体名} 该命令放在导言区。花括号内的字体名是从计算机的字体文件夹中选取的某个英文字体的字体名。在英文前添加声明形式的命令 \tt 才能应用这款字体。

\setsansfont{字体名} 该命令放在导言区。花括号内的字体名是从计算机的字体文件夹中选取的某个英文字体的字体名。在英文前添加声明形式的命令 \sf 才能应用这款字体。

\fontspec{字体名} 该命令直接放在需要更改字体的英文前。花括号内的字体名是从计算机的字体文件夹中选取的某个英文字体的字体名。

范例 132 四款英文字体的调用

输出下面框线内的四款英文字体。

ABCDEabcde

ABCDEabcde

ABCDEabcde

ABCDEabcde

源代码是：

```
\documentclass[no-math]{ctexart}
\setmainfont{Courier New}
\setmonofont{Consolas}
\setsansfont{Cambria}
\begin{document}
ABCDEabcde      \par
\tt ABCDEabcde \par
\sf ABCDEabcde \par
\fontspec{Georgia}ABCDEabcde
\end{document}
```

说明： 如果查看计算机的字体文件夹中的字体，发现里面有四款英文字体：Courier New、Consolas、Cambria、Georgia，则可以调用它们；如果没有则不能使用上述代码调用。由于调用的字体可能会影响到数学字体，因此在源代码第一行文类命令中添加可选参数 no-math，以使数学字体不受调用的英文字体的影响。

在中英文混排时，若既要调用中文字体又要调用英文字体，那么声明形式的命令\tt 和\sf 可能发生冲突，建议此时使用声明形式的命令 \fontspec{字体名} 调用英文字体。

12.4 输入法中特殊字符的调用

在搜狗输入法的工具箱中有很多特殊符号，有些符号直接选取后不能编译显示出来，如三角形符号、相似符号、全等符号、带圈数字、等宽罗马数字等。在导言区添加定义新的字体族命令：`\newfontfamily\zfh{SimSun}`，就得到一个自定义的声明式命令 `\zfh`，该命令作用的字符将应用字体族 SimSun 的字体效果，可将输入法输入的特殊符号原样输出。例如，等宽罗马数字的输入步骤如下：单击搜狗输入法工具条中键盘图样的按钮，从弹出的面板中选择“特殊符号”按钮单击，出现“符号大全”对话框，从左侧的系列符号名称中选择“数字序号”选项单击，对话框右侧出现可供选择的数字序号样式，找到罗马数字，单击即可在光标插入的地方输入了。在正文区中需要输入特殊字符的位置用鼠标单击特殊字符，形成代码 `{\zfh 特殊字符}`，命令 `\zfh` 放在分组内，以防对其后的其他字符造成影响。

范例 133　特殊字符的调用

输出下面框线内的字符。

△∽≌//《书名号》∵∴①②③④⑤⑥⑦⑧⑨⑩
Ⅰ Ⅱ Ⅲ Ⅳ Ⅴ Ⅵ Ⅶ Ⅷ Ⅸ Ⅹ Ⅺ Ⅻ ⅰ ⅱ ⅲ ⅳ ⅴ ⅵ ⅶ ⅷ ⅸ ⅹ
佛教卍　　　　男 ♂ 女 ♀
AB//CD, △ABC∽△DEF, △ABC≌△DEF

源代码是：

```
\documentclass{ctexart}
\usepackage{amsmath}
\newfontfamily\zfh{SimSun}
\begin{document}
{\zfh △}……$AB\text{\zfh //}CD$……
\end{document}
```

说明： 上述特殊字符的调用方法仅适用于字体族 SimSun 中已存在的字符，如 10 以上的带圈数字不能用此方法调用。以上特殊字符如果放在数学模式中，需把它们当作文本处理，所以要放在文本命令 `\text{}` 的花括号内。除前面章节中介绍的输入三角形符号、相似符号和全等符号的方法外，这里也提供了输入这些符号的方法。

参考文献

[1] 陈志杰，赵书钦，李树钧，等. LaTeX 入门与提高（第二版）[M]. 北京：高等教育出版社，2006.

[2] 李勇. TeX、AMS-TeX 和 LaTeX 使用简介 [M]. 北京：高等教育出版社，2000.

[3] 胡伟. LaTeX 2ε 完全学习手册 [M]. 北京：清华大学出版社，2011.

[4] 胡伟. LaTeX 2ε 完全学习手册（第二版）[M]. 北京：清华大学出版社，2013.

[5] 刘海洋. LaTeX 入门 [M]. 北京：电子工业出版社，2013.

索　引

名词

基点 41
基线 41
母表格 115, 116, 128
点盒子 49, 75, 92, 94, 179
盒子 41

符号

\! 21, 24, 149, 168
\(138
\) 138
*{n}{} 109
\, 11, 23, 140
\: 21, 23
\; 23, 149
>{} 109, 112
@{,} 113
@{.} 113
@{} 109
\[138, 139, 147, 148
22
$ 22, 138
$$ 138, 139
\% 22
& 22
{} 22, 23
~ 22, 23
\] 138, 139, 147, 148
\\ 11, 13, 15
\ 22
\{ 151
{ 22
\} 151
} 22
\$ 138
| 108
|| 108, 111

A

a3paper 68
abstract 205
align 158
align* 158
alignat 163
alignat* 163
alignated 164
aligned 164
amsmath 25, 140, 150
amssymb 140, 144, 146
\and 13, 14
\angle 207
angle 97
array 108, 155
\arraybackslash 128
\arraycolsep 156
\arraystretch 118, 156
\author 13, 14

B

b 108
banjiao 19
\baselineskip 78
bbding 33
\begin{document} 9, 11
\Big 151
\big 151
\Bigg 151
\bigg 151
\bigskip 27
\binom 141
bm 140, 151
bottom 69
box 42
b{} 109

C

c 108
cases 153, 154
\cdots 146
\cds 183
\cellcolor[gray] 122
center 11
\centering 14, 81, 128
\centerline 15, 21, 201
\CenterWallPaper 105
\cfrac 148
\circle 88, 93
\circle* 88, 93
\CJKfamily 208
\CJKfontspec 208
\CJKglue 77
\CJKunderdblline 19
\CJKunderdot 19
\CJKunderline 19
\CJKunderwave 19
\clearpage 78, 198
\ClearWallPaper 105
\cline 109, 116, 131
clip 98
\clubsuit 144
\colon 146
\colorbox[gray] 63, 65
colortbl 121
\columnbreak 80
\columncolor[gray] 121
\columnsep 79, 80
\columnseprule 79, 80
\columnwidth 79

compactdesc 32, 37
compactenum 32, 194
compactitem 32
\complement 207
\cornersize* 63, 64
CTAN 31
ctex 26, 67
ctexart 8, 10, 13, 68

D

\dashbox 63, 88
dashbox 47, 63
\dashdash 63
\dashlength 63
\date 13, 14
\dbox 47, 49, 63
dcases 154
dcolumn 113
\ddots 146
\DeclareMathAccent 145
\DeclareMathSymbol 143
\DeclareSymbolFont 145
depth 41
\dfrac 148
\dhz 179, 198
\diagbox 118
diagbox 118
\displaystyle 140, 142
\documentclass 8
\dotfill 26
\doublebox 63
draft 98, 103
\dse 172
\dsy 172
\dyx 165

E

em 7
empty 36, 73
\end{document} 9, 11
equation* 30
esvect 150
ex 7
\extratabsurround 123

F

fancy 73
fancybox 63
\fancyfoot 73, 188
\fancyfoot[c] 75
\fancyfoot[l] 75
\fancyfoot[r] 75
fancyhdr 68, 73
\fancyhead 73
\fancyhead[l] 75
\fancyhead[r] 75
\fancyhf{} 75
\fangsong 18
\fbox 42, 48
\fboxrule 42, 64, 175
\fboxsep 42, 63, 64
\firsthline 123
\fli 185
flushleft 17
flushright 16
\fontspec 210
fontspec 208
\footnote 76
\footrulewidth 74
\frac 147, 148
\frame 88
\framebox 43, 88, 175

G

gather 157
gather* 157
gathered 164
GeoGebra 85, 103
geometry 25, 31, 68, 70
graphicx 59, 96, 203
graphpap 86
gray 63

H

headheight 69
headings 73
\headrulewidth 74
height 41, 69, 97
\heiti 11, 17, 18, 207
\hfill 24, 26, 112, 188
\hline 109, 123
\hphantom 24, 28
\hrule height 0pt 56
\hrule width height depth 56
\hrulefill 26
\hspace 11, 24, 46, 49
\hspace* 24, 120

I

\iddots 146
\iiint 142
\iint 142
\in 139
in 7
\includegraphics 97
\includegraphics* 97
\int 142
\intertext 164, 165
\item 37, 189

K

kaiming 19
\kaishu 18, 207
keepaspectratio 98

\khrom 173, 196

L

l 108
\labelwidth 36
landscape 68, 71, 198
\langle 151
\lasthline 123
\LastPage 188
lastpage 187
LaTeX 1
\ldots 146
\left 152
left 69
\left. 153
\leftarrowfill 26
\leftline 17
\leftmargini 38, 40
\leftmarginii 40
\leftmarginiii 40
\leftmarginiv 40
\leftmarginv 40
\leftmarginvi 40
\leftroot 150
\leqslant 146
\lg 150
\lim 142
\limits 142
\line 87
\lineskip 170
\lineskiplimit 170
\linespread 78
\linethickness 89
\linewidth 56
longtable 123
lrbox 174
\LTleft 124, 126
\LTright 124, 126

M

macro 30
\makebox 42, 45, 54, 65
\maketitle 13, 14
\marginpar 76
marginparsep 69
marginparwidth 69
\mathbin 144, 149
mathdots 146
\mathpunct 146
\mathrel 144, 162
\mathrm 140, 141
mathtools 154
\mbox 42, 43
\mbox{} 26
\medskip 27
\middle 153
minipage 50, 80
multicol 79
multicolrule 83
multicols 79
\multicolumn 114, 116
\multirow 114, 131
multirow 114, 116
\multirow{n}*{} 114
myheadings 73
m{} 109

N

\neq 139
\newcommand 171, 184
\newcounter 184
\newfontfamily 211
\newgeometry 72
\newlength 66
\newpage 78, 80, 198
\newsavebox 174
newtxmath 155, 207
no-math 187, 198, 210
\noindent 82, 188
\nolimits 143
\notag 157
\nsubset 155

O

\oint 142
origin 59, 97
\Ovalbox 63
\ovalbox 63, 64
\overbrace 150
\overrightarrow 150

P

\pageref 188
\pageref{LastPage} 75
\pagestyle 36, 73
\paperheight 70
paperheight 69
\paperheigth 30
\paperwidth 30, 70
paperwidth 69
paralist 32, 35
\parbox 42, 50, 82
\phantom 28, 162, 203
picinpar 104
picture 85, 87, 94, 96
pifont 33
\punctstyle 19
\put 87
\pxdy 183
\pxqdy 183
\pxsbx 183
\pxx 183
p{} 109

Q

\qbezier 88

\qquad 24, 194
\qs 183, 194
\qsz 172
\quad 24, 30

R

r 108
\raggedcolumns 80
\raggedleft 16, 128
\raggedright 17, 128
\raisebox 46, 49, 55, 65
\rangle 151
rcases 154
\reflectbox 62, 65
\renewcommand 173
\resizebox 61, 66, 67
\resizebox* 61
\restoregeometry 72
\right 152
right 69
\right. 153
\Rightarrow 164
\rightarrowfill 26
\rightline 16
\roman 184
\rotatebox 21, 59, 66
\rowcolor[gray] 121
\rule 53, 55, 64, 120, 131

S

scale 97
\scalebox 61, 65, 106
\scriptscriptstyle 140
\scritpstyle 140, 147
\setCJKfamilyfont 208
\setCJKmainfont 208
\setCJKmonofont 208
\setCJKsansfont 208
\setcounter 184
\setcounter{enumi} 36
\setlength 30
\setmainfont 210
\setmonofont 210
\setsansfont 210
\settodepth 66
\settoheight 66
\settowidth 66
\sh 190
\shortintertext 165
\shortstack 89, 93, 133
showframe 71
\sjx 171
\smallskip 27
\smash 166
\songti 18
\spaceskip 77
split 30
\sqrt 149
\sqrt[n] 149
\stepcounter 184
\subseteq 144
\substack 147
\sum 141

T

t 108
\tabcolsep 119
tabular 108, 156, 189
\tag 157
TeX 1
TeX Live 1
TeXstudio 6, 31
\text 30, 140, 141, 164
\textheight 70
\textheigth 30
\textstyle 140
\textwidth 30, 66, 70, 79
\thanks 13, 14
\the 66
thebibliography 206
\thefli 185
\thepage 75
\theyema 184
\thicklines 89
\thinlines 89
\ThisCenterWallPaper 105
\thispagestyle 73
TikZ 85, 95, 177, 180
\title 12
titlepage 13
tocloft 205
\today 13, 14
top 69
totalheight 41, 97
\triangle 171
trim 98, 102
\tuh 199
twocolumn 68, 78, 198
txfonts 145, 207

U

\underline 19, 194
\unerbrace 150
\unitlength 85
units 59
\upbracefill 26
upgreek 145
\uppi 143
\uproot 150
\usebox 174, 177, 198
\usepackage 8
UTF-8 7

V

\vdots 146
\vector 87
\vfill 28
viewport 97, 101
\vline 109, 117, 130
\vphantom 27, 28
\vspace 14, 16, 27, 55
\vspace* 27
\vv 150

W

wallpaper 105
\wideparen 195
width 41, 97
window 104

X

xcolor 63
xeCJK 208
xelatex 7
\xiangs 183
\xx 183, 191, 194

Y

\yema 184
yhmath 187

Z

\zfh 173, 211
\zhziji 183
\zhzijif 183
\zihao 11, 17, 23, 29
\ziji 183
\zijif 183
\zl 143
zwfh 182, 183, 191
\zwfs 172